图书在版编目（CIP）数据

中国国家标准汇编：2010年制定．461：GB 25151～25183/中国标准出版社编．—北京：中国标准出版社，2011
ISBN 978-7-5066-6474-5

Ⅰ．①中…　Ⅱ．①中…　Ⅲ．①国家标准-汇编-中国-2010
Ⅳ．①T-652.1

中国版本图书馆CIP数据核字(2011)第187730号

中国质检出版社
中国标准出版社 出版发行
北京市朝阳区和平里西街甲2号(100013)
北京市西城区三里河北街16号(100045)
网址:www.spc.net.cn
总编室:(010)64275323　发行中心:(010)51780235
读者服务部:(010)68523946
中国标准出版社秦皇岛印刷厂印刷
各地新华书店经销
*
开本 880×1230　1/16　印张 22.75　字数 547 千字
2011年12月第一版　2011年12月第一次印刷
*
定价 220.00 元

中国国家标准汇编

461

GB 25151～25183

（2010 年制定）

中国标准出版社　编

中国质检出版社
中国标准出版社
北　京

出　版　说　明

1.《中国国家标准汇编》是一部大型综合性国家标准全集。自1983年起，按国家标准顺序号以精装本、平装本两种装帧形式陆续分册汇编出版。它在一定程度上反映了我国建国以来标准化事业发展的基本情况和主要成就，是各级标准化管理机构，工矿企事业单位，农林牧副渔系统，科研、设计、教学等部门必不可少的工具书。

2.《中国国家标准汇编》收入我国每年正式发布的全部国家标准，分为"制定"卷和"修订"卷两种编辑版本。

"制定"卷收入上一年度我国发布的、新制定的国家标准，顺延前年度标准编号分成若干分册，封面和书脊上注明"20××年制定"字样及分册号，分册号一直连续。各分册中的标准是按照标准编号顺序连续排列的，如有标准顺序号缺号的，除特殊情况注明外，暂为空号。

"修订"卷收入上一年度我国发布的、修订的国家标准，视篇幅分设若干分册，但与"制定"卷分册号无关联，仅在封面和书脊上注明"20××年修订-1，-2，-3，……"字样。"修订"卷各分册中的标准，仍按标准编号顺序排列(但不连续)；如有遗漏的，均在当年最后一分册中补齐。需提请读者注意的是，个别非顺延前年度标准编号的新制定的国家标准没有收入在"制定"卷中，而是收入在"修订"卷中。

读者配套购买《中国国家标准汇编》"制定"卷和"修订"卷则可收齐上一年度我国制定和修订的全部国家标准。

3. 由于读者需求的变化，自1996年起，《中国国家标准汇编》仅出版精装本。

4. 2010年我国制修订国家标准共2846项。本分册为"2010年制定"卷第461分册，收入国家标准GB 25151～25183的最新版本。

中国标准出版社

2011年8月

目　　录

ICS 71.120.10;75.180.20;23.020.30
G 93

中华人民共和国国家标准

GB/T 25151.1—2010

尿素高压设备制造检验方法 第1部分:不锈钢带极自动堆焊层超声波检测

Fabrication and inspection method for high pressure urea equipment—Part 1:Ultrasonic examination on the automatic strip overlay welds of stainless steel

2010-09-26 发布　　2011-03-01 实施

中华人民共和国国家质量监督检验检疫总局
中国国家标准化管理委员会　发布

前　言

GB/T 25151《尿素高压设备制造检验方法》分为六个部分：

——第1部分：不锈钢带极自动堆焊层超声波检测；

——第2部分：尿素级超低碳铬镍钼奥氏体不锈钢选择性腐蚀检查和金相检查；

——第3部分：尿素级超低碳铬镍钼奥氏体不锈钢晶间腐蚀倾向试验；

——第4部分：尿素级超低碳铬镍钼奥氏体不锈钢晶间腐蚀倾向试验的试样制取；

——第5部分：尿素高压设备氨渗漏试验方法；

——第6部分：尿素高压设备氨渗漏试验方法。

本部分为GB/T 25151的第1部分。

本部分由中国石油和化学工业协会提出。

本部分由全国化工机械与设备标准化技术委员会(SAC/TC 429)归口。

本部分起草单位：中国石化集团南京化学工业有限公司化工机械厂。

本部分主要起草人：罗瑞涛。

尿素高压设备制造检验方法 第1部分:不锈钢带极自动堆焊层超声波检测

1 范围

GB/T 25151的本部分规定了采用脉冲反射法,对尿素高压设备不锈钢带极自动堆焊层进行接触法超声波检测和厚度测量。

本部分适用于堆焊层厚度不小于3 mm的不锈钢带极自动堆焊层超声波检测。

2 规范性引用文件

下列文件中的条款通过GB/T 25151的本部分的引用而成为本部分的条款。凡是注日期的引用文件,其随后所有的修改单(不包括勘误的内容)或修订版均不适用于本部分,然而,鼓励根据本部分达成协议的各方研究是否可使用这些文件的最新版本。凡是不注日期的引用文件,其最新版本适用于本部分。

JB/T 10061 A型脉冲反射式超声波探伤仪通用技术条件

JB/T 10062 超声探伤用探头性能测试方法

《特种设备无损检测人员考核与监督管理规则》国家质量监督检验检疫总局第248号令(2003)

3 操作者

3.1 资格

堆焊层检测应由按《特种设备无损检测人员考核与监督管理规则》培训、考试合格后,获得Ⅱ级或Ⅱ级以上超声波检测资格证书的检测人员担任。

3.2 技能

操作者应掌握被检测工件的材质、堆焊工艺、缺陷可能产生的部位等内容,并能根据反射波进行综合判断。

4 探伤仪和探头

4.1 灵敏度余量

在达到被检工件最大声程处的探伤仪灵敏度余量应至少为20 dB。

4.2 衰减器误差

探伤仪应具有衰减量不小于80 dB可调的衰减器,其精度为任意相邻12 dB的误差在±1 dB以内。最大累计误差不超过1 dB。

4.3 探头型式

4.3.1 窄脉冲探头

推荐使用频率为5 MHz,晶片直径不大于14 mm的窄脉冲(从基材一侧检测或测厚时可使用此探头)。

4.3.2 双晶直探头

两声束的夹角,应满足有效声场覆盖全部检测区域,并能使探头对该区域具有最大的灵敏度。换能器的总面积不应超过325 mm^2。采用的标称频率为2.5 MHz。为了达到所需要的分辨力,也可以采用其他的频率。

4.3.3　单晶纵波直探头

换能器最大面积为 625 mm^2。采用的标称频率为 2.5 MHz。为了达到所需要的分辨力，也可采用其他的频率。

4.3.4　双晶纵波斜探头、单晶纵波斜探头

频率为 2.5 MHz，双晶纵波斜探头折射角为 70°；单晶纵波斜探头折射角为 45°。

4.3.5　探头性能指标

探头性能应符合 JB/T 10061 和 JB/T 10062 的要求。

5　试块

5.1　要求

试块的材质应用与被检工件材质相同或声学特性相近，且采用相同的焊接工艺制成。其基材、堆焊层熔合面、堆焊层中不得有大于或等于 ϕ2 mm 平底孔当量直径的缺陷存在。探测面粗糙度应与被检工件的表面相同或相近。

5.2　T1 型试块

图 1 为用于堆焊层缺陷检验的 T1 型试块。试块上有一个横孔和三个平底孔。横孔 ϕ1.5 mm×40 mm 位于试块的堆焊层界面上。平底孔穿过基材的金属一直到堆焊层界面，其孔径分别为 2 mm、3 mm、4 mm。从堆焊层侧进行检测时，试块基材的厚度可以减小，但至少应为堆焊层厚度的两倍。

5.3　T2 型试块

从工件基材侧进行检测时，选用 T2 型试块，试块基材厚度与被检工件基材厚度差不得超过 10%。如图 2 所示。

5.4　T3 型试块

图 3 为用于堆焊层结合情况检测的 T3 型试块，参考反射体为一个 ϕ10 mm 的平底孔。当从基材表面进行检测时，被检工件的基材厚度与试块的基材厚度差不应超过 25 mm。当从堆焊层表面进行检测时，试块上的基材厚度至少应为堆焊层厚度的两倍。

单位为毫米

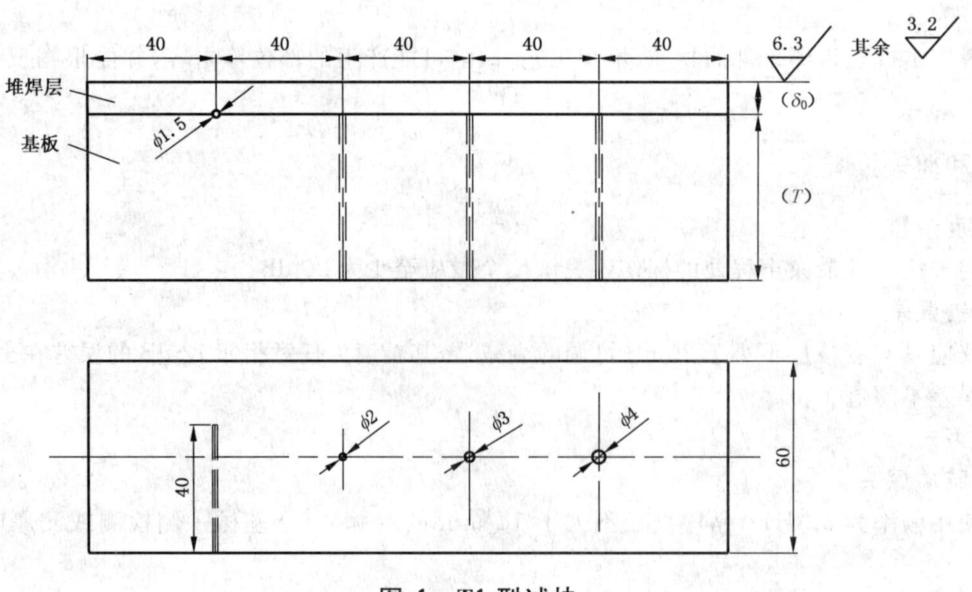

图 1　T1 型试块

单位为毫米

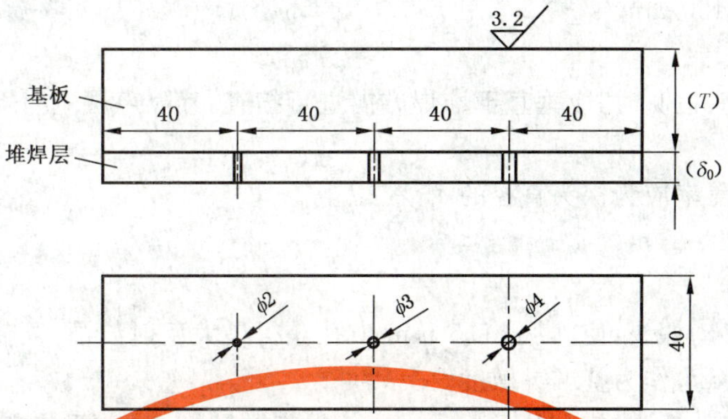

图 2　T2 型试块

单位为毫米

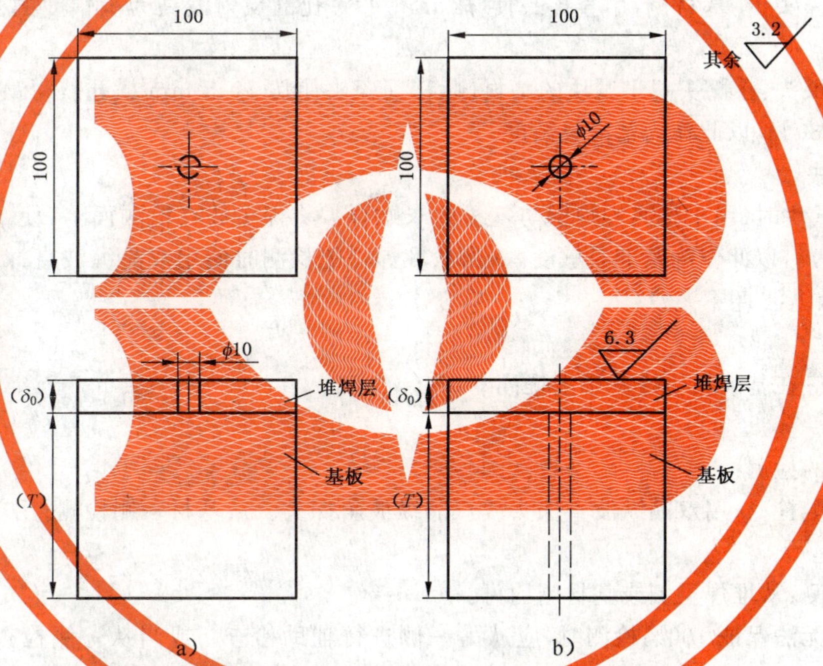

图 3　T3 型试块

6　检测前准备与方法

6.1　检测时机

堆焊层的检测时机应按制造技术条件规定进行。

6.2　准备

在工件基材上或堆焊层上检测前，应清除检测面上的氧化皮、毛刺、油垢及其他污物。堆焊层表面粗糙度应不影响超声波耦合，以保证良好的声学接触。

6.3　耦合剂

耦合剂选用工业浆糊、甘油、机油等。用于奥氏体和钛及钛合金材料时，应控制氯、氟含量，使其不会对堆焊层的耐腐蚀性能产生影响。

6.4　探测频率

探测频率选用范围为 2.5 MHz～5 MHz。

6.5　扫查速度

扫查速度应不大于 150 mm/s。

6.6　扫查方式

采用双晶直纵波探头检测时，应垂直于堆焊方向进行扫查，其隔声层应与堆焊方向平行。

6.7　覆盖率

探头的每次扫查覆盖率应为探头直径的 15% 以上。

6.8　基准灵敏度的校准

6.8.1　T1 型试块

双晶纵波斜探头：移动探头，使其从 ϕ1.5 mm 横孔获得最大反射波幅，调节仪器使此信号波幅为满幅度的 80%，再提高 10 dB，作为基准灵敏度。

双晶直纵波探头：移动探头，使其从 ϕ2 mm 平底孔获得最大波幅，调节衰减器使回波为满幅度的 80%，以此作为基准灵敏度。

6.8.2　T2 型试块

单晶纵波直探头：在基材侧，用直探头使 ϕ2 mm 平底孔的反射波高为满幅度的 80%，以此作为基准灵敏度。

单晶纵波斜探头：将探头置于试块的基材侧，移动探头使从 ϕ1.5 mm 横孔获得最大反射波幅，并调整其为满刻度的 80%，以此作为基准灵敏度。

6.8.3　T3 型试块

使用 T3 型试块时(用于检测堆焊层与基材的未贴合)，将探头放在检测面上，使 ϕ10 mm 平底孔回波为满刻度的 80%，以此作为基准灵敏度。(当从堆焊一侧检测时使用双晶纵波直探头，当从基材一侧检测时，使用单晶纵波直探头。)

6.9　扫查灵敏度

扫查灵敏度应在基准灵敏度基础上提高 6 dB。

6.10　方法选择

堆焊层缺陷的检测：

从堆焊层一侧检测；用双晶纵波直探头或双晶纵波斜探头。从基材一侧检测；用单晶纵波斜探头或单晶纵波直探头。

未贴合的检测：从堆焊层侧或基材侧均可。

对于从一侧无法保证 100%检测时，应从另一侧进行辅助检查。或当从一侧检查发现有可疑反射而无法确认时，应从另一侧对其进行验证以综合判断。

测量缺陷的长度或面积时，按半波高度法(6 dB 法)测定。双晶纵波直探头测定缺陷边界时，其分隔层应与探头移动方向相垂直。

7　评定、验收

7.1　堆焊层缺陷的评定

堆焊层不允许存在：

——裂纹；

——大于或等于 ϕ4 mm 平底孔当量的缺陷；

——反射波幅超过 ϕ1.5 mm 横孔反射当量的缺陷。

7.2　质量等级

7.2.1　Ⅰ级

满足以下条件时为Ⅰ级：

a)　斜探头检测时，不允许存在缺陷反射波幅大于 ϕ1.5 mm－10 dB 且长度大于或等于 20 mm 的线形缺陷。

b) 直探头(含双晶直探头)检测时,当缺陷小于 ϕ3 mm 平底孔当量而又为线形缺陷时,其长度不应超过表 1 的规定。

c) 基材与堆焊层的未贴合面积不大于相当于直径为 16 mm 的圆。

7.2.2 Ⅱ级

满足以下条件时为Ⅱ级:

a) 斜探头检测时,不允许存在缺陷反射波幅度大于 ϕ1.5 mm－10 dB 且长度大于或等于 30 mm 的线形缺陷。

b) 直探头(含双晶直探头)检测时,当缺陷小于 ϕ4 mm 平底孔当量而又为线形缺陷时,其长度不应超过表 1 的规定。

c) 基材与堆焊层的未贴合面积不大于相当于直径为 25 mm 的圆。

7.2.3 Ⅲ级

超过Ⅱ级和 7.1 中不允许的缺陷为Ⅲ级。

表 1 最大允许的线形缺陷指示长度

单位为毫米

反射当量 ϕ	线形缺陷指示长度	
	Ⅰ	Ⅱ
$2 \leqslant \phi < 3$	≤20	≤30
$3 \leqslant \phi < 4$	≤13	≤20

7.3 缺陷返修后的复探

不允许存在的缺陷均应返修,返修后的部位表面应打磨平滑,仍按原检测工艺进行复探。复探结果应符合 7.1、7.2 的规定。

8 检测记录和报告

检测记录及报告主要包括下列内容:报告编号、工件名称、工作令号、探伤时机、所使用的仪器、探头(频率、尺寸、K 值)、试块、检测灵敏度、耦合剂、探伤部位及简图、缺陷大小及数量、验收标准、返修情况、探伤操作者、审核人、资格、最终结果及探伤日期等。

9 堆焊层厚度的测量

9.1 从堆焊层一侧测厚

9.1.1 使用脉冲式超声波探伤仪测厚。准备一块厚度与堆焊层厚度相近,声速一致的试块,预先用长度计量器具测量其准确厚度。将该试块的多次反射在荧光屏上调整到适当比例。测厚时,在工件上找出界面波即可读取厚度。

9.1.2 采用该方法时,应考虑探头与仪器组合后的盲区,宜采用 5 MHz 窄脉冲探头,必要时采用含延迟块的探头。

9.2 从基材一侧测厚

9.2.1 试块

应事先了解基材和堆焊层材料的声速。使用与被检测产品基材声速相同的平板试块(无堆焊层,具有平行面),试块厚度一般不大于被测厚工件的基材厚度。用长度计量器具测量其正确厚度。

9.2.2 调试

为避免读取厚度值时的视觉误差,宜采用数字式超声波探伤仪。在试块上找到底面反射波,调节探伤仪上的“深度细调”与“脉冲位移”使第一、二次底波在屏幕上形成等间隔,见图 4。调整仪器的声速,使第一、二次底波显示的试块厚度值与实际厚度值一致或形成适当比例。

9.2.3　测厚

探头放在基材一侧表面，找到底面反射波(含堆焊层)，提高灵敏度设置，直至出现堆焊层与基材间的界面波，见图5。堆焊层厚度计算如下：

$$t=(T-B)\times\frac{C_{I}}{C_{B}} \quad \cdots\cdots(1)$$

式中：

t——堆焊层厚度读数，单位为毫米(mm)；

T——总厚度读数(基材加堆焊层厚度)，单位为毫米(mm)；

B——基材的厚度读数，单位为毫米(mm)；

C_I——堆焊层的声速，单位为米每秒(m/s)；

C_B——基材的声速，单位为米每秒(m/s)。

此方法可以用于一层(过渡层)测厚，也可以用于多层焊接一次性测厚(过渡层＋耐蚀层)。

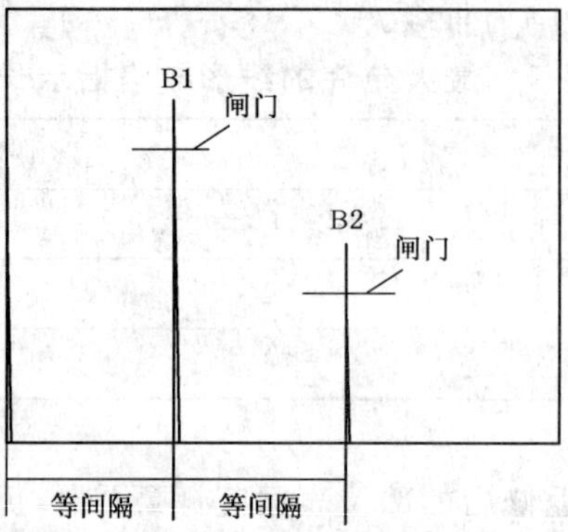

图4　调试时显示的波型示意

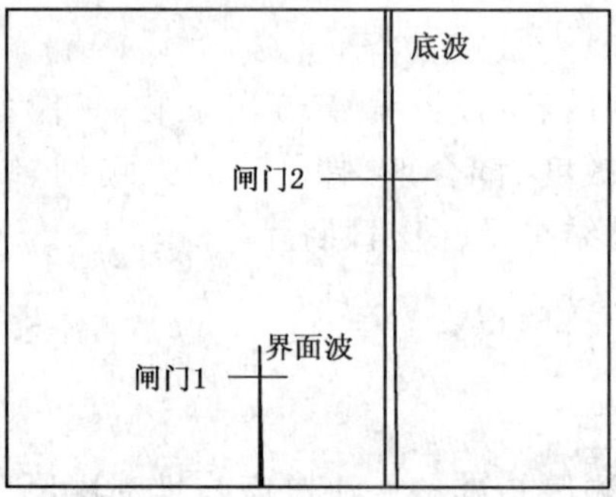

图5　测厚时显示的波型示意

9.3　测厚要点

采用脉冲反射式超声波探伤仪进行堆焊层厚度测量，测量要点如下：

a)　建议使用频率为5 MHz，晶片直径不大于14 mm的窄脉冲纵波直探头；

b)　读取厚度值时应读取波尖的位置；

c)　自动堆焊层的每一个焊道均应进行测厚，按环行每隔45°测一点。所测点数还应考虑到工件的大小及技术文件和图纸的要求；

d)　如果使用数字式超声仪，可用双闸门法读取实测值。

10　堆焊层测厚报告内容

10.1　工件情况：工件名称、工作令号、图件号、工件规格、件数、订货号、炉批号、堆焊层材料及基材材料等。

10.2 测厚条件:仪器型号、探头频率、晶片尺寸、耦合剂等。

10.3 测厚要求:应有所要求的数值允许范围。

10.4 测厚结果:应有一张标明所有测量点位置及相应测量点数值的示意图。要有最终结论及其他说明。

10.5 检测人员:操作者及审核者的姓名、资格等级、检测时间、签发报告时间等。

ICS 71.120.10;75.180.20;23.020.30
G 93

中华人民共和国国家标准

GB/T 25151.2—2010

尿素高压设备制造检验方法 第2部分:尿素级超低碳铬镍钼奥氏体不锈钢选择性腐蚀检查和金相检查

Fabrication and inspection method for high pressure urea equipment—Part 2:Selective corrosion examination and metallography examination for ultra low-carbon chromated nickel molybdenum austenitic stainless steel of urea grade

2010-09-26 发布　　2011-03-01 实施

中华人民共和国国家质量监督检验检疫总局
中国国家标准化管理委员会　发布

前　言

GB/T 25151《尿素高压设备制造检验方法》分为六个部分：

——第1部分：不锈钢带极自动堆焊层超声波检测；

——第2部分：尿素级超低碳铬镍钼奥氏体不锈钢选择性腐蚀检查和金相检查；

——第3部分：尿素级超低碳铬镍钼奥氏体不锈钢晶间腐蚀倾向试验；

——第4部分：尿素级超低碳铬镍钼奥氏体不锈钢晶间腐蚀倾向试验的试样制取；

——第5部分：尿素高压设备氦渗漏试验方法；

——第6部分：尿素高压设备氨渗漏试验方法。

本部分为GB/T 25151的第2部分。

本部分的附录A为资料性附录。

本部分由中国石油和化学工业协会提出。

本部分由全国化工机械与设备标准化技术委员会(SAC/TC 429)归口。

本部分起草单位：中国石化集团南京化学工业有限公司化工机械厂。

本部分主要起草人：任辉。

尿素高压设备制造检验方法
第2部分:尿素级超低碳铬镍钼奥氏体不锈钢选择性腐蚀检查和金相检查

1 范围

GB/T 25151 的本部分规定了尿素级超低碳铬镍钼奥氏体不锈钢选择性腐蚀深度和显微组织检查的试样选取、制作、检查项目和方法。

本部分适用于尿素级超低碳铬镍钼奥氏体不锈钢晶间腐蚀试验后的选择性腐蚀检查和金相检查。

2 试样的选取和制作

2.1 试样的选取

作选择性腐蚀检查的试样,应先用10倍～20倍的双目体视显微镜检查试样表面,找出最严重的腐蚀点,并以该点定位截取截面(见图1),若试样表面难以确定最严重的腐蚀点部位时,应参照四周表面的腐蚀情况确定。如仍未发现时,则按图1所示方向截取任意平行截面(a)、b)、c)、d)、e))或截取任意径向截面(f)、g)、h))。

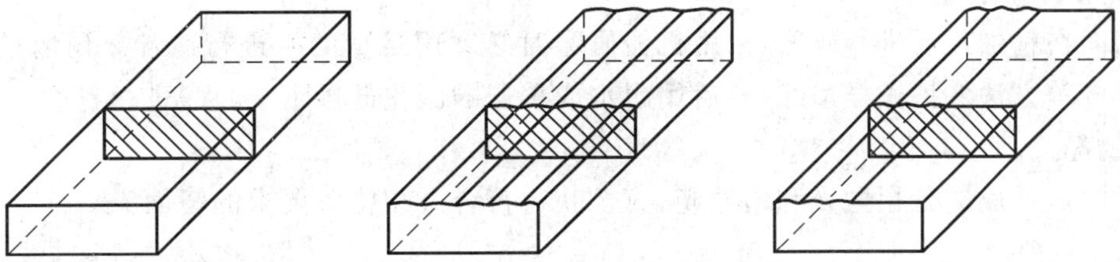

a) 板材试样　　b) 焊条电弧焊堆焊试样　　c) 焊条电弧焊堆焊及带极堆焊试样

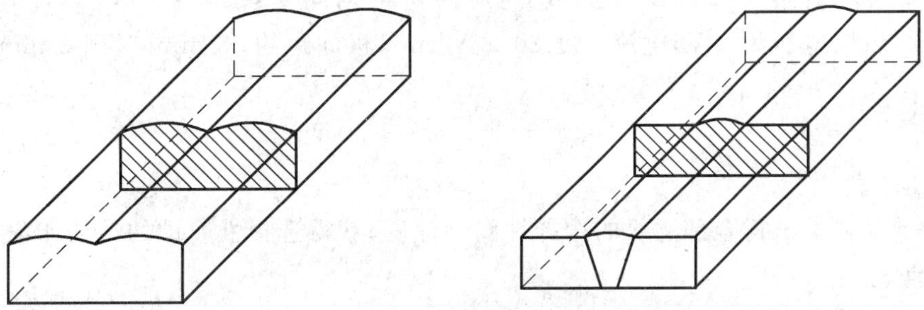

d) 自动带极堆焊试样　　e) 焊接接头试样

图1 不同晶间腐蚀试样的截面位置

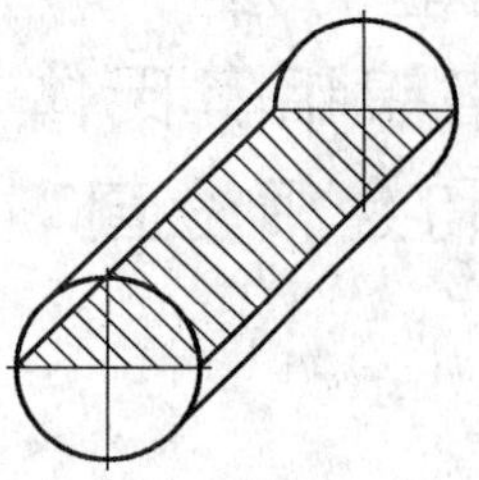

f）棒材试样

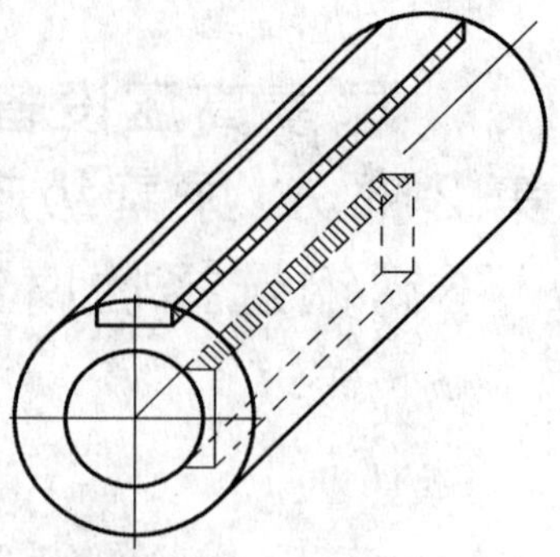

g）管材试样

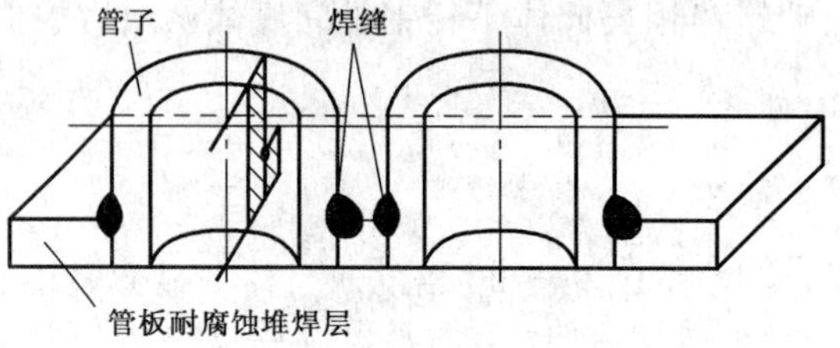

h）管子管板焊接试样

图 1（续）

2.2 试样的制作

2.2.1 试样的研磨和打磨

试样剖切面在精加工后进行研磨，采用机械研磨时必须用足量的水进行冷却。研磨前需用机械夹持器或塑料镶嵌等方法保护试样边缘，然后用耐水或普通的碳化硅砂纸（加水）进行打磨。

2.2.2 试样的抛光

经研磨后的试样应进行粗抛光和精抛光，直至获得符合金相检查要求的镜面。

3 试样的浸蚀

应采用下列方法对试样进行浸蚀，浸蚀温度均为 20 ℃。

3.1 10%草酸水溶液（$H_2C_2O_4 \cdot 2H_2O$）电解浸蚀：电压 3 V～6 V，浸蚀时间为 10 s～60 s，对于 CrNi-Mo25-22-2 型材料，浸蚀时间应减少为 10 s～20 s，电压为 3 V，以防过浸蚀。

3.2 赤血盐 10 g、氢氧化钾 10 g、加水 20 mL：电压为 6 V，时间 5 s～10 s。

3.3 40%硝酸水溶液：电压为 2 V，电流密度 20 mA/cm^2，极间距约 25 mm，时间 2 min～4 min。

4 选择性腐蚀检查

4.1 检查的最初印象

在试样浸蚀前应测量试样全部边缘的选择性腐蚀深度，获得选择性腐蚀的最初印象。

4.2 试样的浸蚀

试样按 3.1 的浸蚀剂浸蚀。

4.3 选择性腐蚀深度的测量

试样应置于金相显微镜明场下，按有关技术条件规定的部位检查并测量选择性腐蚀最大深度，测量单位为微米。或者采用暗标明测法测量。

注：于显微镜暗场下确定试样边缘，然后于明场下测量深度的方法，简称暗标明测法。

4.4 测量误差

测量应注意排除浸蚀后显露的夹杂物以及焊缝边缘咬边造成的测量误差。

5 金相检查

5.1 非金属夹杂物

未浸蚀状态下检查非金属夹杂物的分布、数量及形状。

5.2 σ相、铁素体及碳化物

5.2.1 按3.1规定的浸蚀剂和浸蚀规范浸蚀后，检查σ相、铁素体及碳化物的分布、数量及形状。

5.2.2 为进一步检查σ相、铁素体及碳化物，可采用3.2所列浸蚀剂浸蚀，用这种方法，在显微镜视场下可观察到σ相显出青色，奥氏体为白色，碳化物由浅蓝色转为棕色。

5.3 奥氏体晶粒度

为检查奥氏体晶粒度，可采用3.3所列浸蚀剂浸蚀。

6 试验报告

试验报告格式参照附录A，报告应包括以下内容：

——试样所代表的批号说明；

——钢厂或钢材加工者；

——炉号；

——最终热处理；

——取样点，对锻件应增加取样点简图；

——如所检验的是连接焊缝或堆焊，还须标明焊接方法；

——试样的识别号；

——浸蚀方法；

——测定的选择性腐蚀的最大深度和平均值，其部位和试样号；

——关于材料组织结构的说明。

附 录 A
（资料性附录）
选择性腐蚀和金相检查报告

选择性腐蚀和金相检查报告格式见表 A.1。

表 A.1 选择性腐蚀和金相检查报告格式

<table>
<tr><td colspan="16">金相检查报告</td></tr>
<tr><td>名称</td><td colspan="5"></td><td colspan="4">材质</td><td colspan="3"></td><td colspan="2">件号</td><td></td></tr>
<tr><td>炉号</td><td colspan="5"></td><td colspan="4">状态</td><td colspan="3"></td><td colspan="2">试样标记</td><td></td></tr>
<tr><td>批号</td><td colspan="5"></td><td colspan="4">钢厂</td><td colspan="3"></td><td colspan="2">焊接方法</td><td></td></tr>
<tr><td>微观检查</td><td colspan="15"></td></tr>
<tr><td rowspan="3">选择性腐蚀</td><td>部位</td><td></td><td></td><td></td><td></td><td></td><td></td><td></td><td></td><td></td><td></td><td></td><td></td><td></td><td></td></tr>
<tr><td>实测值(μm)</td><td></td><td></td><td></td><td></td><td></td><td></td><td></td><td></td><td></td><td></td><td></td><td></td><td></td><td></td></tr>
<tr><td>要求值(μm)</td><td></td><td></td><td></td><td></td><td></td><td></td><td></td><td></td><td></td><td></td><td></td><td></td><td></td><td></td></tr>
<tr><td rowspan="3">铁素体
含量测定</td><td>仪器</td><td colspan="7">测量部位</td><td colspan="7">铁素体含量(%)</td></tr>
<tr><td rowspan="2"></td><td colspan="7"></td><td colspan="7"></td></tr>
<tr><td colspan="7"></td><td colspan="7"></td></tr>
<tr><td colspan="9">简图</td><td colspan="7">结论</td></tr>
<tr><td>验收标准</td><td colspan="5"></td><td colspan="3">浸蚀方法</td><td colspan="7"></td></tr>
<tr><td>审核</td><td colspan="5"></td><td colspan="3">试验员</td><td colspan="7"></td></tr>
<tr><td>日期</td><td colspan="5"></td><td colspan="3">日期</td><td colspan="7"></td></tr>
</table>

ICS 71.120.10;75.180.20;23.020.30
G 93

中华人民共和国国家标准

GB/T 25151.3—2010

尿素高压设备制造检验方法 第3部分：尿素级超低碳铬镍钼奥氏体不锈钢晶间腐蚀倾向试验

Fabrication and inspection method for high pressure urea equipment—Part 3: Intergranular corrosion tendency test for ultra low-carbon chromated nickel molybdenum austenitic stainless steel of urea grade

2010-09-26 发布　　　　2011-03-01 实施

中华人民共和国国家质量监督检验检疫总局
中国国家标准化管理委员会　发布

前　言

GB/T 25151《尿素高压设备制造检验方法》分为六个部分：

——第1部分：不锈钢带极自动堆焊层超声波检测；

——第2部分：尿素级超低碳铬镍钼奥氏体不锈钢选择性腐蚀检查和金相检查；

——第3部分：尿素级超低碳铬镍钼奥氏体不锈钢晶间腐蚀倾向试验；

——第4部分：尿素级超低碳铬镍钼奥氏体不锈钢晶间腐蚀倾向试验的试样制取；

——第5部分：尿素高压设备氨渗漏试验方法；

——第6部分：尿素高压设备氨渗漏试验方法。

本部分为GB/T 25151的第3部分。

本部分的附录A、附录B为规范性附录。

本部分由中国石油和化学工业协会提出。

本部分由全国化工机械与设备标准化技术委员会(SAC/TC 429)归口。

本部分起草单位：中国石化集团南京化学工业有限公司化工机械厂。

本部分主要起草人：任辉。

尿素高压设备制造检验方法 第3部分：尿素级超低碳铬镍钼奥氏体不锈钢晶间腐蚀倾向试验

1 范围

GB/T 25151的本部分规定了尿素级超低碳铬镍钼奥氏体不锈钢在65%沸腾硝酸溶液中的腐蚀质量损失作为检验晶间腐蚀倾向的试验方法。

本部分适用于考察热处理、焊接工艺对耐腐蚀性能的影响及检测焊缝本身的耐腐蚀性能。

2 规范性引用文件

下列文件中的条款通过GB/T 25151本部分的引用而成为本部分的条款。凡是注日期的引用文件，其随后所有的修改单(不包括勘误的内容)或修订版均不适用于本部分，然而，鼓励根据本部分达成协议的各方研究是否可使用这些文件的最新版本。凡是不注日期的引用文件，其最新版本适用于本部分。

GB/T 626　化学试剂　硝酸(GB/T 626—2006，ISO 6353-2：1983，NEQ)

GB/T 25151.4　尿素高压设备制造检验方法　第4部分：尿素级超低碳铬镍钼奥氏体不锈钢晶间腐蚀倾向试验的试样制取

HG/T 3178　尿素高压设备耐腐蚀不锈钢管子-管板的焊接工艺评定和焊工技能评定

HG/T 3179　尿素高压设备堆焊工艺评定和焊工技能评定

HG/T 3180　尿素高压设备衬里板及内件的焊接工艺评定和焊工技能评定

3 试验装置

3.1 试验容器

容量为小于1 L[1]的磨口锥形玻璃瓶和指形冷凝器(推荐的形状和尺寸如图1所示)。其材质为化学分析用耐热硬质玻璃。

单位为毫米

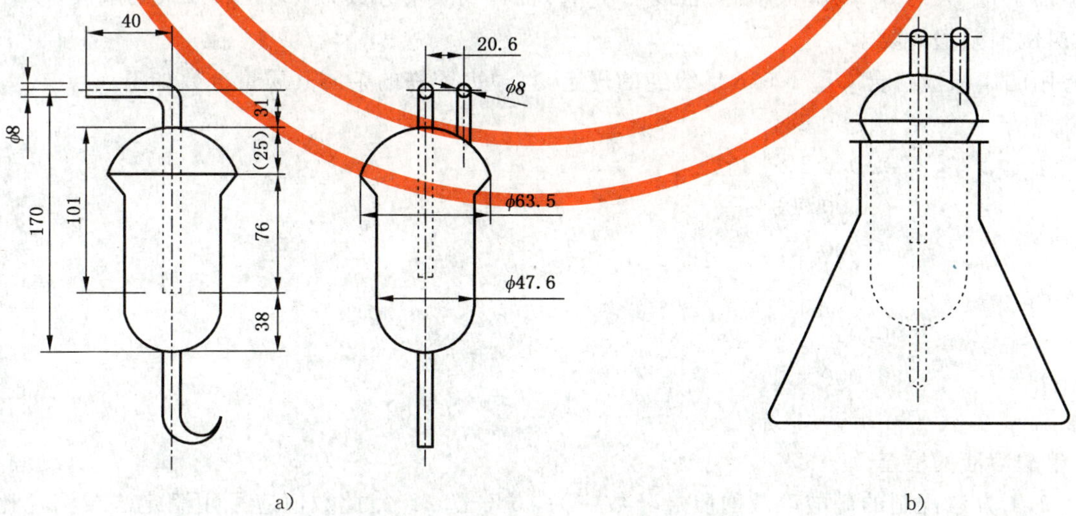

图1　容量为1 L的试验装置

1)　当试样总表面积大于30 cm^2时用大于1 L的试验容器。

3.2 试样支架

冷凝器底部的玻璃挂钩或玻璃支架(推荐的下部支架)的形状和尺寸如图 2 所示。

单位为毫米

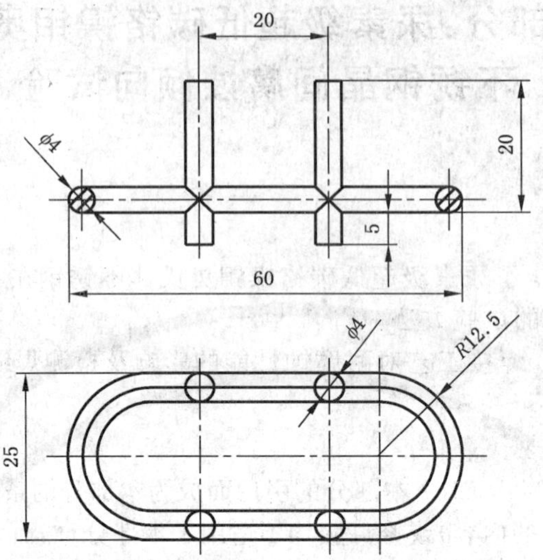

图 2 玻璃支架

3.3 加热器

加热器为可以调节温度的电热板或电阻炉。

3.4 分析天平

天平精度不低于 0.001 g。

3.5 酸洗槽

酸洗槽为塑料或搪瓷器皿。

4 溶液

4.1 硝酸溶液

4.1.1 硝酸溶液的配制

用蒸馏水将(大约 70%)硝酸(相对密度约 1.42)稀释到质量分数为 65%±0.2%的溶液。

4.1.2 对试剂硝酸的要求

试验用的硝酸应符合 GB/T 626 优级纯的规定,且最大容许的杂质其质量分数如下:

蒸发残渣	0.000 5%
硫酸盐	0.000 2%
砷	0.000 003%
氯	0.000 07%
铅	0.000 5%
铁	0.000 1%
氟	0.000 1%
磷酸盐	0.000 02%

4.1.3 硝酸溶液的检查

按 4.1.1 方法配制的硝酸溶液的质量分数应为 65%±0.2%,此数值应采用滴定法或测定比重法来检查,硝酸溶液质量分数与相对密度的关系及温度修正系数见附录 A。

4.1.4 硝酸溶液的用量

每平方厘米试样表面应使用 20 mL 硝酸(65%),误差为±0.1 mL。

4.2 酸洗液的配制

酸洗溶液的配制按如下规定(体积分数):

硝酸(质量分数为65%)	23.5%
氢氟酸(质量分数为40%)	4%
蒸馏水	72.5%

5 试样的准备

5.1 取样

取样方法和热处理要求按GB/T 25151.4和HG/T 3178、HG/T 3179、HG/T 3180的规定执行。

5.2 试样的酸洗

由于焊接、退火和(或)机加工产生的氧化皮、残渣和铁屑,应在室温下进行酸洗。时间不超过30 min(对已酸洗和钝化过的试样只需3 min~5 min),酸洗后的试样应用非金属刷在流水中洗刷,然后用蒸馏水冲洗。

5.3 试样总表面积计算

测量并计算出包括试样边缘表面积和悬挂孔表面积的总表面积,量具的精确度应达到0.1 mm,总表面积计算有效数值取至小数点后两位。

5.4 试样清洁和干燥

试样用酒精-乙醚或丙酮脱脂,并进行烘干。

5.5 试样的称重

对烘干后的试样称重,精确到0.001 g。

6 试验步骤

6.1 将已称重的试样放入锥形烧瓶内并加入几粒防止爆沸的玻璃珠,每个锥形烧瓶中只允许装入一个试样,并注入所需用量的硝酸溶液进行试验。

6.2 试样应全部浸在溶液中,在指形冷凝器内通入冷却水,然后将溶液升到沸点,自沸腾后开始计算时间。

6.3 在整个试验中保持硝酸溶液处于沸腾状态。

6.4 试验过程中应经常用湿润的试纸在指形冷凝器与锥形瓶的密封处测试有无酸气逸出。如有,应及时加大冷却水流量。

6.5 试验共进行5个周期,每周期为48 h,每个周期均需用新的硝酸溶液,且容器应洗涤并干燥。

6.6 每个周期后,在流水中用非金属刷擦洗试样表面,除去粘附的腐蚀产物,再用蒸馏水冲洗后在丙酮中浸泡3 min后取出进行干燥,冷却和称重。

7 计算

每一试验周期之后,应用试样的质量损失来进行计算,其腐蚀率有效数值取小数点后两位。从5个周期的数值可以求得每个周期的平均腐蚀率,质量损失采用其他计量单位表示时,腐蚀率转换系数见附录B。腐蚀率按式(1)计算:

$$CR = \frac{\Delta W \times 10\,000}{A \cdot d} \qquad \cdots\cdots(1)$$

式中:

CR——腐蚀率,单位为微米每48小时(μm/48 h)(每周期);

ΔW——失重,单位为克每48小时(g/48 h)(每周期);

A——总表面积,单位为平方厘米(cm^2);

d——试样密度，取 7.9 克每立方厘米（7.9 g/cm³）。

8 试验报告

试验报告应包括以下内容：

——试样所代表的批号说明；

——钢厂或钢材加工者；

——炉号；

——最终热处理；

——取样点，对锻件应增加取样点简图；

——如所检验的是连接焊缝或堆焊，还须标明焊接方法；

——试样的识别号；

——与试样一起提供的数据；

——每一周期后的腐蚀率 CR，以 μm/48 h 计；

——每个试样 5 个周期的平均腐蚀率，以 μm/48 h 计。

附　录　A
（规范性附录）
硝酸溶液质量分数与相对密度的关系

硝酸溶液质量分数与相对密度的关系见图 A.1 和表 A.1。

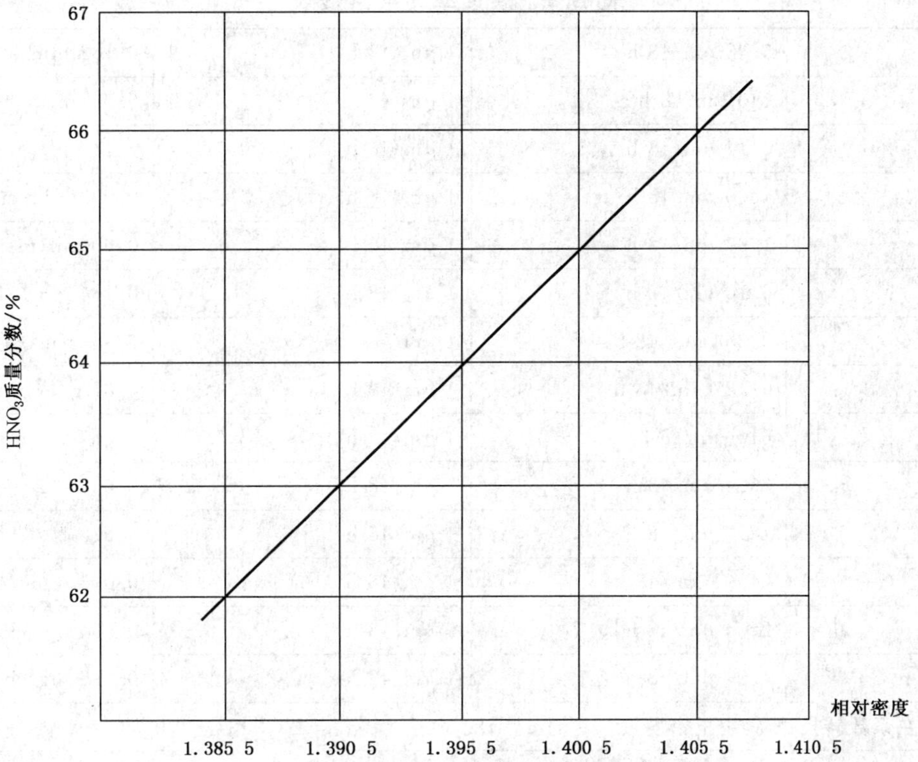

图 A.1　硝酸溶液质量分数与相对密度的关系

表 A.1　硝酸溶液质量分数与相对密度的关系

HNO_3 质量分数/%	相对密度 15/15 ℃
65.0±0.2	1.400±0.001
64.8	1.399
65.2	1.401
注：温度修正系数为 0.000 14 ℃$^{-1}$。	

附　录　B
（规范性附录）
腐蚀率转换系数表

腐蚀率计量单位换算系数见表B.1。

表 B.1　腐蚀率转换系数表

1 mm/a	5.48 μm/48 h	1 μm/48 h	0.182 mm/a
1 in/a	140 μm/48 h	1 μm/48 h	0.007 in/a
1 mil/a	0.14 μm/48 h	1 μm/48 h	7.14 mil/a
1 in/month	1670 μm/48 h	1 μm/48 h	0.000 6 in/month
1 mil/month	1.67 μm/48 h	1 μm/48 h	0.60 mil/month
1 g/m^2/h	6.10 μm/48 h	1 μm/48 h	0.164 g/m^2/h
1 g/m^2/d	0.254 μm/48 h	1 μm/48 h	3.94 g/m^2/d
1 g/m^2/48 h	0.127 μm/48 h	1 μm/48 h	7.87 g/m^2/48 h
1 g/dm^2/h	610 μm/48 h	1 μm/48 h	0.001 6 g/dm^2/h
1 g/dm^2/d	25.4 μm/48 h	1 μm/48 h	0.039 4 g/dm^2/d
1 g/dm^2/48 h	12.7 μm/48 h	1 μm/48 h	0.078 7 g/m^2/48 h
1 mg/cm^2/h	61.00 μm/48 h	1 μm/48 h	0.016 4 mg/cm^2/h
1 mg/cm^2/d	2.54 μm/48 h	1 μm/48 h	0.394 mg/cm^2/d
1 mg/cm^2/48 h	1.27 μm/48 h	1 μm/48 h	0.787 mg/cm^2/48 h
注：本表在系数转换时，钢材的密度按 7.9 g/cm^3 计。			

表中：a＝年　　in＝inch＝英寸
month＝月　　g＝克
h＝小时　　m^2＝平方米
mil＝密耳　　cm^2＝平方厘米
μm＝微米　　dm^2＝平方分米
d＝日　　mg＝毫克
mm＝毫米

ICS 71.120.10;75.180.20;23.020.30
G 93

中华人民共和国国家标准

GB/T 25151.4—2010

尿素高压设备制造检验方法 第4部分:尿素级超低碳铬镍钼奥氏体不锈钢晶间腐蚀倾向试验的试样制取

Fabrication and inspection method for high pressure urea equipment—
Part 4:Intergranular corrosion tendency test specimen preparation for ultra low-carbon chromated nickel molybdenum austenitic stainless steel of urea grade

2010-09-26 发布　　2011-03-01 实施

中华人民共和国国家质量监督检验检疫总局
中国国家标准化管理委员会　发布

前　言

GB/T 25151《尿素高压设备制造检验方法》分为六个部分：

——第 1 部分：不锈钢带极自动堆焊层超声波检测；

——第 2 部分：尿素级超低碳铬镍钼奥氏体不锈钢选择性腐蚀检查和金相检查；

——第 3 部分：尿素级超低碳铬镍钼奥氏体不锈钢晶间腐蚀倾向试验；

——第 4 部分：尿素极超低碳铬镍钼奥氏体不锈钢晶间腐蚀倾向试验的试样制取；

——第 5 部分：尿素高压设备氦渗漏试验方法；

——第 6 部分：尿素高压设备氨渗漏试验方法。

本部分为 GB/T 25151 的第 4 部分。

本部分的附录 B 为规范性附录，附录 A 为资料性附录。

本部分由中国石油和化学工业协会提出。

本部分由全国化工机械与设备标准化技术委员会(SAC/TC 429)归口。

本部分起草单位：中国石化集团南京化学工业有限公司化工机械厂。

本部分主要起草人：任辉。

尿素高压设备制造检验方法
第4部分：尿素级超低碳铬镍钼奥氏体不锈钢晶间腐蚀倾向试验的试样制取

1 范围

GB/T 25151 的本部分规定了尿素级超低碳铬镍钼奥氏体不锈钢晶间腐蚀倾向试验的取样。

本部分适用于尿素级超低碳铬镍钼奥氏体不锈钢晶间腐蚀倾向试验所用试样。

2 试件和试样的状态

2.1 试件和试样的代表性

试件和试样应具有产品的代表性，与产品的制造相应状态一致。在产品制造过程中，当材料需要进行 500 ℃以上温度的热处理或其他特殊处理时，试件也应进行同样的处理。

2.2 试件和试样的表面状态

试件和试样的表面状态，应与产品制造的最终表面状态相当。对板、管材的试样，当需切削加工时，至少要保留一个与工艺腐蚀介质接触的非切削表面。

2.3 焊接试件和试样

制作焊接试件时，其焊接方法、焊接部位、焊接参数、焊接材料的牌号、规格和炉(批)号，都应与产品焊接时相同，焊接试样一般以焊后状态进行试验。

3 试件和试样的制备

3.1 试件和试样的截取

3.1.1 从材料中截取试件应留有足够的余量，可采用剪、锯及等离子-电弧切割方法，试件大小至少足以剖分成两个试样。

3.1.2 从试件上截取试样时，应使轧制或显示锻造方向的方向相垂直的断面积占表面积的二分之一以下。

3.2 试件和试样的制备

3.2.1 试件和试样制备的要求应符合表 1 和图 1 的规定。

表 1　试件和试样的制备要求

单位为毫米

序号	类别	规格	试件尺寸 长（L）	试件尺寸 宽（B）	试件尺寸 厚（S）	试样尺寸 长（l）	试样尺寸 宽（b）	试样尺寸 厚（t）	示意图 试件	示意图 试样	要求
1	板材、带材	厚度≤12	150	50	原板材厚度	50	见表 2	原板材厚度	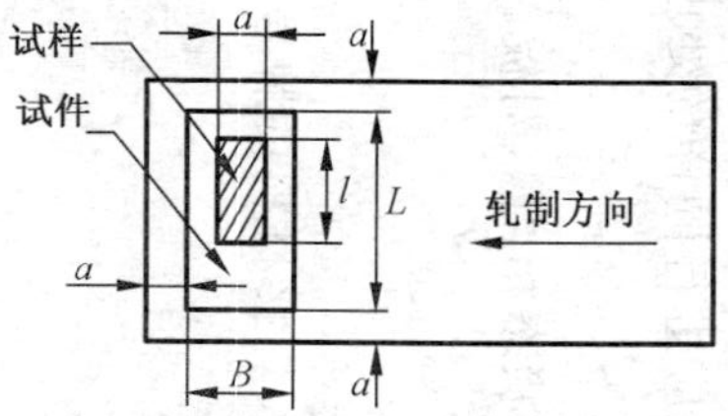经制造厂最终热处理后的板材	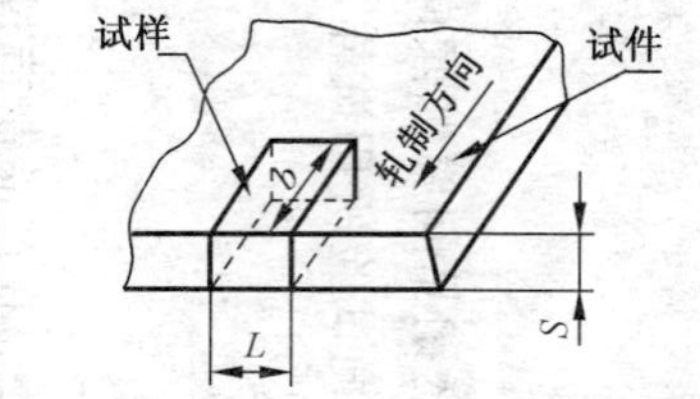	(1) 试件至板材边缘的距离 a 应不小于板材厚度的三倍，且不小于30 mm。 (2) 垂直于轧制方向截取。 (3) 试样应取自两个轧制面，一个试样从一面加工到试样厚度，一个试样从另一面加工到试样厚度
		厚度＞12	≥150	50	原板材厚度	50	17	10		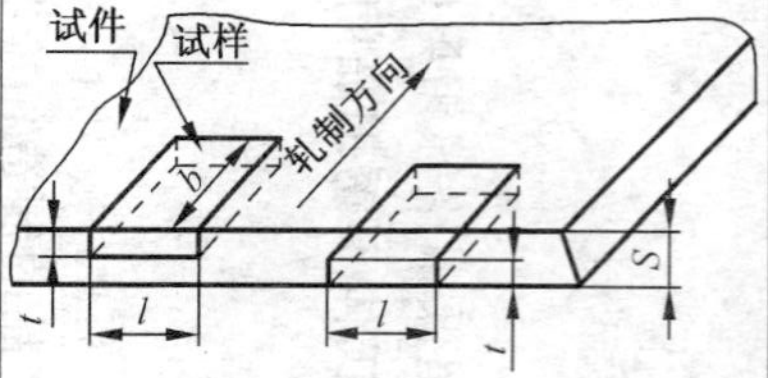	
2	无缝管	外径≤31	70	整环	管壁厚	见表 3	整环	管壁厚	经制造厂最终热处理的管端 试样 试件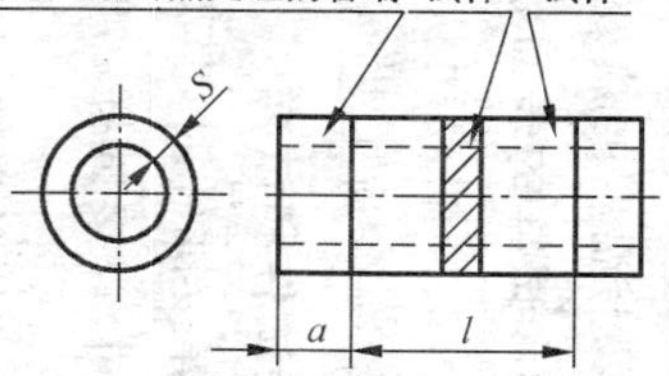	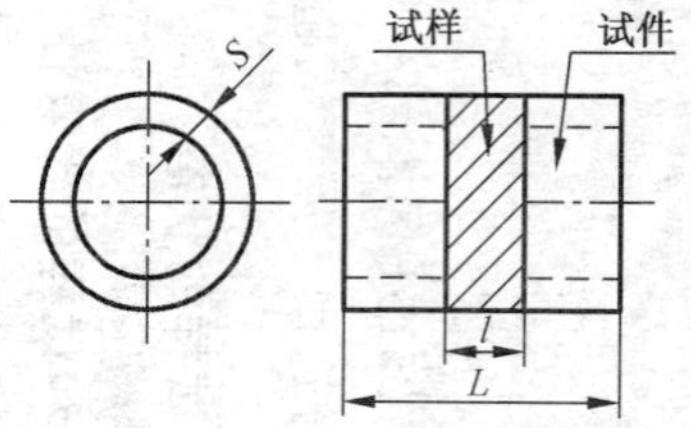	(1) 试件至管端距离 a 不小于30 mm。 (2) 沿纵向选取整段管状试样。 (3) 总表面积按下式计算： $F=2\pi(OD-S)(l+S)$ OD——管子外径

表 1（续）

单位为毫米

<table>
<tr><th rowspan="2">序号</th><th rowspan="2">类别</th><th rowspan="2">规格</th><th colspan="3">试件尺寸</th><th colspan="3">试样尺寸</th><th colspan="2">示意图</th><th rowspan="2">要求</th></tr>
<tr><th>长
(L)</th><th>宽
(B)</th><th>厚
(S)</th><th>长
(l)</th><th>宽
(b)</th><th>厚
(t)</th><th>试件</th><th>试样</th></tr>
<tr><td rowspan="3">2</td><td rowspan="3">无缝管</td><td>31<外径≤40</td><td rowspan="3">70</td><td rowspan="3">整环</td><td rowspan="3">管壁厚</td><td>按 3.4 关于面积的要求选取</td><td rowspan="2">25</td><td rowspan="2">管壁厚</td><td rowspan="3">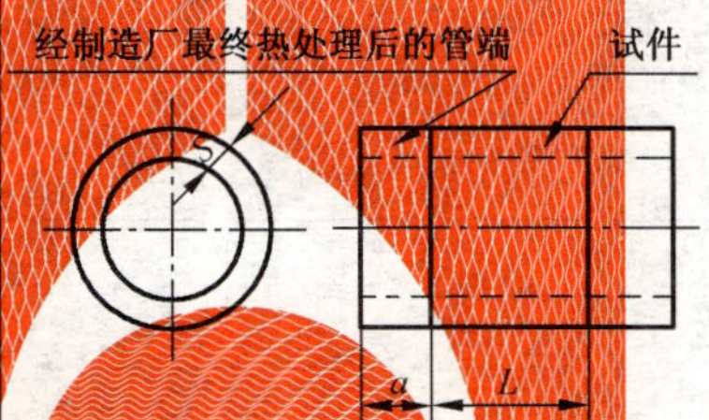
</td><td rowspan="2">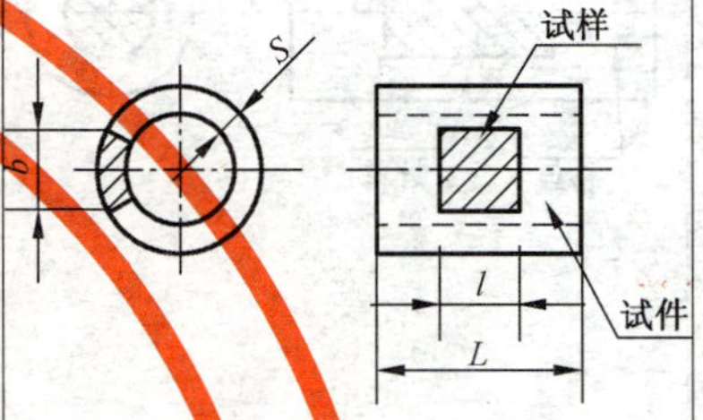
</td><td rowspan="2">(1) 试件至管端距离 a 不小于 30 mm，
(2) 沿纵向选取舟形试样</td></tr>
<tr><td>外径>40，壁厚≤12</td><td>见表 3</td></tr>
<tr><td>外径>40，壁厚>12</td><td>35</td><td>25</td><td>10</td><td>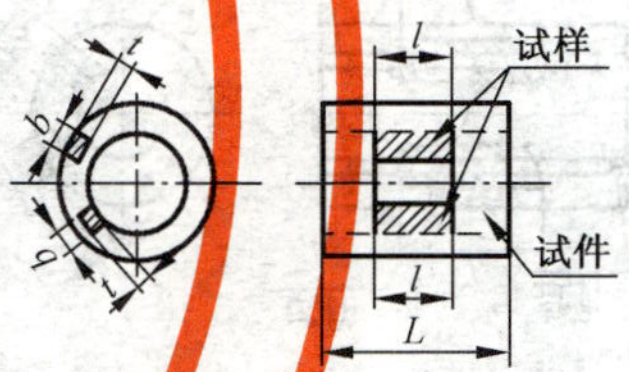
</td><td>(1) 试件至管端距离 a 不小于 50 mm，沿纵向截取。
(2) 应取自与腐蚀介质接触的一侧或两侧，沿纵向选取舟形试样</td></tr>
<tr><td>3</td><td>焊接管</td><td>外径≤30</td><td>70</td><td>整环</td><td>管壁厚</td><td>见表 3</td><td>整环</td><td>管壁厚</td><td>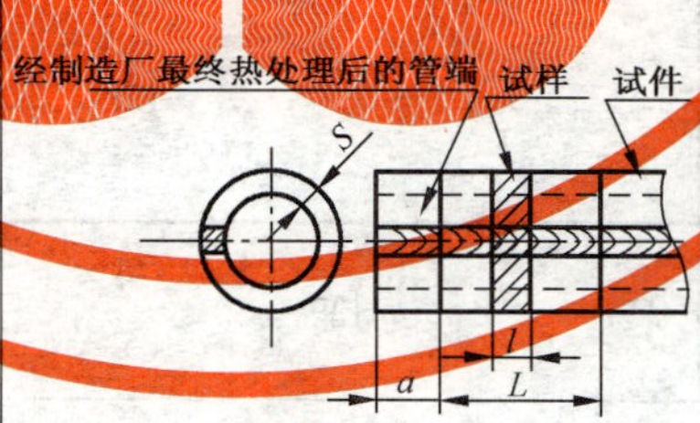
</td><td>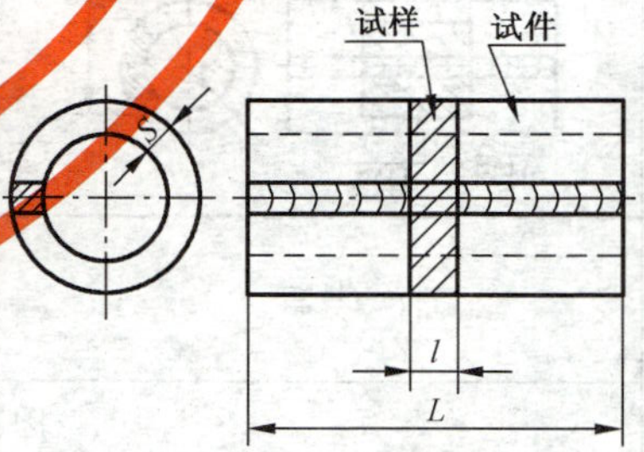
</td><td>(1) 试件至管端距离 a 不小于 30 mm，沿纵向截取。
(2) 沿纵向选取整段管状试样</td></tr>
</table>

表 1（续）

单位为毫米

<table>
<tr><th rowspan="2">序号</th><th rowspan="2">类别</th><th rowspan="2">规格</th><th colspan="3">试件尺寸</th><th colspan="3">试样尺寸</th><th colspan="2">示意图</th><th rowspan="2">要求</th></tr>
<tr><th>长
(L)</th><th>宽
(B)</th><th>厚
(S)</th><th>长
(l)</th><th>宽
(b)</th><th>厚
(t)</th><th>试件</th><th>试样</th></tr>
<tr><td rowspan="3">3</td><td rowspan="3">焊接管</td><td>30<外径≤40</td><td rowspan="3">120</td><td rowspan="3">整环</td><td rowspan="3">管壁厚</td><td>按 3.4 关于面积的要求选取</td><td rowspan="2">25</td><td rowspan="2">管壁厚</td><td rowspan="3">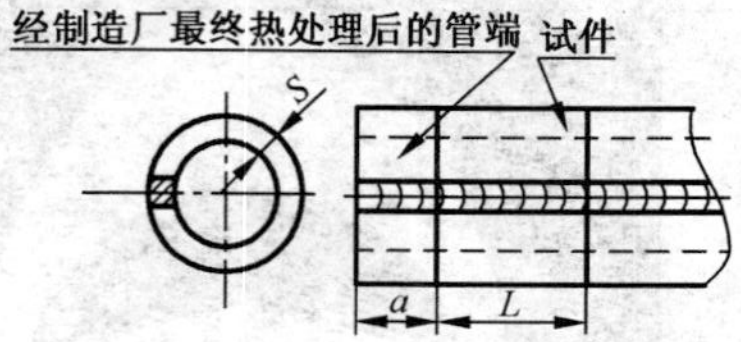</td><td rowspan="2">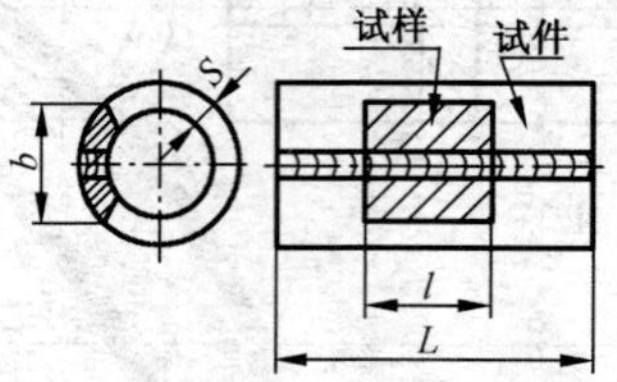</td><td rowspan="2">(1) 试件至管端距离 a 不小于 30 mm，沿纵向截取。
(2) 试样沿纵向选取舟形试样，焊缝在试样的中心位置</td></tr>
<tr><td>外径>40，壁厚≤12</td><td>见表 4</td></tr>
<tr><td>外径>40，壁厚>12</td><td>35</td><td>25</td><td>10</td><td>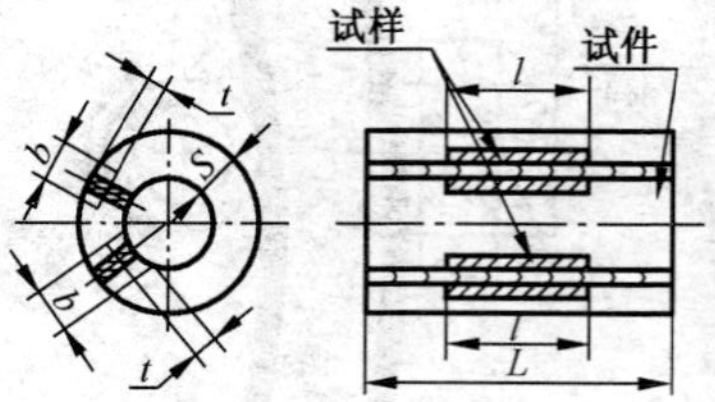</td><td>(1) 试件至管端距离 a 不小于 50 mm，沿纵向截取。
(2) 试样应取自与腐蚀介质接触的一侧或两侧，沿纵向截取舟形试样。焊缝在试样的中心位置</td></tr>
<tr><td>4</td><td>棒材：圆形、六角形、正方形（实心）</td><td>外径≤30</td><td>100</td><td colspan="2">棒材直径</td><td>按 3.4 关于面积的要求选取</td><td colspan="2">试样加工成圆柱体，对以后要加工的棒材圆柱直径比原棒材直径约小 4 mm</td><td>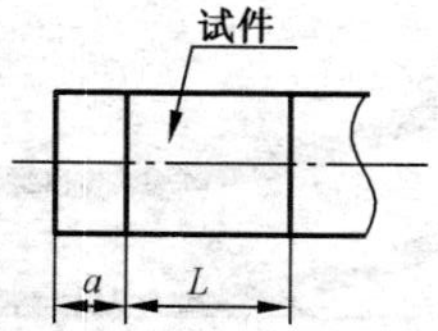</td><td>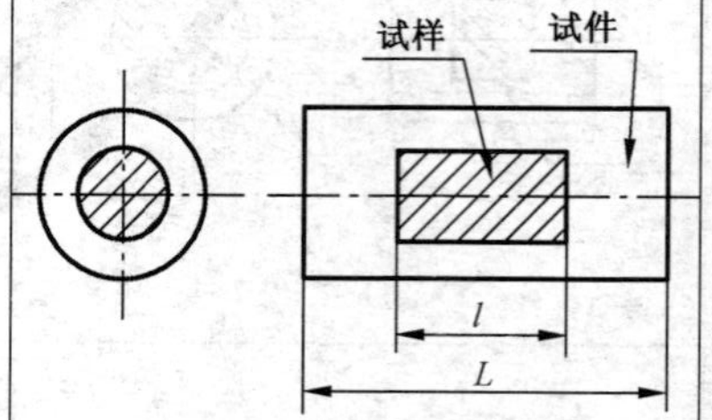</td><td>(1) 试件至棒端距离 a 应不小于棒材直径的二分之一或机械加工时的夹持长度，并取二者较大者。沿纵向截取，方形、六角形或多边形棒材按与横截面形状的内切圆直径相对应的外径规格选取。
(2) 试样从截面中部选取</td></tr>
</table>

表 1（续）

单位为毫米

序号	类别	规格	试件尺寸			试样尺寸			示意图		要求
			长 (*L*)	宽 (*B*)	厚 (*S*)	长 (*l*)	宽 (*b*)	厚 (*t*)	试件	试样	
4	棒材（实心）	30<外径≤32	60	棒材直径		18.3	18.3	18.3	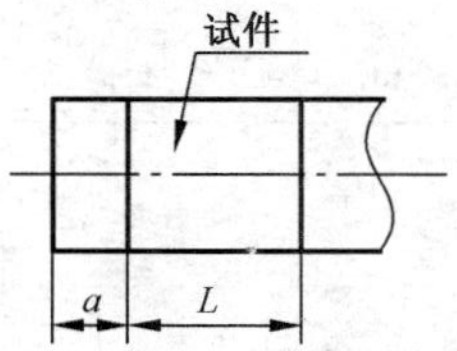	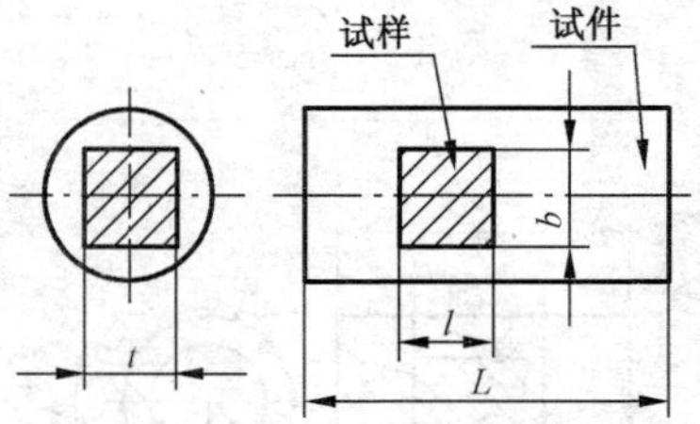	(1) 试件至棒端距离 *a* 应不小于棒材直径的二分之一或机械加工时的夹持长度，并取二者较大者。沿纵向截取，方形、六角形或多边形棒材按与横截面形状的内切圆直径相对应的外径规格选取。(2) 试样从截面中部选取立方体
						试样的总表面积为 20 cm^2					
		32<外径≤36	60	棒材直径		20	20	20			
						试样的总表面积为 24 cm^2					
		36<外径≤75	60	棒材直径		22	22	22			
						试样的总表面积为 29 cm^2					
		外径>75	30	半圆柱直径		22	22	22		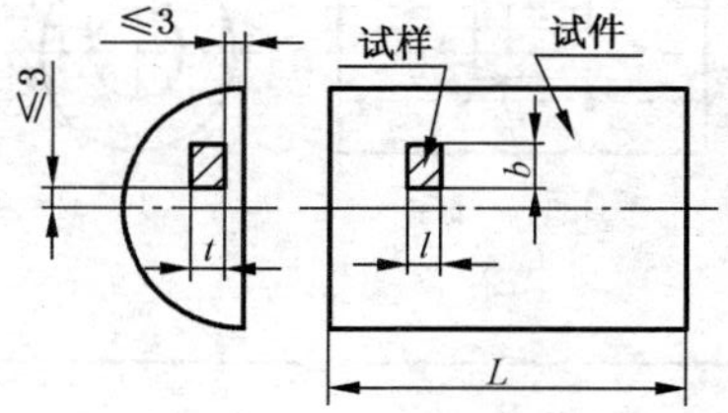	(1) 试件至棒端距离 *a* 应不小于棒材直径的二分之一或机械加工时的夹持长度，并取二者较大者。沿纵向截取，方形、六角形或多边形棒材按与横截面形状的内切圆直径相对应的外径规格选取。(2) 试样自距截面中心线不大于3 mm处截取立方体
						试样的总表面积为 29 cm^2					

表 1（续）

单位为毫米

序号	类别	规格	试件尺寸 长 (*L*)	试件尺寸 宽 (*B*)	试件尺寸 厚 (*S*)	试样尺寸 长 (*l*)	试样尺寸 宽 (*b*)	试样尺寸 厚 (*t*)	示意图 试件	示意图 试样	要求
4	棒材（空心）	外径≤150，壁厚≥20	30	外径≤75，整环	空心棒材壁厚	18.3	18.3	18.3	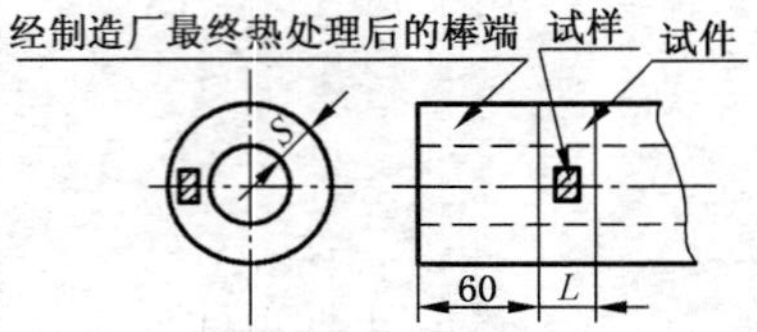	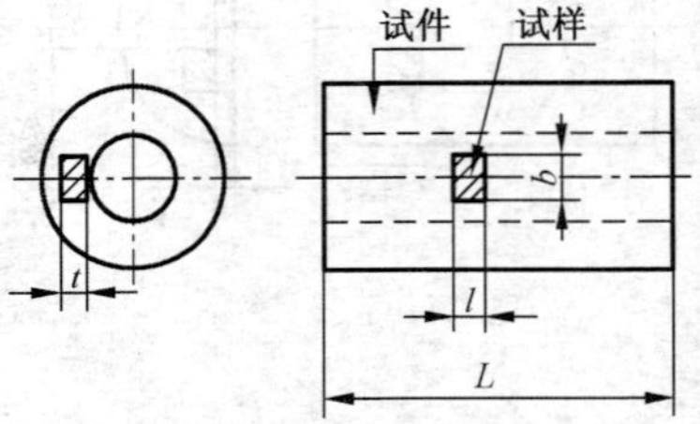	(1) 试件由距棒端60 mm处，沿纵向截取。 (2) 试样从试件截面中部截取，根据不同壁厚，试样尺寸应尽可能取较大的正方体
				75<外径≤150，半环		20	20	20			
						22	22	22			
		外径>150，壁厚≤12	70	弧长≥100	空心棒材壁厚	见表4	25	原棒材壁厚	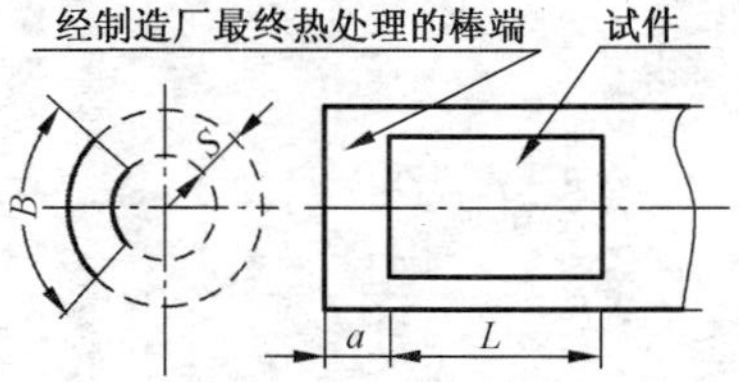	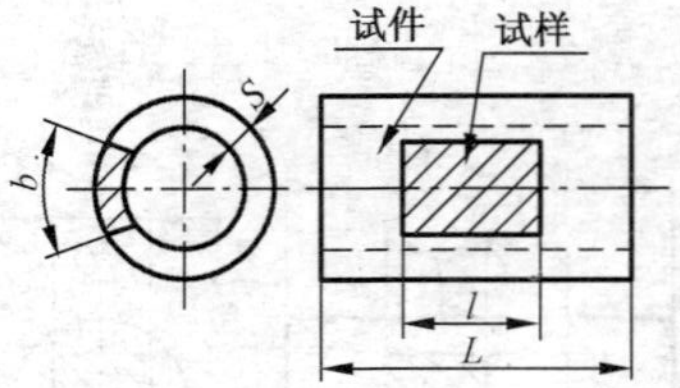	(1) 试件距棒端距离 *a* 不小于50 mm，沿纵向截取。 (2) 沿纵向截取试样
		外径>150，12<壁厚≤24				35	25	10		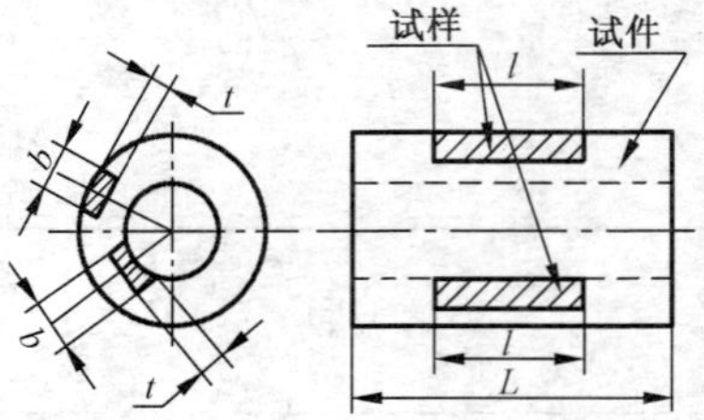	(1) 试件距棒端距离 *a* 不小于50 mm，沿纵向截取。 (2) 试样分别从内（外）部表面沿纵向选取试样，各个方面都需进行机械加工

表 1（续）

单位为毫米

<table>
<tr><th rowspan="2">序号</th><th rowspan="2">类别</th><th rowspan="2" colspan="2">规格</th><th colspan="3">试件尺寸</th><th colspan="3">试样尺寸</th><th colspan="2">示意图</th><th rowspan="2">要求</th></tr>
<tr><th>长
(L)</th><th>宽
(B)</th><th>厚
(S)</th><th>长
(l)</th><th>宽
(b)</th><th>厚
(t)</th><th>试件</th><th>试样</th></tr>
<tr><td>4</td><td>棒材（空心）</td><td colspan="2">外径>150，壁厚>24</td><td>30</td><td>半环</td><td>空心棒材壁厚</td><td>22</td><td>22</td><td>22</td><td>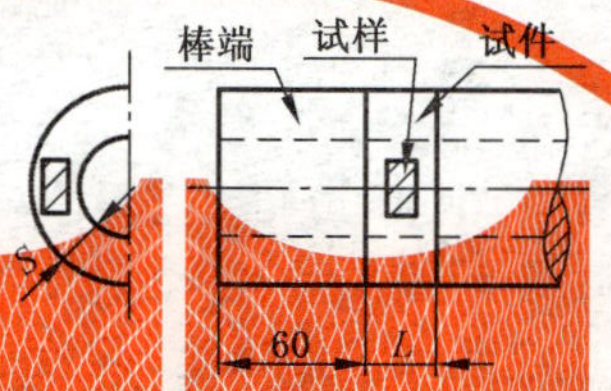</td><td>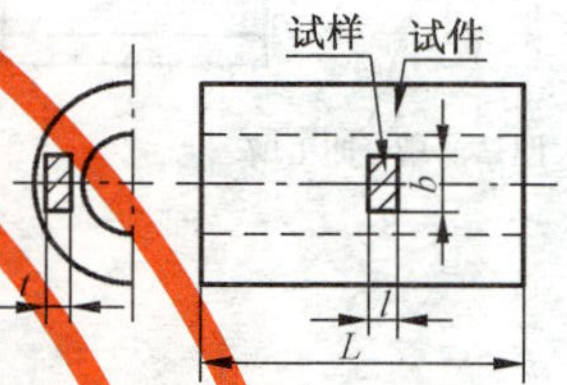</td><td>(1) 试件至最终热处理棒端距离 60 mm，沿纵向截取。
(2) 试样取自介质一侧</td></tr>
<tr><td>5</td><td>锻件</td><td colspan="2">各种尺寸</td><td colspan="3">参见序号 4 棒材试件尺寸</td><td colspan="3">参见序号 4 棒材试样尺寸</td><td>参见序号 4 棒材试件示意图</td><td>参见序号 4 棒材试样示意图</td><td>选取试件、试样的部位和尺寸，应尽可能具备所要制作工件的代表性，当锻件直径大于 150 mm，且带孔时，孔表面的粗加工在热处理前完成</td></tr>
<tr><td rowspan="2">6</td><td rowspan="2">焊接件</td><td rowspan="2">衬里板和内件的对接焊缝</td><td>板厚≤6</td><td rowspan="2">150</td><td rowspan="2">不小于板厚的 20 倍，且不小于 200 mm</td><td rowspan="2">原板厚度</td><td rowspan="2">按 3.4 关于面积的要求选取</td><td rowspan="2">焊缝宽度加 20 mm</td><td>原板厚度</td><td rowspan="2">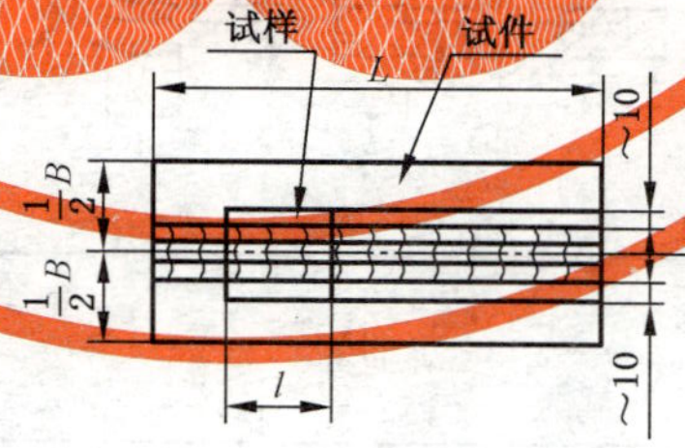</td><td rowspan="2">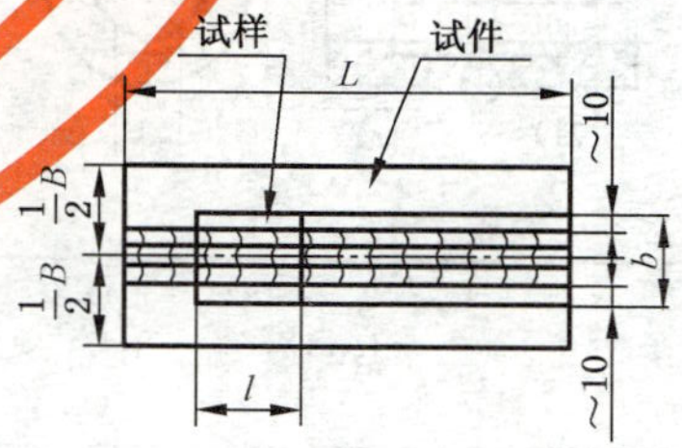</td><td>焊缝位于试件、试样中心位置</td></tr>
<tr><td>板厚>6</td><td>不小于 4 mm</td><td>(1) 焊缝位于试件、试样中心位置。
(2) 试样厚度由与腐蚀介质接触的一侧起算</td></tr>
</table>

表 1（续）

单位为毫米

序号	类别	规格		试件尺寸 长 (*L*)	试件尺寸 宽 (*B*)	试件尺寸 厚 (*S*)	试样尺寸 长 (*l*)	试样尺寸 宽 (*b*)	试样尺寸 厚 (*t*)	示意图 试件	示意图 试样	要求
6	焊接件	管材的对接焊	各种尺寸	管壁厚度的 10 倍，且不小于 100 mm	整环	原管壁厚度	熔敷金属宽度加 20 mm	按 3.4 关于面积的要求选取	3	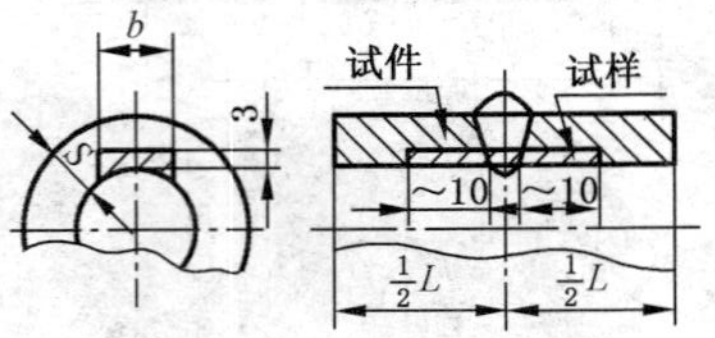	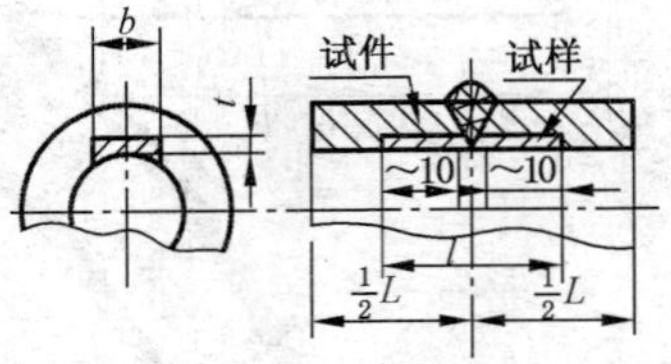	(1) 焊缝位于试件、试样的中心位置。 (2) 试样厚度由与腐蚀介质接触的一侧最薄处算起
		带极+焊条电弧焊堆焊	表面不机加工	各种尺寸 ≥650	≥600	≥108	50	25	3	见图 1	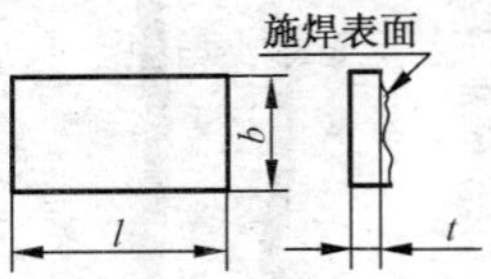	(1) 按图 1 所示选取。 (2) 试样厚度从最小处算起，图 1 试样编号Ⅰ，Ⅲ应按本图取样，试样厚度 3 mm 指耐蚀层厚度
		带极+焊条电弧焊堆焊	表面机加工	各种尺寸 ≥650	≥600	≥108	50	25	3	见图 1	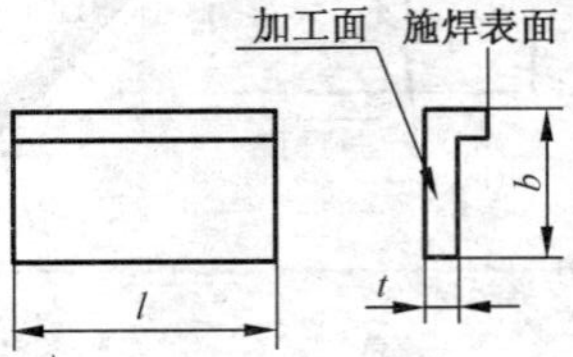	(1) 按图 1 所示选取。 (2) 试样表面一小部分需保持焊后状态，其余部分应加工到与产品相同程度，图 1 试样编号Ⅱ、Ⅳ应按本图，试样厚度3 mm 指耐蚀层厚度

表 1（续）

单位为毫米

序号	类别	规格		试件尺寸 长(L)	试件尺寸 宽(B)	试件尺寸 厚(S)	试样尺寸 长(l)	试样尺寸 宽(b)	试样尺寸 厚(t)	示意图 试件	示意图 试样	要求
6	焊接件	管子与管板的焊接	各种尺寸	150	150	碳钢层＋堆焊层＋(6～8)	l_1＝a＋D＋11	D/2＋5.5	(2.5～3)＋(6～8)	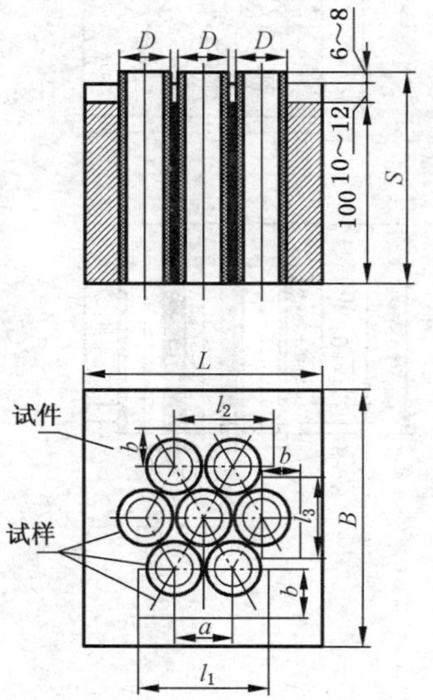	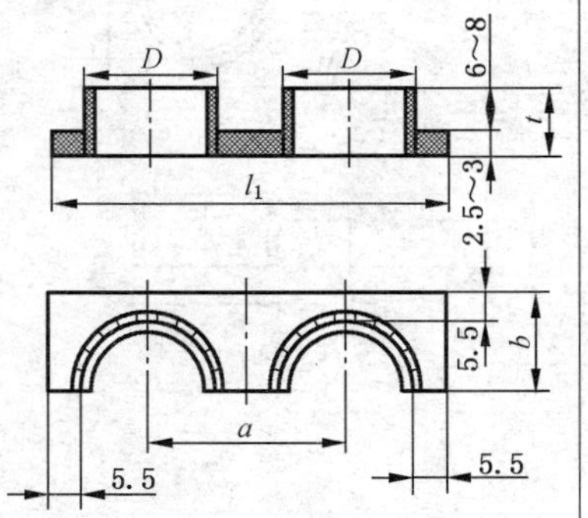	(1) 管子与管板的组焊情况，应与产品施工时的尺寸和形状一致。 (2) 试样的长和宽可根据试样总表面积为不大于 45 cm^{2}来确定
							l_2＝a＋D/2＋5.5	D/2＋5.5	(2.5～3)＋(6～8)		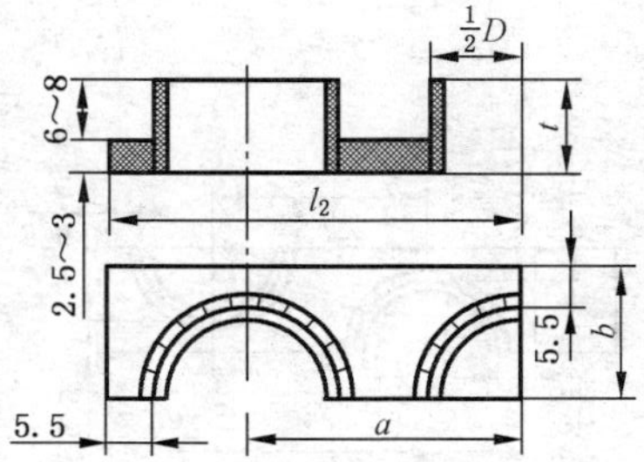	
							l_3＝(a＋D)/2＋5.5	D/2＋5.5	(2.5～3)＋(6～8)		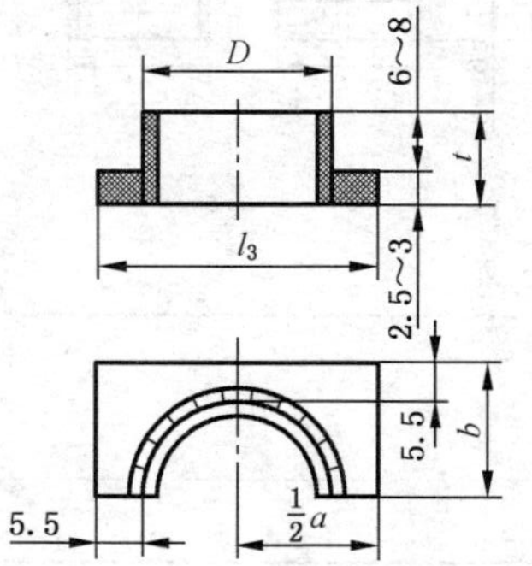	

表 1（续）

单位为毫米

<table>
<tr><th rowspan="2">序号</th><th rowspan="2">类别</th><th rowspan="2" colspan="2">规格</th><th colspan="3">试件尺寸</th><th colspan="3">试样尺寸</th><th colspan="2">示意图</th><th rowspan="2">要求</th></tr>
<tr><th>长
(L)</th><th>宽
(B)</th><th>厚
(S)</th><th>长
(l)</th><th>宽
(b)</th><th>厚
(t)</th><th>试件</th><th>试样</th></tr>
<tr><td rowspan="2">6</td><td rowspan="2">焊接件</td><td rowspan="2">管子与管板的焊接</td><td rowspan="2">各种尺寸</td><td rowspan="2">150</td><td rowspan="2">150</td><td rowspan="2">碳钢层＋堆焊层＋6～8</td><td>$l_4=\frac{\sqrt{3}}{2}a$ ＋D＋11</td><td>D/2＋5.5</td><td>(2.5～3)＋(6～8)</td><td rowspan="2">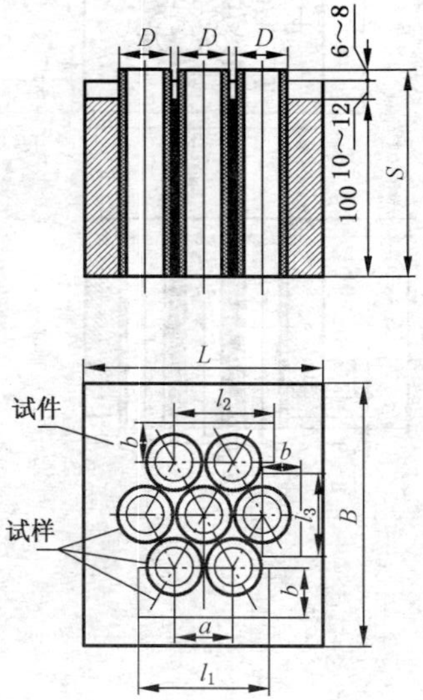</td><td>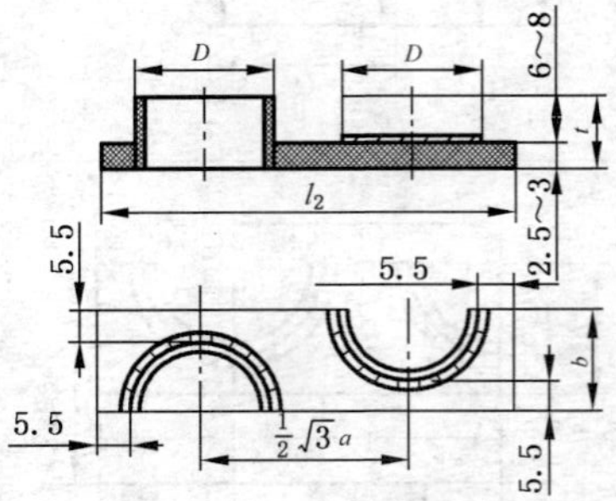</td><td rowspan="2">(1) 管子与管板的组焊情况，应与产品施工时的尺寸和形状一致。
(2) 试样的长和宽可根据试样总表面积为不大于45 cm² 来确定</td></tr>
<tr><td>$l_5=\frac{\sqrt{3}}{2}a$ ＋D/2 ＋5.5</td><td>D/2＋5.5</td><td>(2.5～3)＋(6～8)</td><td>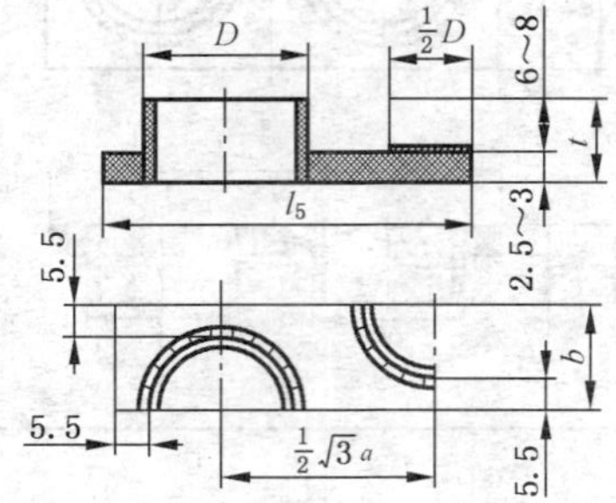</td></tr>
</table>

单位为毫米

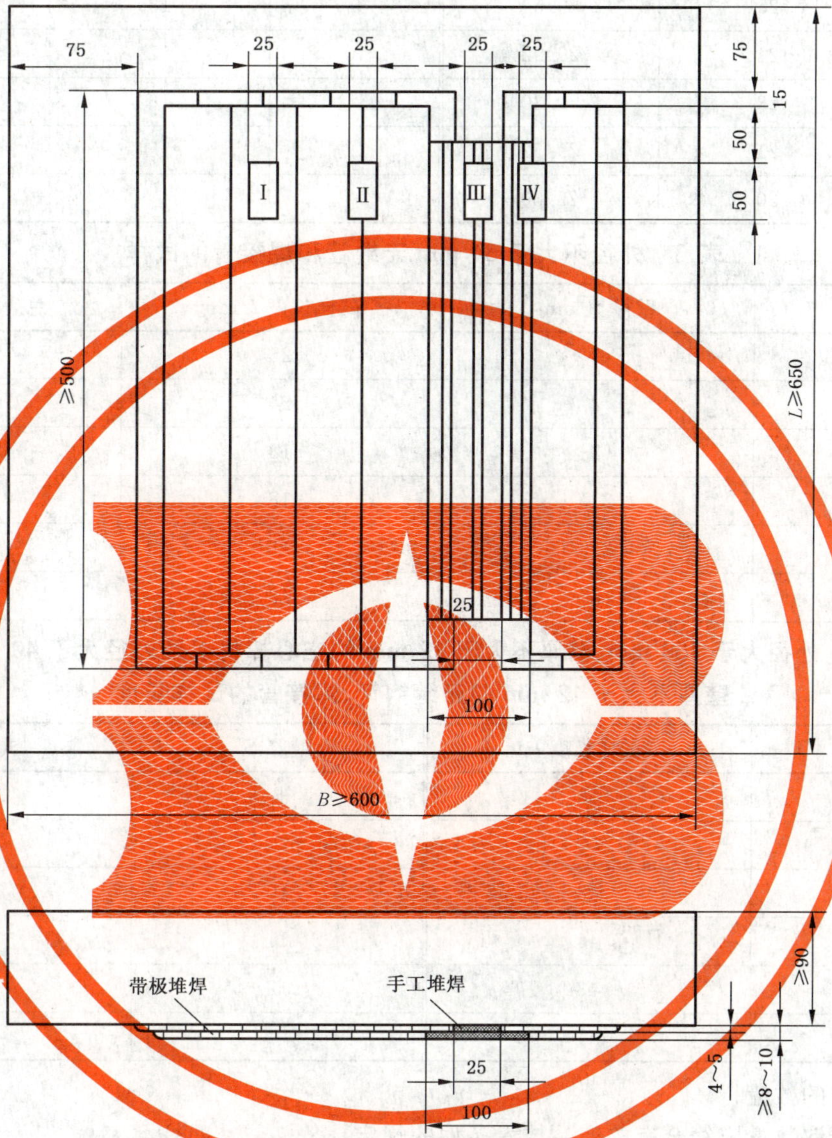

Ⅰ——带极堆焊的试样；

Ⅱ——带极与带堆焊交接区的试样；

Ⅲ——焊条电弧焊的试样；

Ⅳ——焊条电弧焊与带极堆焊交接区试样。

图 1 带极-焊条电弧焊堆焊试件示意图

3.2.2 试件当用剪切法取样时，应通过切削加工，除去剪切影响部分。

3.2.3 试样表面用铯、铣或切削加工，表面粗糙度 Ra 为 3.2 μm 不允许磨光。加工过程中应防止试样过热和加工硬化。切削刀具的材料、几何角度以及切削用量参照附录 A。

3.2.4 试样尺寸及在试件上截取的部位应符合表 1～表 4 的规定。

表 2　厚度不大于 12 mm 板材、带材的试样宽度

板厚 S/mm	试样宽 b/mm	总表面积/cm²	板厚 S/mm	试样宽 b/mm	总表面积/cm²
2	27	30.08	8	19	30.04
3	25	29.50	9	18	30.24
4	24	29.92	10	17	30.40
5	23	30.30	11	16	30.52
6	21	29.52	12	15	30.60
7	20	29.80			

表 3　外径不大于 31 mm 无缝管和焊接管的试样

外径 D/mm	壁厚 S/mm	试样长度 l/mm	总表面积 F/cm²
19	2	25	28.84
20	2	24	29.42
25	2	18	28.91
25	2.5	18	28.99
31	2.5	13	27.77
31	3	13	28.16

表 4　外径大于 150 mm、壁厚不大于 12 mm 的空心棒材以及外径大于 40 mm、壁厚不大于 12 mm 的无缝钢管、焊接管的试样长度

单位为毫米

壁厚 S	试样长度 l	壁厚 S	试样长度 l
2	53	8	39
3	50	9	37
4	48	10	35
5	45	11	33
6	43	12	31
7	41		

3.3　试件和试样的数量

3.3.1　试件的选取数量应符合有关产品技术条件的规定。

3.3.2　通常每一个试件上只取一个试样进行试验。对于厚度大于 12 mm 试件(板材、管材或空心棒材),如果其两侧均接触工艺介质,则应分别从两侧各取一个试样进行试验。

3.4　试样的总表面积

试样的总表面积一般为 20 cm²～45 cm²,最好为 30 cm²。

3.5　试样的悬挂孔

试样可钻一个直径为 6 mm 的悬挂孔,其位置按照附录 B。

3.6　试件和试样的标记

3.6.1　试件的标记应符合第 4 章的规定。

3.6.2　在试样的加工面上,应用钢印打上试样编号。

3.7　试件和试样的保存

供复验用的全部试件和试样应保存三年。

4 试件的标记

4.1 试件的标记

试件上应打上清晰的试件编号钢印，以便识别下列内容：

a) 钢厂商标或钢厂名称；

b) 材料牌号；

c) 熔炼炉(罐)号；

d) 批号；

e) 工程号；

f) 图件号；

焊接试件还应增加如下内容：

g) 在靠近焊缝处打上焊工的印记；

h) 如果试件仅有一侧与工艺腐蚀介质接触，则在该侧须标明 MED(介质)字样，否则两侧表面接触工艺腐蚀介质。

4.2 试件轧制或锻造方向的标记

试件应有轧制或显示锻造方向的方向标记(拔制的管类除外)。

5 随同试件(样)一起送交买方的文件

5.1 由设备制造厂送交的试件(样)

如合同要求时，制造厂提供给买方的试件(样)应注明所代表的设备、部件、工程号。

5.2 文件

5.2.1 原材料试件(样)的文件应提供最终的或最初的钢厂试验报告。

5.2.2 焊接试件(样)的文件应提供包括焊接方法、焊接材料、焊工号等内容的报告。

附　录　A
（资料性附录）
试样的加工

A.1　加工要求

试样的预加工可在铯床或铣床进行，不允许磨光。为使粗加工后的变形尽可能小，一般切削深度为 2 mm，走刀量为 0.1 mm～0.3 mm。

A.2　试样的精加工

A.2.1　试样的精加工可在车床或铯床上进行。

A.2.2　切削刀具材料为高速钢。

A.2.3　刨刀和车刀几何尺寸（见图 A.1）应为：

a)　前角为 15°～20°；

b)　后角为 7°～10°；

c)　刀尖角为 110°；

d)　主偏角为 45°；

e)　刀倾角为 4°；

f)　刀尖圆弧半径为 0.1 mm。

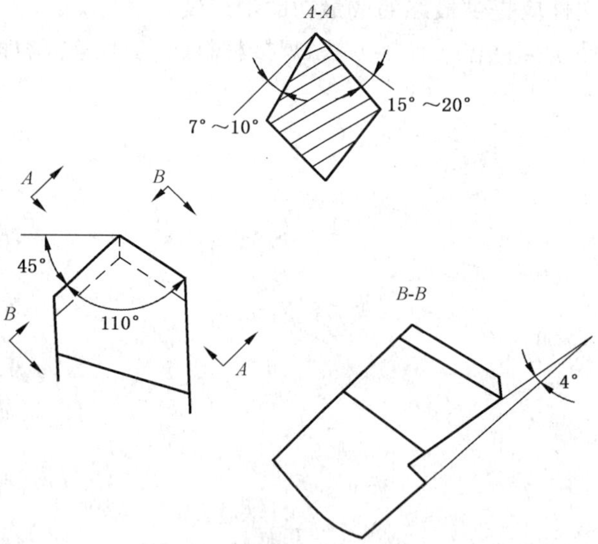

图 A.1　刨刀和车刀几何尺寸

A.2.4　在铯床上加工铯刀返程时不应碰到试样。

A.2.5　试样最后 1 mm 加工的切削深度分别为 0.6 mm、0.3 mm 和 0.1 mm，走刀量为 0.05 mm～0.10 mm，切削速度为 4 m/min～10 m/min。

附 录 B
（规范性附录）
悬挂孔的位置

B.1 板状试样悬挂孔的位置

板状试样悬挂孔的位置见图 B.1。

单位为毫米

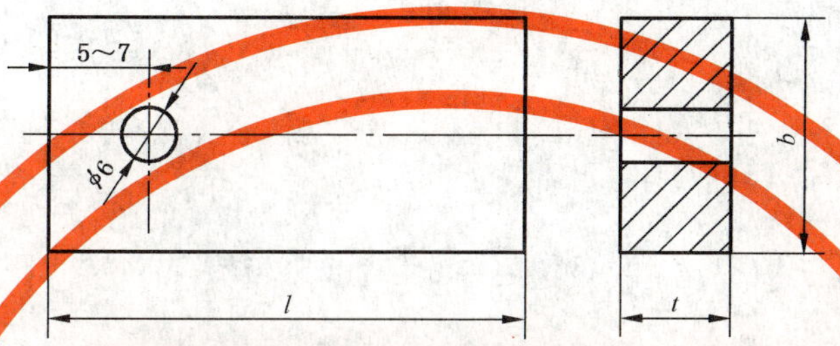

图 B.1 板状试样悬挂孔的位置

B.2 立方体试样悬挂孔的位置

立方体试样悬挂孔的位置见图 B.2。

单位为毫米

图 B.2 立方体试样悬挂孔的位置

B.3 焊接试样悬挂孔的位置

焊接试样悬挂孔的位置见图 B.3。

单位为毫米

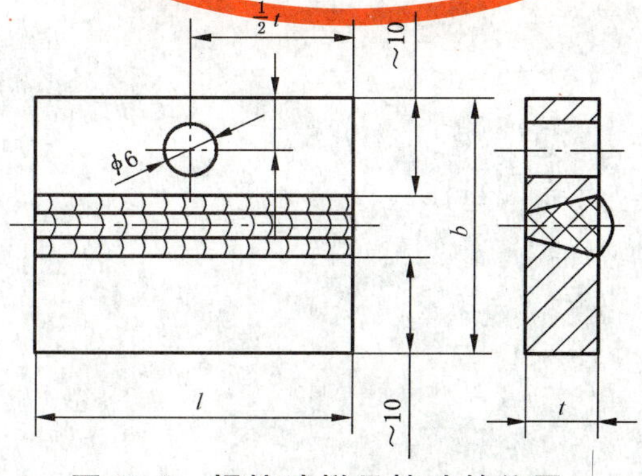

图 B.3 焊接试样悬挂孔的位置

ICS 71.120.10;75.180.20;23.020.30
G 93

中华人民共和国国家标准

GB/T 25151.5—2010

尿素高压设备制造检验方法 第5部分:尿素高压设备氨渗漏试验方法

Fabrication and inspection method for high pressure urea equipment—Part 5:Ammonia leakage test method for urea high pressure equipment

2010-09-26 发布　　2011-03-01 实施

中华人民共和国国家质量监督检验检疫总局
中国国家标准化管理委员会　发布

前言

GB/T 25151《尿素高压设备制造检验方法》分为六个部分：

——第1部分：不锈钢带极自动堆焊层超声波检测；

——第2部分：尿素级超低碳铬镍钼奥氏体不锈钢选择性腐蚀检查和金相检查；

——第3部分：尿素级超低碳铬镍钼奥氏体不锈钢晶间腐蚀倾向试验；

——第4部分：尿素级超低碳铬镍钼奥氏体不锈钢晶间腐蚀倾向试验的试样制取；

——第5部分：尿素高压设备氨渗漏试验方法；

——第6部分：尿素高压设备氦渗漏试验方法。

本部分为GB/T 25151的第5部分。

本部分由中国石油和化学工业协会提出。

本部分由全国化工机械与设备标准化技术委员会(SAC/TC 429)归口。

本部分起草单位：中国石化集团南京化学工业有限公司化工机械厂。

本部分主要起草人：戴万敏。

尿素高压设备制造检验方法
第5部分：尿素高压设备氨渗漏试验方法

1 范围

GB/T 25151 的本部分规定了除尿素合成塔外的尿素高压设备衬里层焊接接头、换热管与管板焊接接头有无穿透性缺陷的氨渗漏试验方法。

本部分适用于除尿素合成塔外的尿素高压设备氨渗漏试验。

2 规范性引用文件

下列文件中的条款通过 GB/T 25151 的本部分的引用而成为本部分的条款。凡是注日期的引用文件，其随后所有的修改单(不包括勘误的内容)或修订版均不适用于本部分，然而，鼓励根据本部分达成协议的各方研究是否可使用这些文件的最新版本。凡是不注日期的引用文件，其最新版本适用于本部分。

GB 150 钢制压力容器

JB/T 4730.5 承压设备无损检测 第5部分：渗透检测

3 试验前准备

3.1 衬里层及内件焊接接头的检查

3.1.1 衬里层及内件全部组焊后应进行宏观检查，焊接接头表面应符合 GB 150 的要求。

3.1.2 衬里层所有焊接接头应经 100%渗透检测合格，渗透检测方法按 JB/T 4730.5 的规定。

3.2 试验部位的清理

衬里层所有焊接接头表面及其两侧的油污、碱性物质及有色试剂残留物应清理干净，清洗剂的氯离子含量应不超过 25 mg/L。

4 试验装置

4.1 试验装置

进行氨渗漏试验应具备如下装置：氨瓶、氮气瓶、氨压力表、真空表、减压阀、截止阀、真空泵、水槽、U型油管、高压胶管及酚酞试纸等。

4.2 试验及试验装置注意事项

4.2.1 装置上所有连接件、阀门应严密不漏，安全可靠。

4.2.2 氨瓶、氮气瓶应立置，不能卧放。

4.2.3 在设备上至少装两个量程相同且经校验合格的氨压力表或真空表，表盘直径不应小于 100 mm，氨压力表的量程应为试验压力的 1.5 倍～3.0 倍。

5 试验方法

5.1 真空法(A法)

5.1.1 此方法充入 100%的氨气，用于高压热交换器管箱衬里层焊接接头的氨渗漏试验。

5.1.2 试验步骤：

a) 按图1所示准备并连接必需的设备、配件、仪表和工具。连接每段衬里的两点(A1、A2、A3…

和 B1、B2、B3…)应分别位于最长距离独立的两个端点。如果在一个试验区内有两个或多个检测孔,试验时应该把多余的孔堵住。

b) 用真空泵抽空壳体与衬里之间的空气,直至压力达到 7×10^{-3} MPa(绝压)。

c) 开启管路中的阀门往试验系统中充入氨气,直到有氨气从真空泵出口逸出为止。

d) 停止真空泵并继续充入氨气,当氨气压力达到大气压(绝压)时,立即开启管线中连接 U 型油管测压计的阀门,观察 U 型油管油面差,控制氨气压力在 2×10^{-3} MPa～3×10^{-3} MPa。

e) 在充氨前,将检测用的酚酞试纸敷设在所有受检焊接接头表面上。

f) 氨气压力达到试验压力后,用酚酞试纸检查通氨部件的接合处及其阀门等有无泄漏,如有泄漏则应采取措施,使氨气压力保持稳定。

g) 保压 10 h～12 h,保压开始 15 min 及 1 h 后各检查一次,其后每 2 h 检查一次,试验期间酚酞试纸应保持湿润,保压 10 h～12 h 后所贴附在受检焊接接头表面上的酚酞试纸无红色产生,即为氨渗漏试验合格。

h) 在完成试验之前应关闭氨瓶和连接 U 型油管测压计的阀门,并且应用真空泵把试验空间内的氨气抽出,泵的出口管应连接到外面的安全地点或插入水槽。

i) 拆除氨瓶,往试验空间导入空气。当所有的氨被抽完后,关停并且拆除真空泵。

j) 如在试验期间发现酚酞试纸产生红色则应在变色部位确认是否有穿透性缺陷。如果有穿透性缺陷,则应停止试验,将氨气用真空泵排净,然后将缺陷部位进行修复,并重新进行试验。

注:酚酞试纸可用中性过滤纸涂上酚酞溶液而成。酚酞溶液的配方为:0.1%酚酞、5%酒精、20%甘油、75%水(按体积分数,水中氯离子含量不超过 25 mg/L)。

5.2 压力法(B 法)

5.2.1 此方法充入 15%(体积分数)的氨气,其余为惰性气体氮气,用于高压热交换器换热管与管板焊接接头的氨渗漏试验。

5.2.2 试验步骤:

a) 按图 2 所示准备并连接必需的设备、配件、仪表和工具。

b) 在壳程充入氮气并使压力提高到 20×10^{-2} MPa(表压),然后减压,当需要时重复此过程直到试验空间内氧气的体积分数足够低(<0.5%)为止,目的是使充入的氨气不在爆炸范围内。

c) 当试验空间达到上述情况时就关闭出口阀,然后充入氮气,使压力提高到 10×10^{-2} MPa(表压)。

d) 充入氨气使压力达到 13.40×10^{-2} MPa(表压)。

e) 在充氨前,将检测用的酚酞试纸敷设在所有受检焊接接头表面上。

f) 氨气压力达到试验压力后,用酚酞试纸检查通氨部件的接合处及其阀门等有无泄漏,如有泄漏则应采取措施,使氨气压力保持稳定。

g) 保压 10 h～12 h,保压开始 15 min 及 1 h 后各检查一次,其后每 2 h 检查一次,试验期间酚酞试纸应保持湿润,保压 10 h～12 h 后所贴附在受检焊接接头表面上的酚酞试纸无红色产生,即为氨渗漏试验合格。

h) 在完成试验之后,小心地慢慢地打开阀门放出气体以减压,并把出气管口插入到一个装有流动水的槽中。

i) 当压力已经达到大气压后,可用反复充入氮气三次至五次的方法来清除氨气,随后往设备中充入空气直到消除完氨气。

j) 如在试验期间发现酚酞试纸产生红色则应在变色部位确认是否有穿透性缺陷。如果有穿透性缺陷,则应停止试验,用氮气将氨气清除完,然后将缺陷部位进行修复,并重新进行试验。

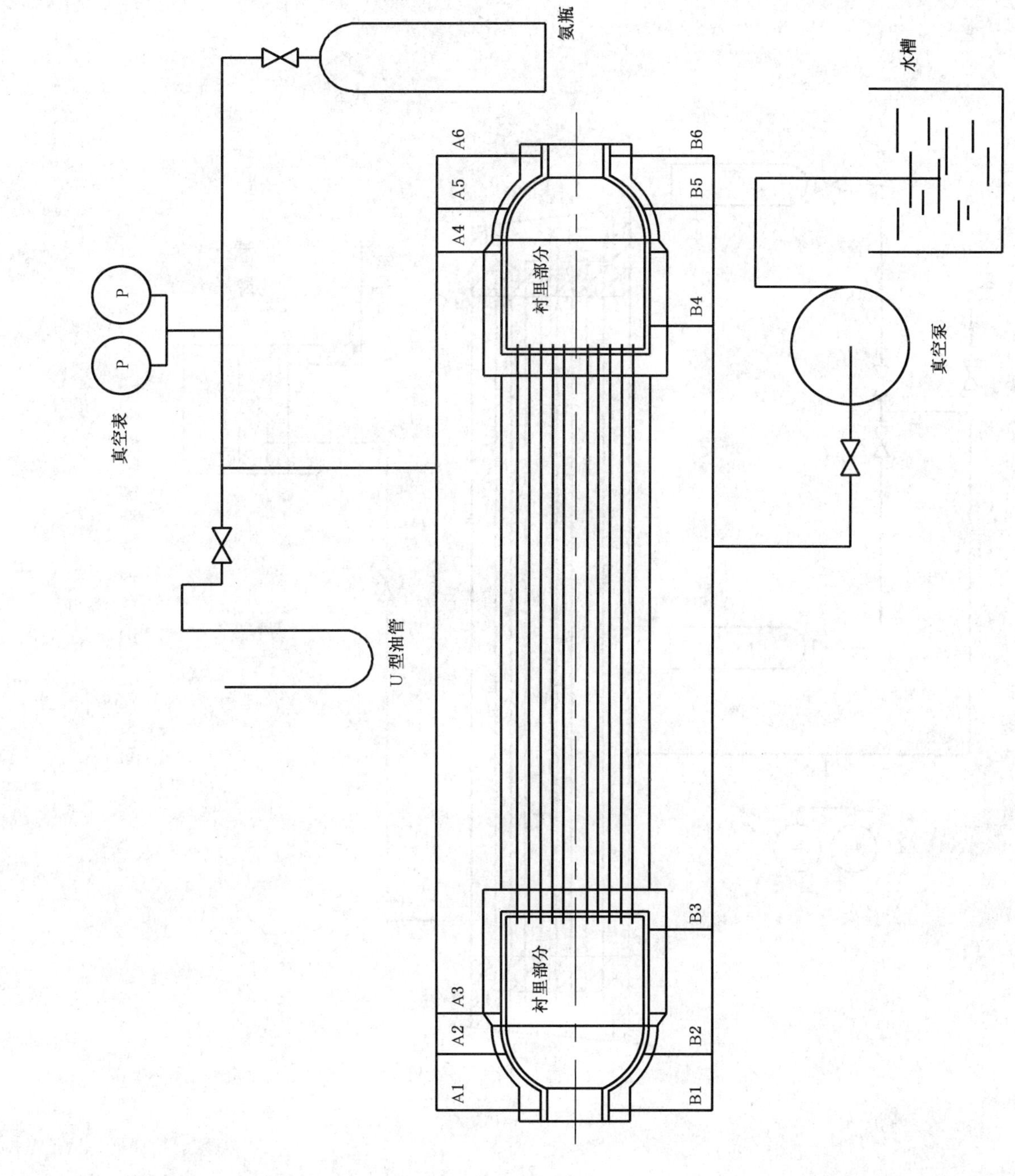

图 1　真空法(A 法)试验装置连接图

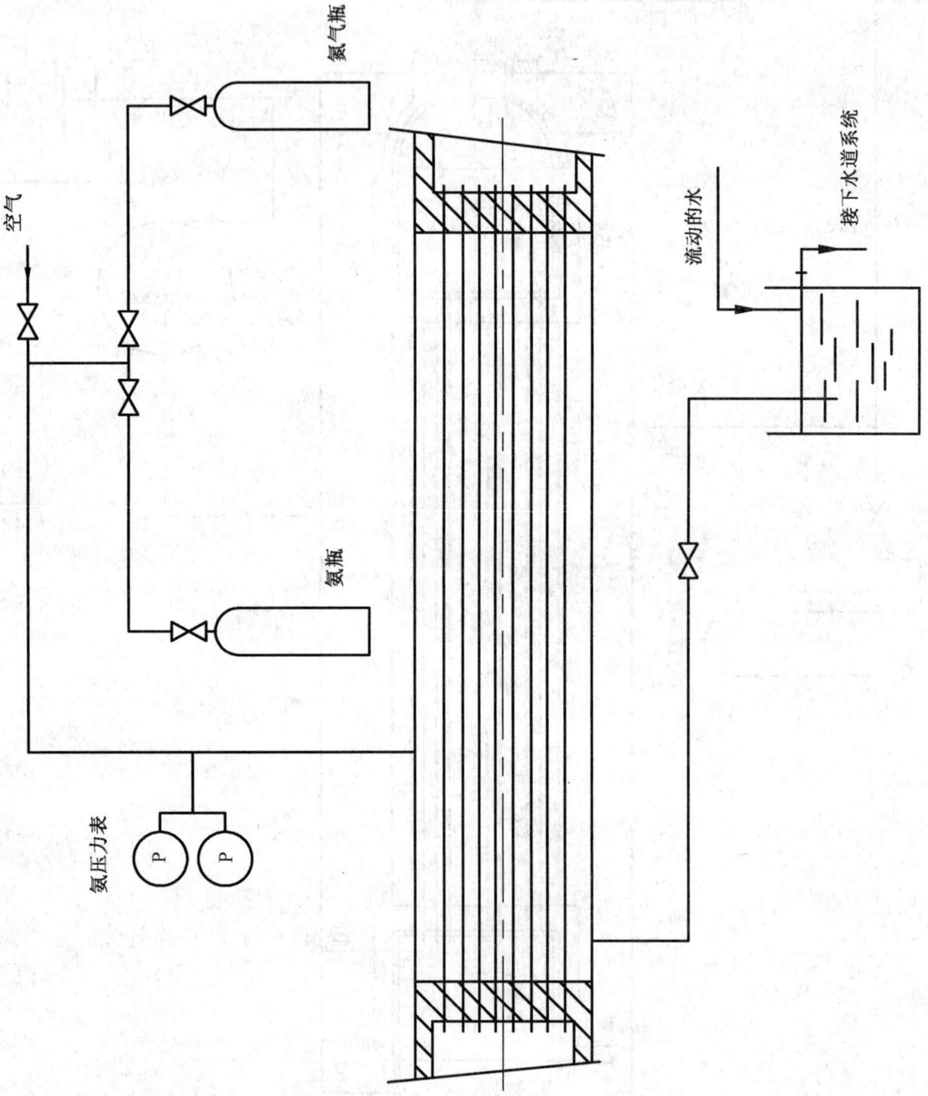

图2　压力法（B法）试验装置连接图

6 试验报告

试验报告应包括以下内容：

——设备名称、图号、位号、出厂编号等；

——设计压力(管程、壳程)；

——试验部位；

——试验介质；

——试验压力；

——保压时间；

——试验温度；

——试验结果；

——试验日期；

——压力-时间曲线图；

——压力表编号、压力表量程、压力表检定日期等。

ICS 71.120;75.180.20
G 92

中华人民共和国国家标准

GB/T 25152—2010

液-液分离旋流器技术条件

Specification for liquid-liquid hydrocyclone separators

2010-09-26 发布 2011-03-01 实施

中华人民共和国国家质量监督检验检疫总局
中国国家标准化管理委员会 发布

前言

本标准参照采用了 ISO 13628-1:2005《石油和天然气工业　水下生产系统的设计和操作　第1部分:一般要求和推荐规范》中对海洋石油产品开采设备的设计要求。

本标准由中国石油和化学工业协会提出。

本标准由全国化工机械与设备标准化技术委员会(SAC/TC 429)归口。

本标准起草单位:华东理工大学化工机械研究所、上海华畅环保设备发展有限公司。

本标准主要起草人:杨强、汪华林、马吉、钱卓群。

液-液分离旋流器技术条件

1 范围

本标准规定了液-液分离旋流器(以下简称旋流器)的分类与命名、要求、检验规则、标志、出厂文件及包装。

本标准适用于液-液两相的非均相体系分离的旋流器。分散相以液滴状态存在于连续相之中,分散相浓度不大于 60 000 mg/L、分散相体积平均粒径不小于 5 μm,操作温度下连续相黏度不大于 0.005 N·s/m^2,连续相与分散相之间的密度差不小于 0.05 g/cm^3。

2 规范性引用文件

下列文件中的条款通过本标准的引用而成为本标准的条款。凡是注日期的引用文件,其随后所有的修改单(不包括勘误的内容)或修订版均不适用于本标准,然而,鼓励根据本标准达成协议的各方研究是否可使用这些文件的最新版本。凡是不注日期的引用文件,其最新版本适用于本标准。

GB 150 钢制压力容器

GB/T 6060.2—2006 表面粗糙度比较样块 磨、车、镗、铣、插及刨加工表面(ISO 2632-1:1985,MOD)

GB/T 11133 液体石油产品水含量测定法(卡尔·费休法)(GB/T 11133—1989,ASTM D1744:1983,NEQ)

GB/T 11146 原油水含量测定 卡尔·费休库仑滴定法(GB/T 11146—2009,ISO 10337:1997,MOD)

GB/T 15056 铸造表面粗糙度 评定方法

JB/T 7557 同轴度误差检测

3 术语和定义

下列术语和定义适用于本标准。

3.1

液-液分离旋流器 liquid-liquid hydrocyclone separators

指由1根或多根液-液分离旋流芯管组成的,利用液体自身在旋流芯管中的旋流作用产生的离心力场实现液-液分离的装置。分外壳和内件两部分,外壳为钢制压力容器,内件为液-液分离旋流芯管。

3.2

连续相 continuous phase

在分散体系中分散其他物质的物质称连续相。

3.3

分散相 heterogeneous phase

在分散体系中被连续相分散的物质称分散相。

3.4

分流比 split ration

旋流器分散相出口流量与进口分散相和连续相总流量的比值称为分流比。

4 分类与命名

4.1 分类

4.1.1 按照旋流芯管的结构可分为单锥、双锥和三锥。单锥旋流芯管的旋流器，代号 A；双锥旋流芯管的旋流器，代号 B；三锥旋流芯管的旋流器，代号 C。

4.1.2 按照非均相组分密度可分为脱水型旋流器和脱油型旋流器。分散相密度大于连续相密度为脱水型旋流器，代号 W；分散相密度小于连续相密度为脱油型旋流器，代号 O。

4.2 命名

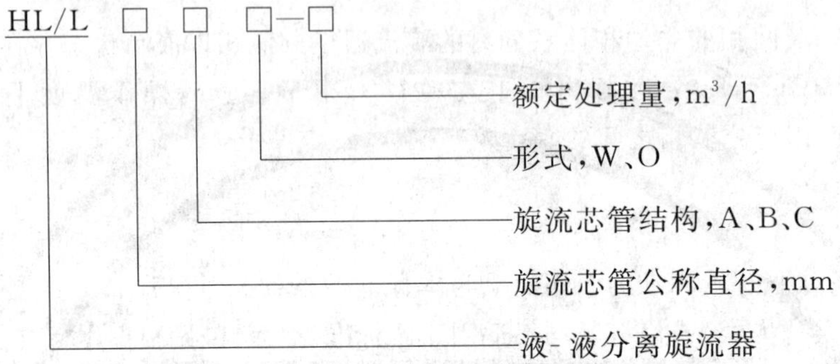

示例：HL/L28CO—200

指旋流芯管公称直径为 28 mm，额定处理量为 200 m³/h 的三锥体脱油型液-液分离旋流器。

5 要求

5.1 基本要求

旋流器应符合本技术条件的要求，并按照经规定程序批准的图样及技术文件制造。

5.2 型式与基本参数

旋流器的基本结构型式及参数应符合图 1 和表 1 的规定。

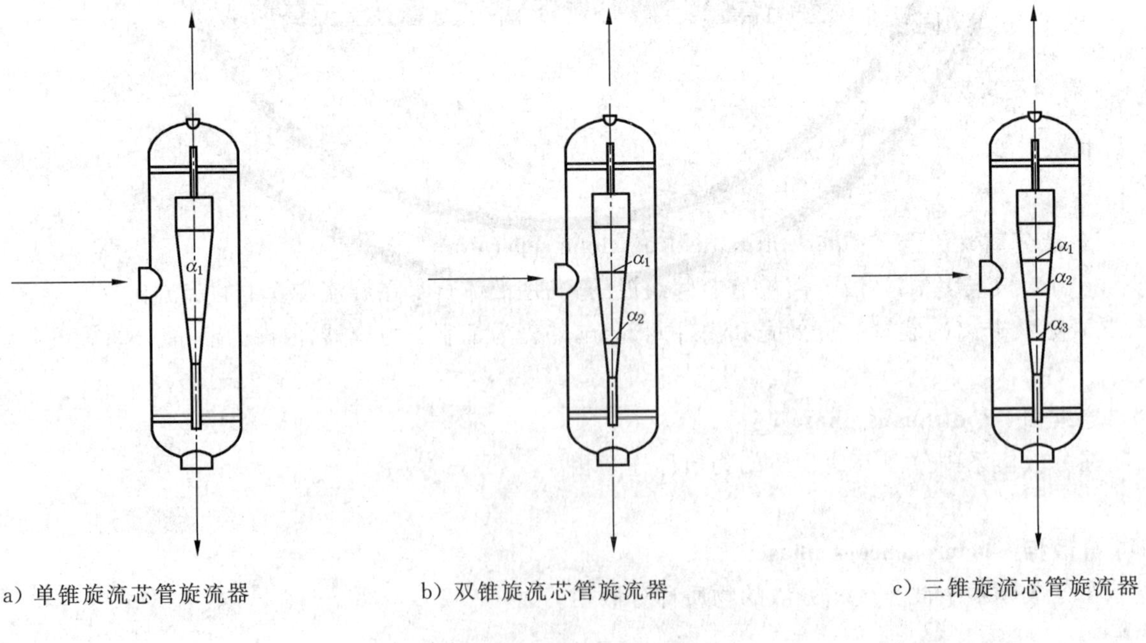

a) 单锥旋流芯管旋流器　　b) 双锥旋流芯管旋流器　　c) 三锥旋流芯管旋流器

图 1 液-液分离旋流器结构

表1 液-液分离旋流器旋流芯管参数

项目	参数					
旋流芯管公称直径/mm	75	50	35	28	18	10
芯管结构	单锥、双锥、三锥					单锥
锥度	0°～30°			0°～25°	0°～20°	0°～10°

5.3 材料要求

旋流器使用的材料应符合按规定程序批准的图样及技术文件规定。旋流芯管锥体段宜采用玻璃钢内衬陶瓷耐磨材料。旋流芯管在不降低产品使用性能和保证加工质量的条件下，允许采用代用材料。

5.4 旋流芯管加工制造要求

旋流芯管内工作表面应光滑、平整，应保证较高同轴度，具体要求见表2规定。

表2 液-液分离旋流器加工制造要求

项目	要求					
旋流芯管公称直径/mm	75	50	35	28	18	10
内工作表面粗糙度/μm	≤1.6		≤3.2			
旋流芯管同轴度要求/mm	≤0.08		≤0.10			

5.5 技术要求

5.5.1 分散相出口的分流比可调，调节范围为0～20%。

5.5.2 旋流芯管的进出口可堵，旋流芯管可拆、可换。

5.5.3 正常工作状态下，液-液分离旋流器非金属部件使用寿命应不少于5年，金属部件的使用寿命不少于10年。

5.5.4 旋流器外壳的设计、制造按GB 150的要求。

6 试验方法

6.1 旋流器外壳主要尺寸采用常规仪器测量。

6.2 旋流器外壳水压试验按GB 150水压试验的要求。

6.3 旋流芯管锥角采用计算法得出。

6.4 旋流芯管内工作表面粗糙度检验按GB/T 15056和GB/T 6060.2—2006的规定。

6.5 旋流芯管同轴度符合JB/T 7557的规定。

6.6 旋流器分流比采用常规流量计测试计算得出。

6.7 非金属部件的使用寿命采取用户抽查确定。

7 检验规则

7.1 检验分类

液-液分离旋流器检验分为出厂检验和型式检验。

7.2 出厂检验

7.2.1 每台旋流器均应进行出厂检验，经生产厂质量检验部门检验并签发合格证后方可出厂。每台旋流器的旋流芯管检验数量不得低于该台旋流器旋流芯管总数的10%，不足1根的按1根计算。旋流芯管在旋流芯管与旋流器外壳组装前进行检验。

7.2.2 出厂检验项目包括：

a) 旋流器外壳主要尺寸检查；

b) 旋流器外壳外观质量检查，采用肉眼观测；

c) 旋流器外壳水压试验；

d) 旋流芯管同轴度、内工作表面粗糙度检验。

7.3 型式检验

7.3.1 凡属下列情况之一者，应进行型式检验：

a) 新产品及新规格产品定型或老产品转厂生产；

b) 因产品结构、工艺或主要材料的更改，可能影响产品性能时；

c) 连续停产一年以上恢复生产时；

d) 产品正常生产，每三年进行一次型式检验；

e) 国家质量监督机构提出型式检验要求时。

产品的型式检验可在设备制造厂家进行随机抽样试验或现场实测，抽样数不少于两台套。

7.3.2 型式检验项目包括：

a) 水压试验。按照 GB 150 水压试验的要求。

b) 连续相中分散相浓度。按照相关浓度测试标准的要求，参考 GB/T 11133、GB/T 11146 等相关标准的要求。

c) 分流比。采用常规流量计测试计算。

7.4 判定规则

出厂检验和型式检验结果应符合第 5 章的规定。任一项目检验不合格则应加倍抽样复检，若仍不合格，则判定为不合格。

8 标志、出厂文件及包装

8.1 标志

每台产品应在醒目部位设置耐腐蚀铭牌，其上应标明：

a) 制造厂名称；

b) 产品名称和型号；

c) 制造日期及产品编号；

d) 额定处理量、净重。

8.2 出厂文件及包装

8.2.1 每台产品出厂应携带下列文件：

a) 产品合格证；

b) 产品使用说明书；

c) 液-液分离旋流器结构示意图；

d) 安装基础图和系统连接示意图；

e) 产品配备件清单。

8.2.2 包装应确保产品在运输过程中免受损伤和不丢失附件和文件。

ICS 71.120;25.040.40;17.040.30
G 98

中华人民共和国国家标准

GB/T 25153—2010

化工压力容器用磁浮子液位计

Chemical industry pressure vessel used magnetic-float type level gauge

2010-09-26 发布 2011-03-01 实施

中华人民共和国国家质量监督检验检疫总局
中国国家标准化管理委员会 发布

前　言

本标准的附录 A、附录 B 为资料性附录。

本标准由中国石油和化学工业协会提出。

本标准由化学工业专用仪器仪表标准化技术委员会归口。

本标准起草单位:辽宁水星仪表制造有限公司、天华化工机械及自动化研究设计院。

本标准主要起草人:张龙男、张龙赫、单岩山、买嘉、张明国、秦晓敏、赵丹。

化工压力容器用磁浮子液位计

1 范围

本标准规定了化工压力容器用磁浮子液位计的定义、分类、要求、试验方法、检验规则、标志、出厂文件、包装、运输及贮存。

本标准适用于化工压力容器用磁浮子液位计(以下简称液位计)。

2 规范性引用文件

下列文件中的条款通过本标准的引用而成为本标准的条款。凡是注日期的引用文件,其随后所有的修改单(不包括勘误的内容)或修订版均不适用于本标准,然而,鼓励根据本标准达成协议的各方研究是否可使用这些文件的最新版本。凡是不注日期的引用文件,其最新版本适用于本标准。

GB 150 钢制压力容器

GB 3836.1 爆炸性气体环境用电气设备 第1部分:通用要求(GB 3836.1—2000,eqv IEC 60079-0:1998)

GB 3836.2 爆炸性气体环境用电气设备 第2部分:隔爆型"d"(GB 3836.2—2000,eqv IEC 60079-1:1990)

GB 3836.4 爆炸性气体环境用电气设备 第4部分:本质安全型"i"(GB 3836.4—2000,eqv IEC 60079-11:1999)

GB 4208 外壳防护等级(IP代码)(GB 4208—2008,IEC 60529:2001,IDT)

GB/T 13384 机电产品包装通用技术条件

HG/T 20592~20635 钢制管法兰、垫片、紧固件

JB/T 4730.5—2005 承压设备无损检测 第5部分:渗透检测

3 术语和定义

下列术语和定义适用于本标准。

3.1

磁浮子 magnetic-float

带有永磁磁组,并能形成规则磁场分布的浮子。

3.2

磁性转子 magnetic-rotor

带有永磁磁块,通过磁浮子磁耦合作用能翻转180°的部件(以下简称转子)。

3.3

磁浮子液位计 magnetic-float type level gauge

以磁浮子为液位感测元件,并通过磁浮子与其他部件的磁耦合作用实现现场显示液位及远传液位信号的测量仪表。

4 分类

4.1 分类

4.1.1 按结构型式不同,液位计分为:

a) 侧装式普通型(参见附录A图A.1);

b) 侧装式保温型(参见附录A图A.2);

c) 侧装式衬里型(参见附录A图A.3);

d) 顶装式(参见附录B)。

4.1.2 按远传输出信号不同,远传信号模式分为:

a) 磁液位开关;

b) 模拟信号转换器。

4.2 参数

4.2.1 液位计技术参数

液位计技术参数见表1。

表1 液位计技术参数

项　目	参　数
公称压力等级/MPa	0.25、0.6、1.0、1.6、2.5、4.0、6.3、10.0、16.0、25.0
试验压力/MPa	公称压力小于10.0 MPa,按1.5倍公称压力;公称压力不小于10.0 MPa,按1.25倍公称压力
介质工作温度/℃	−60～350
介质密度/(g/cm^3)	≥0.35
介质黏度/(m^2/s)	$\geqslant 10^{-4}$
侧装式安装中心距/mm	500、800、1 100、1 400、1 700、2 000～15 000
液位显示误差/mm	±10

4.2.2 远传信号参数

远传信号参数见表2。

表2 远传信号参数

磁液位开关		模拟信号转换器	
工作温度	−60 ℃～200 ℃	工作温度	−60 ℃～200 ℃
电　压	DC 24 V或AC 220 V 50 Hz	电　压	DC 24 V
接点型式	自保持	输出信号	DC 4 mA～20 mA
开关容量	≥8 W	远传距离	≥1 000 m

5 要求

5.1 材料

5.1.1 液位计受压元件用材料应符合相应的国家标准、行业标准或有关技术条件规定。

5.1.2 液位计接触介质部分材料的耐腐蚀性能,应优于或者相当于容器的材料。

5.2 钢制管法兰、垫片、紧固件

钢制管法兰、垫片、紧固件按HG/T 20592～20635规定。

5.3 工作环境

a) 液位计能在露天条件下工作;

b) 在距表体100 mm内不得有能被磁化物质;

c) 液位计周围不得有干扰仪表正常工作的磁场。

5.4 外观

液位计外观不得有损伤,紧固件应牢固不得有松动现象,焊缝应平整光滑。

5.5 焊接

所有焊缝按GB 150施焊。公称压力不小于10.0 MPa的承压焊缝应100%进行渗透检测,按

JB/T 4730.5—2005 检测Ⅰ级合格。

5.6 现场液位显示

5.6.1 指示液位的标尺长度要与液位显示范围一致，标尺刻线和数字应清晰准确。

5.6.2 显示液位的转子应采用两种明显区别的颜色分别显示液相和气(汽)相，两种颜色界面应清晰。

5.6.3 显示液位的转子直径应不大于 10 mm，其颜色显示有效宽度应不小于 30 mm。

5.6.4 当液位计内的介质按 100 mm/s 的速度上升或下降时，转子翻转率应为 100%。

5.7 耐压性能

5.7.1 公称压力小于 10.0 MPa 的液位计表体和磁浮子应能承受 1.5 倍公称压力的水压试验，保持 5 min而无泄漏和损坏现象；公称压力不小于 10.0 MPa 的液位计表体和磁浮子应能承受 1.25 倍公称压力的水压试验，保持 10 min 而无泄漏和损坏现象。

5.7.2 侧装式保温型保温夹套应能承受 0.9 MPa 的水压试验，保持 5 min 而无泄漏和损坏现象。

5.8 气密性

对有气密性要求的液位计，在水压试验合格后做气密性试验。表体和浮子应能承受 1.15 倍公称压力的气密性试验，保持 10 min 而无泄漏和损坏现象。

5.9 远传性能

5.9.1 磁液位开关自保持接点要灵敏可靠。

5.9.2 模拟信号转换器远传液位误差应小于量程的±1.5%。

5.10 外壳防护等级(IP)

外壳防护等级不低于 GB 4208 中规定的 IP54。

5.11 防爆性能

对有防爆要求的磁液位开关、模拟信号转换器应符合 GB 3836.1、GB 3836.2、GB 3836.4 要求。产品图样要经国家指定的防爆产品认证部门审查，成品要取得防爆合格证。

5.12 绝缘电阻

各端子与金属外壳之间的绝缘电阻不小于 20 MΩ。

5.13 绝缘强度

交流供电的各端子与金属外壳之间应能承受 1 500 V 50 Hz 正弦交流电压，历时 1 min 的绝缘强度试验，应无击穿或飞弧现象。

5.14 抗运输性能

5.14.1 连续冲击

液位计在包装条件下，经连续冲击试验后，应符合 5.4～5.9 要求。

连续冲击试验条件：

a) 加速度：100 m/s^2±10 m/s^2；

b) 相应脉冲持续时间：11 ms±2 ms；

c) 脉冲重复频率：60 次/min～100 次/min；

d) 连续冲击次数：1 000 次±10 次；

e) 脉冲波形：近似半正弦波。

5.14.2 自由跌落

液位计在包装条件下，经受高度为 250 mm，连续 4 次自由跌落试验后，应符合 5.4～5.13 要求。

6 试验方法

6.1 外观

外观用目测和手感检查，应符合 5.4 要求。

6.2 焊接

公称压力不小于 10.0 MPa 的液位计，承压焊缝 100%做渗透检测，应符合 5.5 要求。

6.3 现场液位显示

6.3.1 标尺

标尺用目测和钢卷尺检查，应符合 5.6.1 要求。

6.3.2 转子颜色

转子颜色用目测检查，应符合 5.6.2 要求。

6.3.3 转子尺寸

转子尺寸用游标卡尺检查，应符合 5.6.3 要求。

6.3.4 转子翻转率

向液位计内注入水，检查转子翻转率(允许用模拟装置检查转子翻转率)应符合 5.6.4 要求。

6.4 耐压性能试验

试验设备的压力表精度等级应不低于 1.5 级，其量程应是试验压力的(1.5～3)倍，表盘直径不小于 100 mm。试验介质一般用水，对试验介质有特殊要求的，按要求做。耐压试验在室温环境下进行，将介质加压到公称压力，确认无泄漏和损坏现象，再将介质加到试验规定的压力，应符合 5.7 要求。

6.5 气密性能试验

液位计经耐压试验合格后进行气密性试验，气密性试验用压力表应符合 6.4 规定；试验用气体应为干燥、洁净的空气、氮气或其他惰性气体；试验时介质温度不得低于 15 ℃。试验时压力应缓慢上升，达到规定试验压力后保压 10 min，然后降至公称压力，对所有焊缝和连接部位进行渗漏检查。如有泄漏，泄压修补后重新进行耐压试验和气密性试验，应符合 5.8 要求。

6.6 远传性能试验

6.6.1 磁液位开关接点自保持

用磁块感应磁液位开关接点，用万能表观测接点自保持变换状态，应符合 5.9.1 要求。

6.6.2 模拟信号转换器远传液位误差

把模拟信号转换器固定在磁浮子液位计表体上，与经过校准的相关联仪表相接，按 5.6.4 的要求向液位计内注入介质(允许用模拟装置使磁性浮子起落)，观测相关联仪表，应符合 5.9.2 要求。

6.7 外壳防护试验

外壳防护按 GB 4208 中有关规定进行试验，应符合 5.10 要求。

6.8 防爆性能

对有防爆要求的磁液位开关、模拟信号转换器做防爆试验，应符合 5.11 要求。

6.9 绝缘电阻

用直流电压为 500 V 的兆欧表测量绝缘电阻。试验时断开电源，开关处于接通位置。测量各端子对外壳的绝缘电阻，应符合 5.12 要求。

6.10 绝缘强度

绝缘强度试验采用 1 500 V 50 Hz 的正弦波电压，在各端子对外壳之间进行，应符合 5.13 要求。

6.11 抗运输性能试验

液位计在包装条件下做运输试验，应符合 5.14 要求。

7 检验规则

7.1 出厂检验

产品出厂前逐台按 5.4～5.9、5.12 的要求进行检验，检验合格后填写合格证。

7.2 型式检验

型式检验按 5.4～5.14 进行；凡具备下列条件之一者，应进行型式检验。

a） 产品需要鉴定和转厂生产时；

b） 产品投产后若结构、材料、工艺有较大改变，可能影响产品性能时；

c） 停产一年以上再恢复生产时；

d） 国家质量监督机构提出进行型式检验要求时。

8 标志、出厂文件、包装、运输及贮存

8.1 标志

在产品明显位置上应固定铭牌，铭牌应包括下列内容：

a） 产品名称；

b） 型号：包括公称压力、结构型式、安装中心距或容器液位测量高度；

c） 有关参数：包括最高工作温度、介质密度、公称通径；

d） 产品编号；

e） 产品标准；

f） 制造厂名。

8.2 出厂文件

8.2.1 液位计出厂文件应包括：

a） 使用说明书；

b） 合格证；

c） 装箱单；

d） 防爆合格证(复印件)。

8.2.2 使用说明书应包括：

a） 执行标准；

b） 结构型式；

c） 参数；

d） 结构图；

e） 安装使用与保养。

8.3 包装

8.3.1 液位计的包装按 GB/T 13384 标准所规定的要求及方法进行。

8.3.2 出厂文件随同液位计密封包装。

8.4 运输

液位计在运输过程中，应防止剧烈冲击和雨淋。

8.5 贮存

液位计在包装条件下应置于通风、无腐蚀性气体，温度在－45 ℃～50 ℃，相对湿度不大于 90％环境中保存。

附 录 A
（资料性附录）
侧装式结构示意图

A.1 侧装式液位计结构型式见图 A.1～图 A.3。

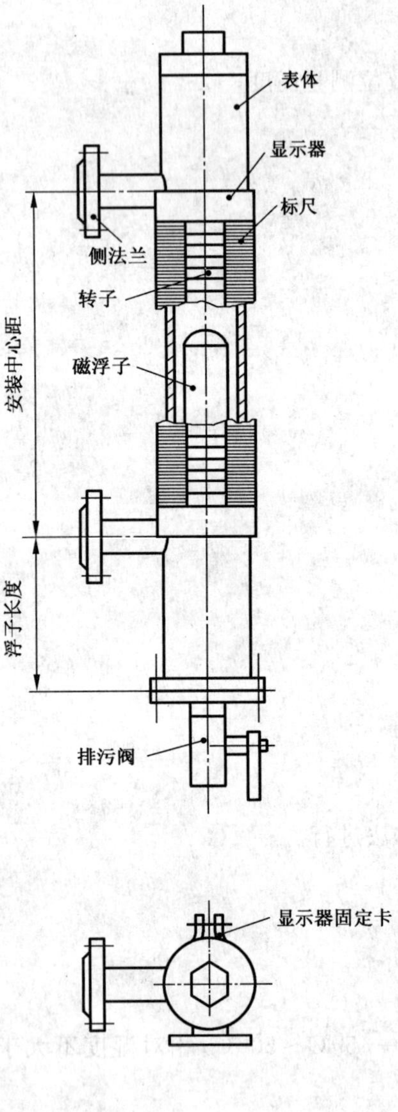

图 A.1

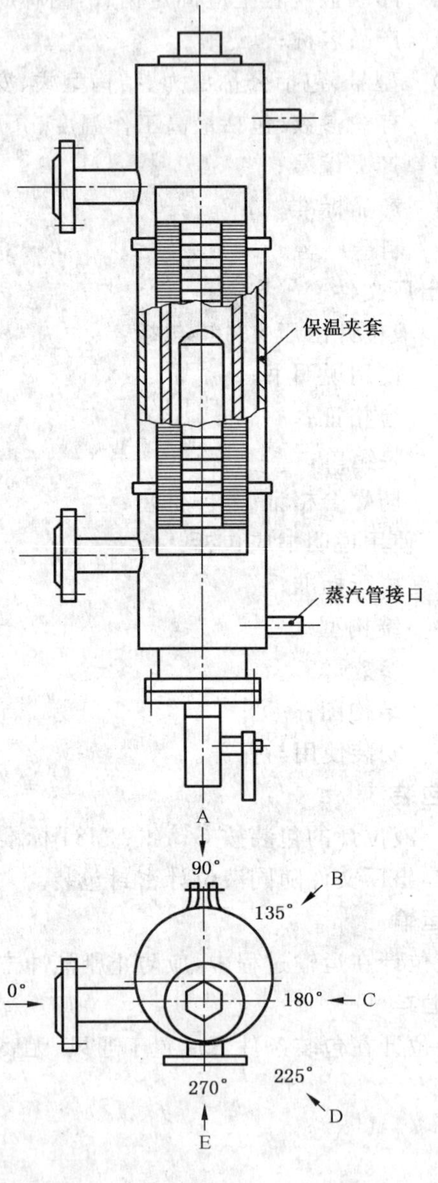

图 A.2

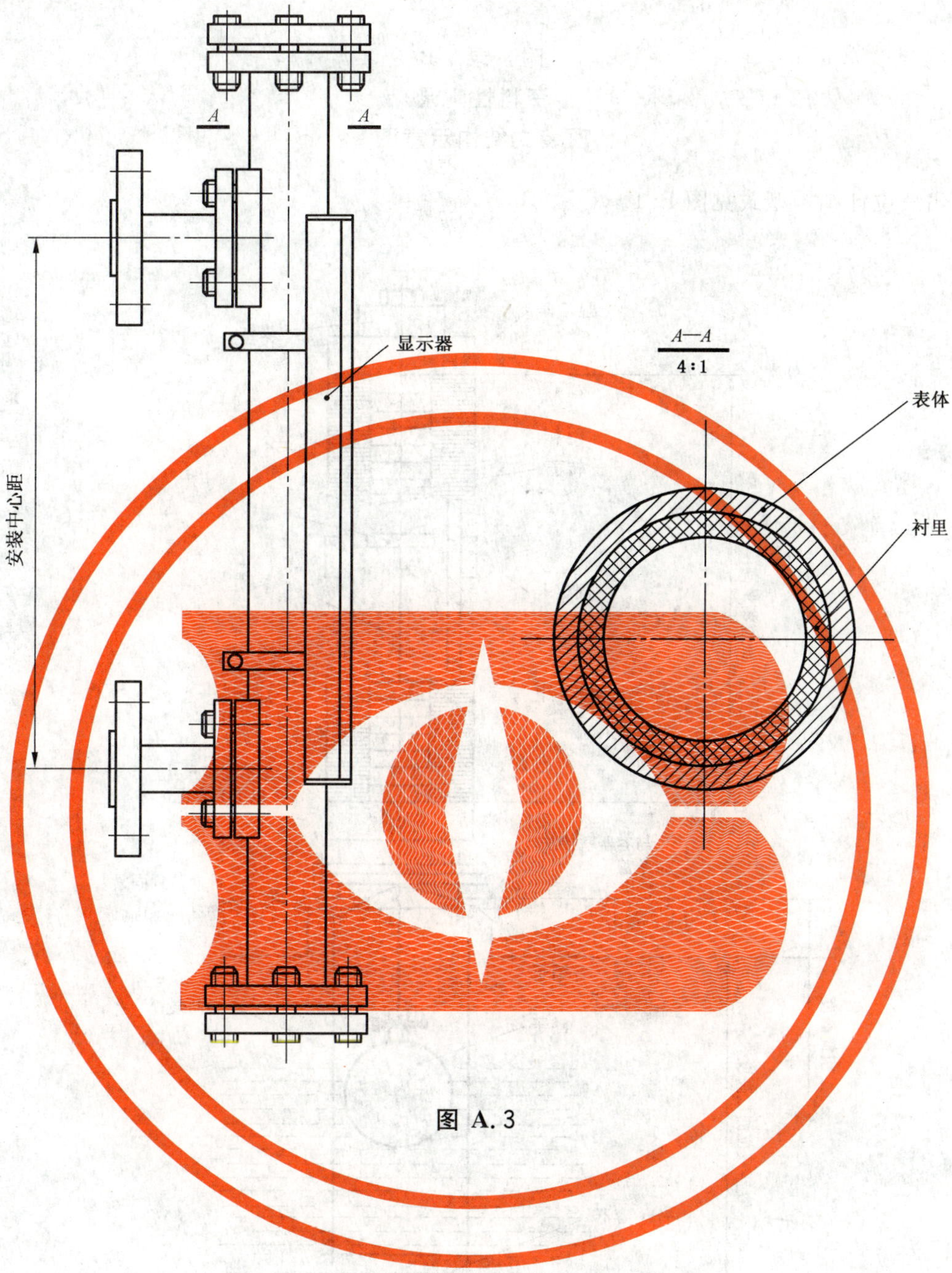

图 A.3

附 录 B
（资料性附录）
顶装式结构示意图

B.1 顶装式液位计结构型式见图 B.1。

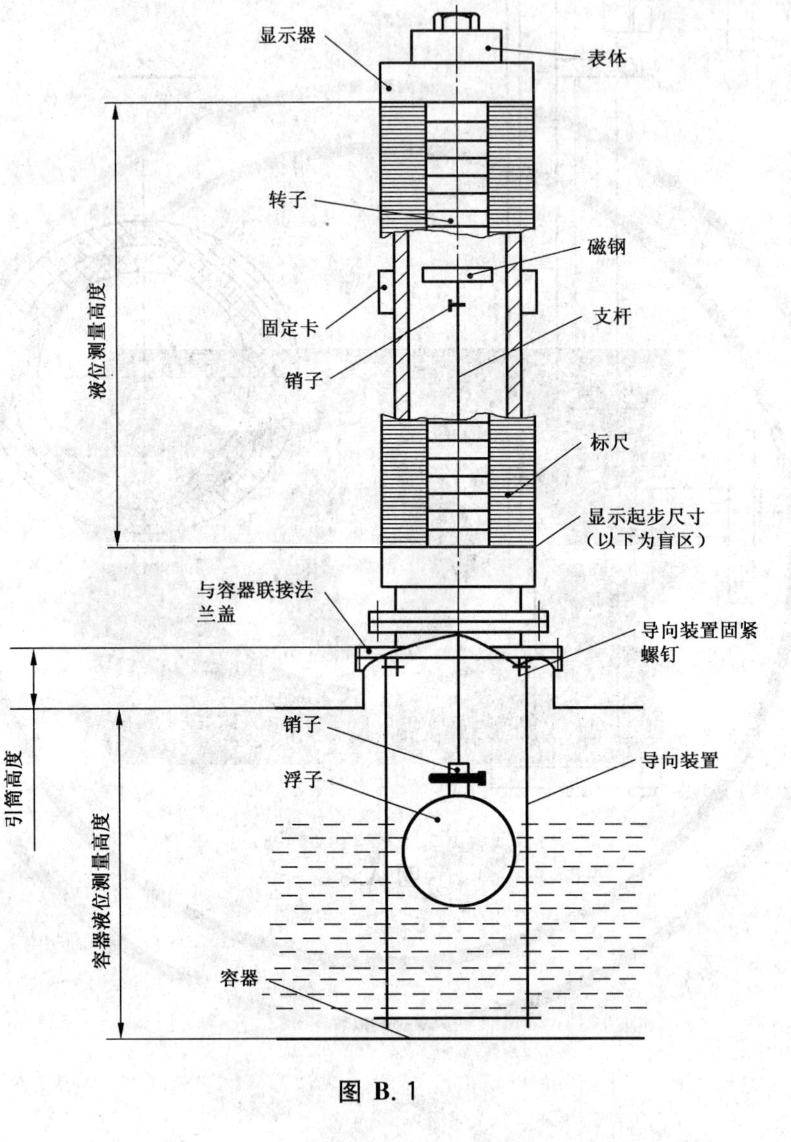

图 B.1

ICS 71.120;25.040.40;17.040.30
G 98

中华人民共和国国家标准

GB/T 25154—2010

电容法液相微量水分仪

Capacitive liquid moisture detector

2010-09-26 发布　　2011-03-01 实施

中华人民共和国国家质量监督检验检疫总局
中国国家标准化管理委员会　发布

前　言

本标准由中国石油和化学工业协会提出。

本标准由化学工业专用仪器仪表标准化技术委员会归口。

本标准起草单位：天华化工机械及自动化研究设计院。

本标准主要起草人：曾文秀、裴玲丽、买嘉。

电容法液相微量水分仪

1 范围

本标准规定了电容法液相微量水分仪的分类、要求、试验方法、检验规则、使用说明书、标志、包装、运输、贮存等内容。

本标准适用于以三氧化二铝电容为传感器的液相微量水分仪(以下简称水分仪)。

2 规范性引用文件

下列文件中的条款通过本标准的引用而成为本标准的条款。凡是注日期的引用文件,其随后所有的修改单(不包括勘误的内容)或修订版均不适用于本标准,然而,鼓励根据本标准达成协议的各方研究是否可使用这些文件的最新版本。凡是不注日期的引用文件,其最新版本适用于本标准。

GB/T 9969 工业产品使用说明书 总则

GB/T 13384 机电产品包装通用技术条件

JB/T 9329 仪器仪表运输 运输贮存基本环境条件及试验方法

3 基本参数

3.1 基本参数

3.1.1 测量范围:不大于 1 000 mg/L。

3.1.2 输出信号:4 mA~20 mA 或 DC 1 V~5 V。

3.2 工作条件

水分仪在下列条件下应能正常工作:

a) 电源电压:AC 220 V±22 V,50 Hz±1 Hz;

b) 环境温度:−10 ℃~50 ℃;

c) 环境湿度:相对湿度不大于 90%;

d) 大气压力:0.086 MPa~0.106 MPa;

e) 安装现场不应有强电磁场干扰和剧烈振动;

f) 被测介质为液体,溶液中不应有对铝、黄金或不锈钢起反应的物质,液体应为中性。

4 要求

4.1 外观要求

水分仪的外观应达到下列要求:

a) 外观整洁,不得有损伤和锈痕;

b) 表面涂层色泽均匀,不得有起皮、起泡等缺陷;

c) 所有紧固件应紧固良好,不得松动;

d) 外壳上的铭牌应光洁完整,明显清晰。

4.2 准确度

水分仪的准确度为:±5%FS、±10%FS 两种。

4.3 稳定性

水分仪的稳定性误差应不大于表 1 中的规定。

表 1

准确度	±5%FS	±10%FS
稳定性误差	±2.5%FS	±5%FS

4.4 重复性

水分仪的重复性误差应不大于表 2 中的规定。

表 2

准确度	±5%FS	±10%FS
重复性误差	±2.5%FS	±5%FS

4.5 响应时间

水分仪的响应时间应不大于 60 s。

4.6 环境温度变化的影响

水分仪在环境温度为－10 ℃～50 ℃范围内变化时,其稳定性误差应不大于表 1 中的规定。

4.7 环境湿度变化的影响

水分仪在环境湿度为 45%～90%的范围内变化时,其稳定性误差应不大于表 1 中的规定。

4.8 电源电压变化的影响

水分仪在通电运行时,电源电压在 AC 220 V±22 V 范围内变化时,其稳定性误差应不大于表 1 中的规定。

4.9 绝缘电阻

电源端子、输入端子、输出端子与外壳间的绝缘电阻应不小于 2 MΩ。

4.10 绝缘强度

电源接线端子对机壳之间分别施加 1 500 V,50 Hz 电压,输入端子、输出端子与外壳之间分别施加 500 V,50 Hz 电压的绝缘强度耐压试验,不得出现击穿或飞弧。

4.11 振动

水分仪在振幅±0.1 mm、频率 20 Hz 下的振动试验的过程中,其误差应符合 4.2 的要求,并且不得有机械损坏。

4.12 抗外界电磁场干扰能力

水分仪在试验条件下,通电运行 30 min 后,在工作空间分别施加 400 A/m 的交、直流外磁场干扰源,其误差应符合 4.2 的要求。

4.13 运输、运输贮存

水分仪运输、运输贮存应符合 JB/T 9329 的要求。

5 试验方法

5.1 试验条件及设备

试验条件应满足下列要求:

a) 电源电压:AC 220 V±22 V,50 Hz±1 Hz;

b) 环境温度:－10 ℃～50 ℃;

c) 环境湿度:相对湿度不大于 90%;

d) 周围环境无振动现象,外界无电磁场干扰。

5.2 试验设备

试验设备包括 500 V 兆欧表、调压器、电压表、电流表、交流耐压器、电干扰模拟试验装置、振动试验台、恒温恒湿箱等。其试验用的标准仪器的系统误差应小于被测仪表的三分之一。

5.3 外观检查

目测仪器外观，应符合 4.1 的要求。

5.4 准确度

用准确度高于±2%FS 的水分仪做为标准表，与被测仪表做对比检测，在量程范围内测试以下 3 个测试点，其准确度应符合 4.2 的要求：

a) 量程的 25%；

b) 量程的 50%；

c) 量程的 75%。

5.5 稳定性试验

水分仪的传感器密封在试验溶液中保持不变，连续运行 24 h，其误差应符合 4.3 的要求。

5.6 重复性试验

水分仪在试验条件下，通电运行 30 min 后，其他操作条件不变，传感器在同一试验溶液中拿出、放入 3 次(间隔时间小于 60 s)，其误差应符合 4.4 的要求。

5.7 响应时间试验

水分仪在试验条件下，通电运行 30 min 后，将暴露在空气中的传感器迅速放入含水量小于 5 mg/L 的试验溶液中并开始计时，到指示终值的 63%时停止计时，其响应时间应符合 4.5 的要求。

5.8 环境温度影响试验

水分仪在试验条件下，通电运行 30 min 后，放入恒温箱中，使温度从室温降至－10 ℃，保持 2 h，再升至 50 ℃保持 2 h，升(降)温率为 10 ℃/h，其误差应符合 4.6 的要求。

5.9 环境湿度变化的影响试验

水分仪在试验条件下，通电运行 30 min 后，放入恒湿箱中，使湿度从 45%变化到 90%，其误差应符合 4.7 的要求。

5.10 电源电压变化试验

水分仪在试验条件下，通电运行 30 min 后，分别调整电源电压为 AC 198 V、220 V、242 V，其误差应符合 4.8 的要求。

5.11 绝缘电阻试验

水分仪在非工作状态下，使电源开关处于接通状态，并将接地端拆除，用 500 V 兆欧表测试，各接线端子与外壳之间的绝缘电阻，应符合 4.9 的要求。

5.12 绝缘强度试验

水分仪在非工作状态下，使电源开关处于接通状态，并将接地端拆除，各接线端子对机壳之间分别施加 4.10 要求的电压，历时 1 min，应符合 4.10 的要求。

5.13 振动试验

水分仪在试验条件下，通电运行 30 min 后，把整机固定在振动台上，按照 4.11 的要求振动 2 h，应符合 4.11 的要求。

5.14 抗外界电磁场干扰能力试验

水分仪在试验条件下，通电运行 30 min 后，在工作空间分别施加交流、直流电磁场干扰 30 min，应符合 4.12 的要求。

5.15 运输试验

运输试验按照 JB/T 9329 进行。

6 检验规则

6.1 检验分类

水分仪的检验分出厂检验和型式检验。

6.1.1 出厂检验

每台水分仪均应经制造厂检验部门逐台逐项检验，并应附有“产品合格证”方能出厂。出厂检验项目包括：4.1～4.5、4.9、4.10。

6.1.2 型式检验

6.1.2.1 型式检验的项目包括第4章的全部项目。水分仪有下列情况之一时，要进行型式检验：

a) 产品鉴定或转厂生产时；

b) 当产品的设计、工艺和使用材质改变，可能影响产品的性能时；

c) 停止生产1年以上再恢复生产时；

d) 国家质量监督机构和安全监督机构认为有必要时；

e) 出厂检验结果与上次型式检验有较大差异时。

6.1.2.2 型式检验在出厂检验合格的产品中随机抽取，数量不少于2台。若检验有不合格，应复试。复试合格，判定其余产品合格；若重复试验仍有不合格项目，则判定型式检验不合格。

7 标志、使用说明书、包装

7.1 标志

水分仪外壳的明显处应固定标注下列项目的铭牌：

a) 产品名称、型号；

b) 产品编号、制造日期；

c) 制造厂名；

d) 供电电源。

7.2 使用说明书

仪器的使用说明书应给出详细的型号规格和安装示意图、维护方法、检定周期，其编写应符合GB/T 9969的规定。

7.3 包装

包装按GB/T 13384执行。

ICS 71.120;83.200
G 95

GB

中华人民共和国国家标准

GB/T 25155—2010

平板硫化机

Daylight press

2010-09-26 发布 2012-01-01 实施

中华人民共和国国家质量监督检验检疫总局
中国国家标准化管理委员会 发布

前　言

本标准由中国石油和化学工业协会提出。

本标准由全国橡胶塑料机械标准化技术委员会(SAC/TC 71)归口。

本标准负责起草单位:益阳橡胶塑料机械集团有限公司、湖州东方机械有限公司。

本标准参加起草单位:宁波千普机械制造有限公司、余姚华泰橡塑机械有限公司、大连橡胶塑料机械股份有限公司、福建华橡自控技术股份有限公司。

本标准主要起草人:徐秩、邓伊娜、李纪生、王连明。

本标准参加起草人:洪军、杨雅凤、贺平、孙鲁西。

平 板 硫 化 机

1 范围

本标准规定了平板硫化机的型号与基本参数、技术要求、安全要求、试验、检验规则、标志、包装、运输及贮存。

本标准适用于模压成型橡塑制品、胶带(板)平板硫化机。

本标准不适用于实验室用平板硫化机。

2 规范性引用文件

下列文件中的条款通过本标准的引用而成为本标准的条款。凡是注日期的引用文件,其随后所有的修改单(不包括勘误的内容)或修订版均不适用于本标准,然而,鼓励根据本标准达成协议的各方研究是否可使用这些文件的最新版本。凡是不注日期的引用文件,其最新版本适用于本标准。

GB/T 191 包装储运图示标志(GB/T 191—2008,ISO 780:1997,MOD)

GB/T 321—2005 优先数和优先数系(ISO 3:1973,IDT)

GB/T 1184—1996 形状和位置公差 未注公差值(eqv ISO 2768-2:1989)

GB/T 3766 液压系统通用技术条件(GB/T 3766—2001,eqv ISO 4413:1998)

GB/T 12783 橡胶塑料机械产品型号编制方法

GB/T 13306 标牌

GB/T 13384 机电产品包装通用技术条件

GB 25432—2010 平板硫化机安全要求(EN 289:2004,MOD)

HG/T 3120 橡胶塑料机械外观通用技术条件

HG/T 3228 橡胶塑料机械涂漆通用技术条件

HG/T 3229 平板硫化机检测方法

JB/T 5995 机电产品使用说明书编写规定

3 型号与基本参数

3.1 型号

平板硫化机的型号编制应符合 GB/T 12783 的规定。

3.2 基本参数

3.2.1 公称合模力(MN)应优先选用 GB/T 321—2005 中 R10 数系。

3.2.2 热板规格(宽 mm×长 mm)应优先选用 GB/T 321—2005 中 R40 数系。

3.2.3 热板间距(mm)应优先选用 GB/T 321—2005 中 R20 数系。

4 技术要求

4.1 平板硫化机应符合本标准的各项要求,并按经规定程序批准的图样和技术文件制造。

4.2 液压系统应符合以下要求:

4.2.1 液压系统应符合 GB/T 3766 的规定。

4.2.2 当工作液达到工作压力时,保压 1 h,液压系统的压力降:

——合模力大于 2.5 MN 的平板硫化机,压力降不应大于工作压力的 10%;

——合模力不大于 2.5 MN 的平板硫化机,压力降不应大于工作压力的 15%。

4.2.3 当液压系统的压力降超过规定值时，液压系统应有自动补压至工作压力的功能。

4.2.4 液压系统应进行1.25倍工作压力的耐压试验，保压5 min，不应有外渗漏。

4.3 热板应能达到的最高工作温度：蒸汽加热为180 ℃，油加热、电加热为200 ℃。

4.4 当温度达到稳定状态时，热板工作面温差：

——蒸汽加热、油加热不应超过±3 ℃；

——电加热：热板尺寸不大于1 000 mm×1 000 mm不应超过±3 ℃；热板尺寸大于1 000 mm×1 000 mm不应超过±5 ℃。

4.5 平板硫化机应装有自动调温装置，在温度达到稳定状态时，调温误差不应大于±1.5%。

4.6 热板加压后，相邻两热板的平行度应符合GB/T 1184—1996表B.3中8级公差值的规定。

4.7 热板工作面的表面粗糙度：

a) 用于带模具硫化制品的平板硫化机，$Ra \leqslant 3.2\ \mu m$；

b) 用于不带模具硫化制品的平板硫化机，$Ra \leqslant 1.6\ \mu m$。

4.8 热板开启和闭合速度：

a) 硫化胶板、胶带的平板硫化机不应低于6 mm/s；

b) 橡胶塑料发泡的平板硫化机，开模速度不应低于160 mm/s；

c) 其他的平板硫化机不应低于12 mm/s。

4.9 加热系统应进行最高工作压力的试验，保压30 min，不应有渗漏：

——蒸汽加热系统应进行蒸汽试验；

——油加热系统应进行热油试验。

4.10 有真空要求的平板硫化机，真空度不应低于0.09 MPa。

4.11 平板硫化机的涂漆要求应符合HG/T 3228的规定，外观要求应符合HG/T 3120的规定。

5 安全要求

平板硫化机的安全要求符合GB 25432—2010的规定。

6 试验

6.1 空运转试验

空运转试验在整机装配后进行。应按4.2、4.6、4.7、4.8、4.11的规定检验，合格后方可进行负荷试验。

6.2 负荷运转试验

6.2.1 负荷运转试验应按4.2、4.3、4.4、4.5、4.9、4.10的规定进行。

6.2.2 平板硫化机安全要求按GB 25432—2010进行检验。

注：负荷运转试验可在用户厂进行。

6.3 检测方法按HG/T 3229的要求进行。

6.4 经空运转试验或负荷运转试验检查合格后，在交付包装、运输或贮存之前，应将各管路内的水和减速器内的油放净，并将各管路阀门置于开启位置，以防止设备在贮存和运输中冻坏或污损。

7 检验规则

7.1 出厂检验

7.1.1 每台产品应经制造厂产品检验部门检验合格后方可出厂，并附有产品质量合格证书。

7.1.2 每台产品出厂前应按6.1进行空运转试验，也可根据用户要求在出厂前按6.2进行负荷运转试验。

7.2 型式检验

7.2.1 型式检验按本标准各项内容进行，应在下列情况之一进行：

a) 新产品或老产品转厂生产时；

b) 正式生产后，若材料、结构、工艺有较大改变，可能影响产品性能时；

c) 产品长期停产后，恢复生产时(相隔三年及其以上)；

d) 出厂检验结果与上次型式检验结果有较大差异时；

e) 正常生产时，每年至少抽检一台；

f) 国家质量监督机构提出进行型式检验要求时。

7.2.2 判定规则

型式检验项目全部符合本标准规定，则为合格。型式检验每次抽检一台，当检验有不合格时，应再抽检两台，若仍有不合格项时，则应对该产品逐台进行检验。

8 标志、包装、运输及贮存

8.1 每台产品应在适当明显位置固定产品标牌，标牌的尺寸和技术要求应符合 GB/T 13306 的规定，产品标牌的内容应包括：

a) 制造厂名称和商标；

b) 产品名称和型号规格；

c) 产品主要技术参数；

d) 执行标准号；

e) 制造日期和产品编号。

8.2 产品说明书应符合 JB/T 5995 的规定，并符合 GB 25432—2010 中 7.1 的规定。

8.3 产品包装应符合 GB/T 13384 的规定。

8.4 产品的包装储运图示标志应符合 GB/T 191 的规定。

8.5 产品的运输应符合运输部门的有关规定。

8.6 产品应贮存在通风、干燥，无火源、无腐蚀性气体处，当露天存放时，应有防雨措施。

ICS 71.120;83.200
G 95

中华人民共和国国家标准

GB/T 25156—2010

橡胶塑料注射成型机通用技术条件

General specifications of injection moulding machines for rubber and plastics

2010-09-26 发布

2011-03-01 实施

中华人民共和国国家质量监督检验检疫总局
中国国家标准化管理委员会 发布

前　言

本标准的附录 A 为资料性附录。

本标准由中国石油和化学工业协会提出。

本标准由全国橡胶塑料机械标准化技术委员会(SAC/TC 71)归口。

本标准负责起草单位:宁波海天塑机集团有限公司、余姚华泰橡塑机械有限公司。

本标准参加起草单位:东华机械有限公司、宁波海达塑料机械有限公司、力劲集团深圳领威科技有限公司、宁波海太机械集团有限公司、广东佛山震德塑料机械有限公司、浙江申达机器制造股份有限公司、广东伊之密精密机械有限公司。

本标准主要起草人:高世权、王乃颖、罗宝树、杨雅凤。

本标准参加起草人:李青、王旺斌、励建岳、蔡恒志、朱立志、梁健民、杜鉴时、张涛。

橡胶塑料注射成型机通用技术条件

1 范围

本标准规定了橡胶塑料注射成型机的型号和基本参数、要求、检测方法、检验规则及标志、包装、运输、贮存。

本标准适用于单螺杆、单工位、立、卧式橡胶注射成型机及单螺杆、单工位、卧式塑料注射成型机(以下通称注射成型机)。

2 规范性引用文件

下列文件中的条款通过本标准的引用而成为本标准的条款。凡是注日期的引用文件,其随后所有的修改单(不包括勘误的内容)或修订版均不适用于本标准,然而,鼓励根据本标准达成协议的各方研究是否可使用这些文件的最新版本。凡是不注日期的引用文件,其最新版本适用于本标准。

GB/T 191 包装储运图示标志(GB/T 191—2008,ISO 780:1997,MOD)

GB/T 321—2005 优先数和优先数系(ISO 3:1973,IDT)

GB/T 6388 运输包装收发货标志

GB/T 12783—2000 橡胶塑料机械产品型号编制方法

GB/T 13306 标牌

GB/T 13384 机电产品包装通用技术条件

GB/T 25157 橡胶塑料注射成型机检测方法

HG/T 3120 橡胶塑料机械外观通用技术条件

HG/T 3228—2001 橡胶塑料机械涂漆通用技术条件

3 型号和基本参数

注射成型机的型号和基本参数参见附录 A。

4 要求

4.1 通用要求

4.1.1 注射成型机应符合本标准的规定,并按照经规定程序批准的图样及其技术文件制造。

4.1.2 注射成型机至少应具备手动、半自动两种操作控制方式。

4.1.3 运动部件的动作应正确、平稳、可靠。当系统油压为其额定值的 25%时,不应发生爬行、卡死和明显的冲击现象。

4.1.4 注射成型机移动模板与固定模板的模具安装面间或相邻两热板间允许的平行度误差应符合表 1 的规定。

表 1 允许的平行度误差

单位为毫米

拉杆有效间距或热板尺寸	锁模力为零时	塑料注射成型机锁模力为最大时	橡胶注射成型机30%的额定锁模压力时
≤250	≤0.25	≤0.12	
>250~400	≤0.30	≤0.15	
>400~630	≤0.40	≤0.20	

表 1（续）

单位为毫米

拉杆有效间距或热板尺寸	锁模力为零时	塑料注射成型机锁模力为最大时	橡胶注射成型机30%的额定锁模压力时
>630~1 000	≤0.50	≤0.25	
>1 000~1 600	≤0.60	≤0.30	
>1 600	≤0.80	≤0.40	
注 1：当水平和垂直两个方向上的拉杆有效间距不一致时，取较大值对应的平行度误差。 注 2：当热板为长方形时，取边长较大值对应的平行度误差。			

4.1.5 注射成型机喷嘴孔轴线与固定模板模具定位孔轴线的同轴度应符合表 2 的规定。

表 2 同轴度

单位为毫米

模具定位孔直径	同轴度
≤125	≤Φ0.25
>125~250	≤Φ0.3
>250	≤Φ0.4

4.1.6 液压系统应符合以下要求：

a) 工作油温不超过 55 ℃；

b) 在额定工作压力下，无漏油现象，渗油处数应符合表 3 的规定。

表 3 渗油处数

合模力/kN	≤2 400	>2 400~10 000	>10 000~25 000	>25 000
渗油处数	≤1	≤2	≤3	≤5
注：渗油处——将渗油擦干净，在注射成型机运行 10 min 后重新出现渗油，且每分钟不大于一滴的部位。				

4.1.7 整机外观要求：

4.1.7.1 整机外观应符合 HG/T 3120 的规定。

4.1.7.2 涂漆表面应符合 HG/T 3228—2001 中的 3.4.5 的规定。

4.2 塑料注射成型机的要求

4.2.1 锁模力重复精度不大于 1%。

4.2.2 拉杆受力偏载率不大于 8%。

4.3 橡胶注射成型机的要求

4.3.1 合模系统在额定压力下，保压 10 min，系统的压力降应不大于额定压力的 8%。

4.3.2 热板应能达到的最高工作温度：蒸汽加热为 180 ℃；油加热、电加热为 200 ℃。

4.3.3 当温度达到稳定状态时，热板工作面温差：

a) 蒸汽加热、油加热、电加热(热板尺寸不大于 1 000 mm×1 000 mm)不应超过±3 ℃；

b) 电加热(热板尺寸大于 1 000 mm×1 000 mm)不应超过±5 ℃。

5 检测方法

检测方法应符合 GB/T 25157 的规定。

6 检验规则

6.1 检验分类

产品检验分出厂检验和型式检验。

6.2 出厂检验

6.2.1 每台产品应经制造厂质检部门检验合格后方能出厂。

6.2.2 空运转试验：

每台注射成型机出厂前，应进行不少于4 h或3 000次的连续空运转试验(在试验中若发生故障，则试验时间或次数应从故障排除后重计)，并在试验前检查4.1.5、4.1.7、A.2.2。在试验中检查4.1.2～4.1.4、4.1.6b)以及4.3。

6.2.3 负载试验：

空运转试验合格后，才能进行不少于2 h的连续负载试验(在试验中若发生故障，则试验时间应从故障排除后重计)。

每批产品中，用随机抽样法至少抽5%(不足20台抽一台，依次类推)进行负载试验。

负载试验应检查4.1.6a)。

6.3 型式检验

6.3.1 型式检验应对本标准规定的第4章要求和A.2基本参数全部进行检验。

6.3.2 型式检验应在下列情况之一时进行：

a) 新产品或老产品转厂生产的试制定型鉴定；

b) 正式生产后，如结构、材料、工艺有较大改变，可能影响产品性能时；

c) 产品长期停产后，恢复生产时；

d) 出厂检验结果与上次型式检验有较大差异时；

e) 国家质量监督机构提出进行型式检验的要求时。

7 标志、包装、运输及贮存

7.1 标志

每台产品应在明显位置固定产品标牌，标牌应符合GB/T 13306的规定，并有下列内容：

a) 制造厂名称和商标；

b) 产品名称、型号及执行标准号；

c) 产品编号及出厂日期；

d) 主要技术参数。

7.2 包装

产品包装应符合GB/T 13384的规定，在产品包装箱内，应装有下列技术文件(装入防水袋)：

a) 产品合格证；

b) 产品使用说明书；

c) 装箱单。

7.3 运输

产品运输应符合GB/T 191和GB/T 6388的规定。

7.4 贮存

产品应贮存在干燥通风处，避免受潮。如露天存放时，应有防雨措施。

附　录　A
（资料性附录）
型号和基本参数

A.1　型号

塑料注射成型机的型号编制方法参见 GB/T 12783—2000 第 5 章塑料机械产品型号中表 2 的内容；橡胶注射成型机的型号编制方法参见 GB/T 12783—2000 第 4 章橡胶机械产品型号中表 1 的内容。

A.2　基本参数

A.2.1　销售合同（协议书）或产品使用说明书等应提供的参数：

a）锁模力（kN）推荐在 GB/T 321—2005 中的优先数 R 10 或 R 20 系列中选取规格参数值；

b）理论注射容积；

c）塑化能力；

d）注射速率；

e）注射压力；

f）实际注射质量。

A.2.2　制造厂应向用户提供的参数：

a）拉杆有效间距（水平、垂直）或热板长度；

b）模具定位孔直径；

c）移动模板行程；

d）最大模厚（或模板最大开距）；

e）最小模厚；

f）电动机功率、加热功率；

g）整机重量、机器外形尺寸。

A.2.3　制造厂可向用户提供的参数：制品质量重复精度。

ICS 71.120;83.200
G 95

中华人民共和国国家标准

GB/T 25157—2010

橡胶塑料注射成型机检测方法

Inspections methods of injection moulding machines for rubber and plastics

2010-09-26 发布　　2011-03-01 实施

中华人民共和国国家质量监督检验检疫总局
中国国家标准化管理委员会　发布

前言

本标准的第3章技术条件检测方法应与GB/T 25156—2010《橡胶塑料注射成型机通用技术条件》配合使用。本标准的第4章安全要求检测方法应与GB 22530—2008配合使用。

本标准由中国石油和化学工业协会提出。

本标准由全国橡胶塑料机械标准化技术委员会(SAC/TC 71)归口。

本标准负责起草单位:宁波海天塑机集团有限公司、余姚华泰橡塑机械有限公司。

本标准参加起草单位:东华机械有限公司、宁波海达塑料机械有限公司、力劲集团深圳领威科技有限公司、宁波亨润塑料机械有限公司、宁波海太机械集团有限公司、广东佛山震德塑料机械有限公司、浙江申达机器制造股份有限公司、国家塑料机械产品质量监督检验中心、广东伊之密精密机械有限公司。

本标准主要起草人:高世权、王乃颖、罗宝树、杨雅凤。

本标准参加起草人:李青、王旺斌、励建岳、蔡恒志、陈富昌、朱立志、梁健民、杜鉴时、郭一萍、郑吉、张涛。

橡胶塑料注射成型机检测方法

1 范围

本标准规定了橡胶塑料注射成型机的技术条件检测方法和安全要求检测方法。

本标准适用于橡胶塑料注射成型机的检测。

2 规范性引用文件

下列文件中的条款通过本标准的引用而成为本标准的条款。凡是注日期的引用文件，其随后所有的修改单(不包括勘误的内容)或修订版均不适用于本标准，然而，鼓励根据本标准达成协议的各方研究是否可使用这些文件的最新版本。凡是不注日期的引用文件，其最新版本适用于本标准。

GB/T 3785—1983 声级计的电、声性能及测试方法

GB 22530—2008 橡胶塑料注射成型机安全要求(EN 201:1997,NEQ)

3 技术条件检测方法

3.1 通用的检测方法

3.1.1 理论注射容积的计算

理论注射容积按式(1)进行计算。

$$V_C=\frac{\pi}{4}d_S^2S \qquad \cdots\cdots(1)$$

式中：

V_C——理论注射容积，单位为立方厘米(cm^3)；

d_S——螺杆或料筒柱塞直径，单位为厘米(cm)；

S——额定注射行程，单位为厘米(cm)。

3.1.2 塑化能力的检测

3.1.2.1 检测条件

a) 塑化能力、注射速率、实际注射质量三项应同时检测；

b) 物料推荐：塑料注射成型机采用聚苯乙烯(PS)，橡胶注射成型机采用丁腈橡胶(NBR)；

c) 塑料注射成型机喷嘴处加热温度为 216 ℃±6 ℃，橡胶注射成型机注射料筒处加热温度为 65 ℃±5 ℃；

d) 在检测过程中，背压设定完后不应再作调节；

e) 预塑时注射喷嘴处于闭锁状态；

f) 额定注射行程；

g) 螺杆为额定转速，转动时间与停止时间为 1∶1。

3.1.2.2 检测方法

用秒表或其他更精确的记时装置记录塑化全行程 1/4 处至塑化全行程 3/4 处的塑化时间($t_{塑化}$)，然后对空注射，待物料冷却后用标准衡器称出其质量($w_{塑化}$)，再计算塑化能力(G)，$G=\frac{W_{塑化}}{2t_{塑化}}$。如此塑化检测三次，最后取三次计算结果的算术平均值，作为塑化能力值。

3.1.3 注射速率的检测

3.1.3.1 检测条件

注射速率的检测条件按 3.1.2.1 的 a)～f)规定。

3.1.3.2 检测方法

进行对空注射，并用秒表或其他更精确的记时装置记录其注射时间($t_{注射}$)，待物料冷却后用标准衡器称出其质量($w_{注射}$)，再计算注射速率(q)，$q=\frac{w_{注射}}{t_{注射}}$。如此检测三次，最后取三次计算结果的算术平均值，作为注射速率值。

3.1.4 实际注射质量的检测

3.1.4.1 检测条件

实际注射质量检测条件按 3.1.2.1 的 a)～f)规定。

3.1.4.2 检测方法

进行对空注射。待物料冷却后用标准衡器称出其质量，检测三次，最后取三次检测结果的算术平均值，作为实际注射质量值。

3.1.5 注射压力的检测

在机器空载运行条件下，注射活塞到底，根据压力表确定系统工作压力(p_0)，然后按式(2)计算注射压力(p)。

$$p=\frac{A_0 p_0}{A_S}n \qquad \cdots\cdots(2)$$

式中：

p——注射压力，单位为兆帕(MPa)；

A_0——注射活塞有效截面积，单位为平方厘米(cm^2)；

p_0——系统工作压力，单位为兆帕(MPa)；

A_S——螺杆或料筒柱塞的截面积，单位为平方厘米(cm^2)；

n——注射油缸数量。

3.1.6 锁模力的检测

3.1.6.1 检测条件

a) 被测拉杆和试验块的温度为室温；

b) 液压系统额定工作压力下。

3.1.6.2 检测方法一

a) 采用应变仪测量拉杆最大应变量的方法(也允许采用精度相当的锁模力测试仪进行检测)。

b) 把试验块安装在固定模板中心位置处(见图 1)，试验块材料、尺寸按表 1，试验块形式二选一。

注：当拉杆内间距在水平与垂直方向上不一致时，取较小值对应的试验块尺寸。

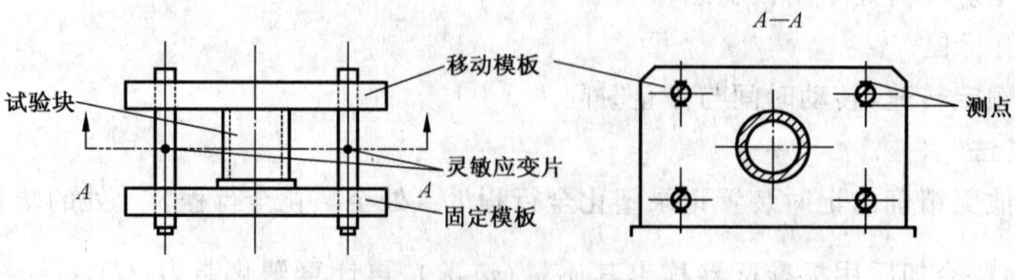

图 1 试验块安装位置

表 1　试验块

单位为毫米

形式一：

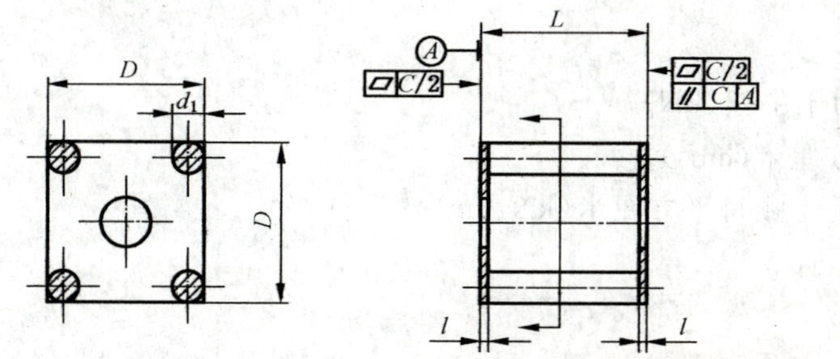

形式二：

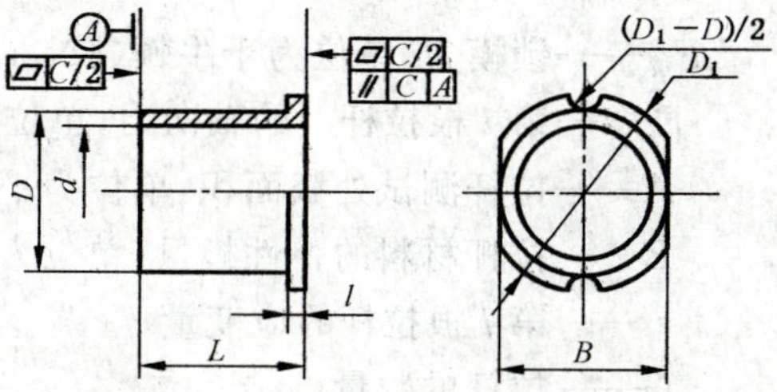

<table>
<tr><th>拉杆有效间距或热板尺寸</th><th>D、B</th><th>d</th><th>L</th><th>DD_1</th><th>d_1</th><th>l</th><th>C</th></tr>
<tr><td>200～223</td><td>170</td><td>140</td><td>170</td><td>210</td><td>55</td><td rowspan="3">20</td><td rowspan="5">≤0.032</td></tr>
<tr><td>224～249</td><td>200</td><td>160</td><td>200</td><td>240</td><td>60</td></tr>
<tr><td>250～279</td><td>225</td><td>180</td><td>225</td><td>265</td><td>65</td></tr>
<tr><td>280～314</td><td>250</td><td>200</td><td>250</td><td>300</td><td>75</td><td rowspan="4">30</td></tr>
<tr><td>315～354</td><td>280</td><td>225</td><td>280</td><td>330</td><td>85</td><td rowspan="4">≤0.04</td></tr>
<tr><td>355～399</td><td>315</td><td>250</td><td>315</td><td>365</td><td>95</td></tr>
<tr><td>400～449</td><td>350</td><td>280</td><td>350</td><td>400</td><td>105</td></tr>
<tr><td>450～499</td><td>400</td><td>315</td><td>400</td><td>460</td><td>120</td><td rowspan="4">40</td></tr>
<tr><td>500～559</td><td>450</td><td>360</td><td>450</td><td>510</td><td>135</td><td rowspan="4">≤0.05</td></tr>
<tr><td>560～629</td><td>500</td><td>400</td><td>500</td><td>560</td><td>150</td></tr>
<tr><td>630～709</td><td>560</td><td>450</td><td>560</td><td>620</td><td>170</td></tr>
<tr><td>710～799</td><td>630</td><td>500</td><td>630</td><td>700</td><td>190</td><td rowspan="4">50</td></tr>
<tr><td>800～899</td><td>720</td><td>560</td><td>720</td><td>780</td><td>215</td><td rowspan="4">≤0.066</td></tr>
<tr><td>900～999</td><td>800</td><td>630</td><td>800</td><td>870</td><td>240</td></tr>
<tr><td>1 000～1 119</td><td>900</td><td>720</td><td>900</td><td>970</td><td>270</td></tr>
<tr><td>1 120～1 249</td><td>1 000</td><td>800</td><td>1 000</td><td>1 070</td><td>300</td><td rowspan="4">70</td></tr>
<tr><td>1 250～1 399</td><td>1 100</td><td>900</td><td>1 100</td><td>1 200</td><td>335</td><td rowspan="4">≤0.11</td></tr>
<tr><td>1 400～1 599</td><td>1 250</td><td>1 000</td><td>1 250</td><td>1 350</td><td>370</td></tr>
<tr><td>1 600～1 799</td><td>1 400</td><td>1 100</td><td>1 400</td><td>1 500</td><td>420</td></tr>
<tr><td>1 800～1 999</td><td>1 600</td><td>1 250</td><td>1 600</td><td>1 700</td><td>470</td><td rowspan="3">100</td></tr>
<tr><td>2 000～2 239</td><td>1 800</td><td>1 400</td><td>1 800</td><td>1 950</td><td>530</td></tr>
<tr><td>≥2 240</td><td>2 000</td><td>1 600</td><td>2 000</td><td>2 150</td><td>600</td><td>≤0.135</td></tr>
</table>

注 1：材料为抗拉强度不少于 370 MPa 的钢或铸铁。

注 2：注射成型机实际模厚小于 L 值时，应取小一档的 L 值。

c)　在每根拉杆上，按图 1 粘贴灵敏应变片，灵敏应变片到固定模板的距离小于 1.5 倍的拉杆直径，并粘贴两个以上(偶数个)。

d)　测出拉杆应变量 ε_i(在合模机构锁紧状态下进行)。

e)　按式(3)计算锁模力 $F_{锁}$(kN)。

$$F_{锁}=\sum_{i=1}^{n=4}F_i=\sum_{i=1}^{n=4}AE\varepsilon_i \quad \cdots\cdots(3)$$

式中：

$F_{锁}$——锁模力，单位为千牛顿(kN)；

F_i——第 i 根拉杆上的轴向力，单位为千牛顿(kN)；

A——拉杆测试处截面积，单位为平方厘米(cm^2)；

E——拉杆材料的弹性模量，单位为千牛顿每平方厘米(kN/cm^2)；

ε_i——第 i 根拉杆的应变量；

n——拉杆的数量。

连续检测 3 次，取算术平均值作为锁模力。

3.1.6.3 检测方法二

a) 把试验块安装在热板间的中心位置，试验块材料、尺寸按表 1。

注：当热板为长方形时，取边长较小值对应的试验块尺寸。

b) 以额定工作压力加压，记录压力表读数，然后用式(4)计算额定锁模力。

$$F_{锁}=10^{-1}p_0An \quad \cdots\cdots(4)$$

式中：

$F_{锁}$——锁模力，单位为千牛顿(kN)；

p_0——压力表读数值，单位为兆帕(MPa)；

A——液压作用于柱塞上的面积，单位为平方厘米(cm^2)；

n——液压缸个数。

连续检测 3 次，取算术平均值作为锁模力。

3.1.7 制品质量重复精度的检测

3.1.7.1 检测条件

a) 塑料注射成型机物料采用聚苯乙烯(PS)粒料原料；橡胶注射机物料采用丁腈橡胶(NBR)胶片。

b) 试验模具由制造商或用户提供。

c) 试验制品质量应在注射成型机的额定注射量的 60%～80%。

d) 注射成型机应经调试后处于正常工作状态(包括模具)，其注塑工艺参数设置合理。

3.1.7.2 检测方法

注射成型机正常连续注射的试验制品数应大于 50 个。称量每个制品的质量，取其平均值作为制品质量的试验结果，并按式(5)计算制品质量重复精度。

$$\delta_w=\frac{\sqrt{\frac{1}{n-1}\sum_{i=1}^{n}(w_i-\overline{w})^2}}{\overline{w}}\times 100\% \quad \cdots\cdots(5)$$

式中：

δ_w——制品质量重复精度；

w_i——第 i 个制品质量，单位为克(g)；

$\overline{w}$——制品的平均质量，单位为克(g)；

n——试验制品数量。

3.1.8 注射喷嘴孔中心与模板模具定位孔同轴度的检测

a) 注射喷嘴头移至固定模板模具定位孔的可测位置；

b) 用游标卡尺测量图 2 中四个位置(A、B、C、D)的数值，并取最大值和最小值之差作为同轴度公差值。

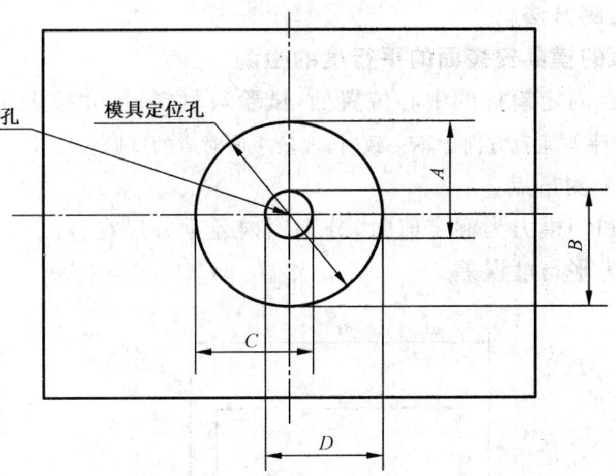

图 2 同轴度的检测位置

3.1.9 液压系统的检测

3.1.9.1 工作油温的检测(负载试验完毕后且冷却水温度不大于 28 ℃):

a) 检测位置在油箱(泵)的吸油侧;

b) 用普通温度计检测。

3.1.9.2 渗油处数的检测:

a) 擦干净已渗油部位;

b) 设定系统油压为其额定值的 100%,使机器运行 10 min 后,把出现油量每分钟不大于一滴的部位作为渗油处数。

3.1.10 模板上定位孔直径的检测

定位孔直径采用内径千分尺检测。

3.1.11 合模部分运动部件动作的检测

分别设定系统油压为其额定值的 25%、50%、100%及其他空载运行条件后,并分别用手动操作、半自动操作、自动操作做启闭模动作、液压顶出与退回动作、注射喷嘴前进与后退动作各三次,并检查以下项目:

a) 手动操作控制方式是否具备且有效;

b) 半自动操作控制方式是否具备且有效;

c) 自动操作控制方式是否具备且有效;

d) 运动部件的动作有无爬行、卡死和明显的冲击现象。

3.1.12 整机外观(包括涂漆表面)的检测

整机外观(包括涂漆表面)的检测采用目测。

3.1.13 注射成型机其他参数的检测

3.1.13.1 拉杆有效间距(水平、垂直)或热板长度的检测

用长度尺分别测量拉杆水平与垂直方向的内侧距离或热板的长度与宽度。

3.1.13.2 移动模板行程、最大模厚、最小模厚的检测(三项一同检测)

3.1.13.2.1 曲肘连杆式合模装置:

a) 用长度尺测出最大模厚 H_{max}、最小模厚 H_{min} 和模板最大开距 L_{max};

b) 计算移动模板行程 S_m($S_m = L_{max} - H_{max}$)。

3.1.13.2.2 液压式(直压式)合模装置用长度尺测出模板最大开距 L_{max} 和最小模厚 H_{min},如果有最大模厚 H_{max},则测量最大模厚。

3.1.13.3 电动机功率、加热功率

查看机器铭牌上标注的电动机功率和加热功率。

3.2 塑料注射成型机检测方法

3.2.1 模板与固定模板的模具安装面的平行度的检测

a) 把试验块安装在固定模板的中心位置处，试验块材料、尺寸按表1规定，试验块形式二选一。

注：当拉杆内间距在水平与垂直方向上不一致时，取较小值对应的试验块尺寸。

b) 按图3确定四个测量点。

c) 当锁模力为零和锁模力为额定值时，分别用内径千分尺在各测量点测出四个值，并取最大值和最小值之差作为平行度误差。

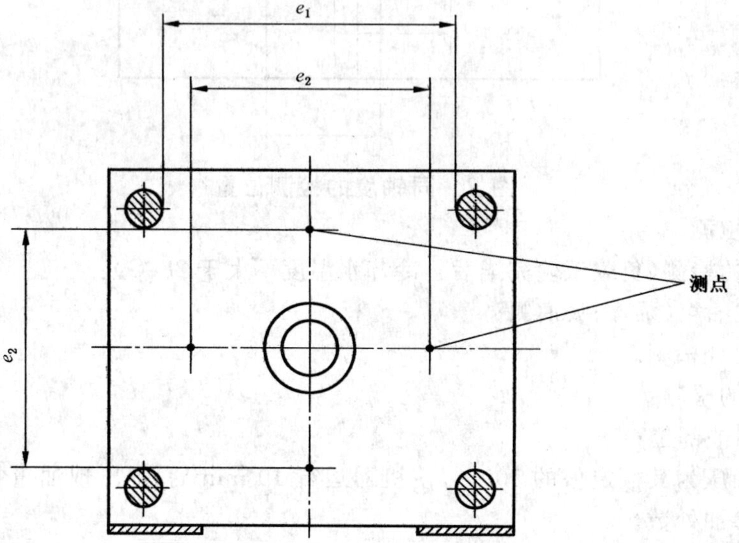

e_1——拉杆有效间距较长边；

e_2——拉杆有效间距较短边。

图3 平行度测点位置

3.2.2 锁模力重复精度的检测

注：锁模力重复精度、拉杆受力偏载率可同时检测。

3.2.2.1 检测条件

锁模力重复精度的检测条件按3.1.6.1的规定。

3.2.2.2 检测方法

按3.1.6.2a)～e)的方法进行检测，连续检测10次以上，按式(6)计算锁模力偏差率。

$$P_{锁}=\frac{\sqrt{\frac{1}{n-1}\sum_{i=1}^{n}(F_{锁i}-\overline{F_{锁}})^2}}{\overline{F_{锁}}}\times 100\% \qquad (6)$$

式中：

$P_{锁}$——锁模力重复精度；

$F_{锁i}$——第 i 次测得的锁模力，单位为千牛顿(kN)；

$\overline{F_{锁}}$——i 次测得的锁模力算术平均值，单位为千牛顿(kN)；

n——测试次数。

3.2.3 拉杆受力偏载率的检测

3.2.3.1 检测条件

拉杆受力偏载率的检测条件按3.1.6.1规定。

3.2.3.2 检测方法

拉杆受力偏载率按3.1.6.2a)～d)的方法进行检测，按式(7)计算每根拉杆的轴向力。

$$F_i = AE\varepsilon_i \qquad \cdots\cdots(7)$$

式中：

F_i——第 i 根拉杆的轴向力，单位为千牛顿(kN)；

A——拉杆测试处的截面积，单位为平方厘米(cm^2)；

E——拉杆材料的弹性模量，单位为千牛顿每平方厘米(kN/cm^2)；

ε_i——第 i 根拉杆的应变量。

按式(8)计算拉杆的受力偏载率。

$$P = \frac{\sqrt{\frac{1}{n-1}\sum_{i=1}^{n}(F_i - \overline{F})^2}}{\overline{F}} \times 100\% \qquad \cdots\cdots(8)$$

式中：

P——拉杆受力偏载率；

F_i——第 i 根拉杆的轴向力，单位为千牛顿(kN)；

$\overline{F}$——拉杆轴向力的算术平均值，单位为千牛顿(kN)；

n——拉杆的数量。

连续检测 3 次，取算术平均值作为拉杆受力偏载率。

3.3 橡胶注射成型机检测方法

3.3.1 相邻两热板平行度的检测

a) 把试验块安装在热板的中心位置处，试验块材料、尺寸按表 1 规定，试验块选形式一。

注：当热板为长方形时，取边长较小值对应的试验块尺寸。

b) 按图 4 确定测量点及布置熔断丝。

c) 当锁模力为零时，分别用内径千分尺测量图 4 的四个点，并取最大值和最小值之差作为平行度误差。

d) 以 30% 的额定压力加压时，采用放置熔断丝的方法检测，熔断丝推荐用 Φ3 mm×15 mm，按图 4 布置熔断丝，当热板完全闭合后，保压 1 min 后取出被压扁的熔断丝，用千分尺测量各熔断丝中部的厚度，最大厚度与最小厚度之差作为相邻两热板的平行度误差。

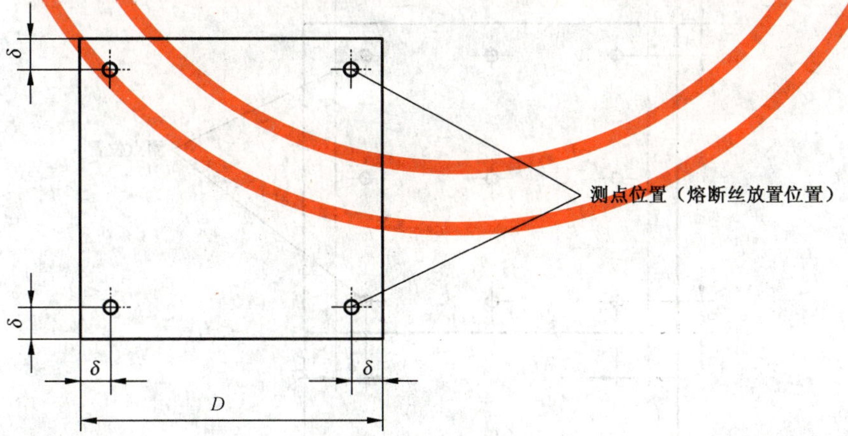

D——试验块长度；

δ——热板厚度。

图 4 平行度测点位置(熔断丝布点位置)

3.3.2 合模系统压力降的检测

在相邻热板间放入试验块，以额定压力加压，完全锁模后，开始记录压力表读数，以后每隔 1 min 记录读数，当记时到 10 min，即记录 10 个读数值后，计算最大读数与最小读数之差即为合模系统的压力降。

3.3.3 热板最高温度的检测

蒸汽加热的橡胶注射成型机，以压力为 0.8 MPa 饱和蒸汽加热，油加热和电加热的橡胶注射成型机，接通热油源和电源，加热热板达到稳定状态，用相应量程的点温计在中心线附近测量 2 点，取其平均值为热板的最高工作温度。

3.3.4 热板工作表面温度差的检测

将热板加热到 150 ℃，待温度达稳定状态后，用点温计测量：

a) 热板长度 $L \leqslant 1\ 000$ mm，按图 5 所示布点测量；

b) 热板长度 $1\ 000\ \text{mm} < L \leqslant 6\ 000$ mm，按图 6 所示布点测量；

c) 热板长度 $L > 6\ 000$ mm，按图 7 所示布点测量。

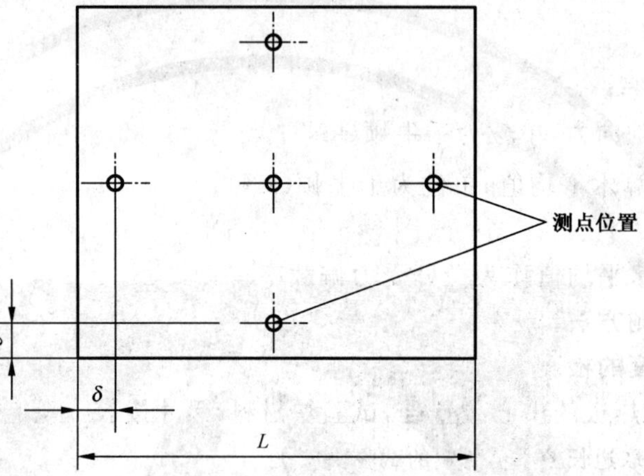

L——热板长度；

δ——热板厚度。

图 5 $L \leqslant 1\ 000$ mm 时测量点位置

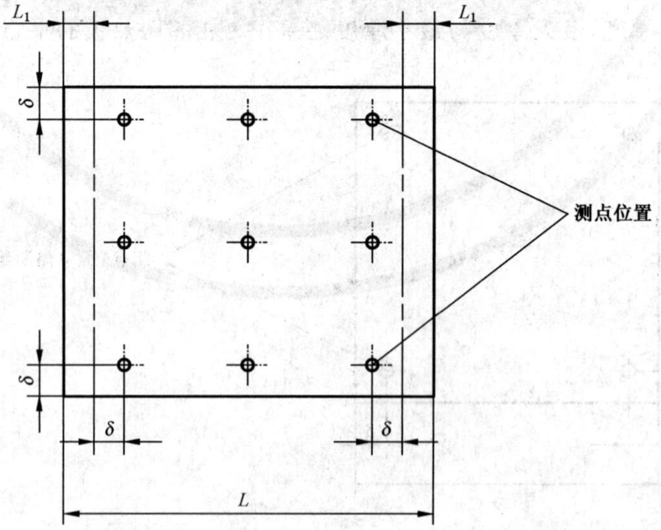

L——热板长度；

δ——热板厚度；

L_1——从边缘至第三加热孔的距离。

图 6 $1\ 000\ \text{mm} < L \leqslant 6\ 000$ mm 时测量点位置

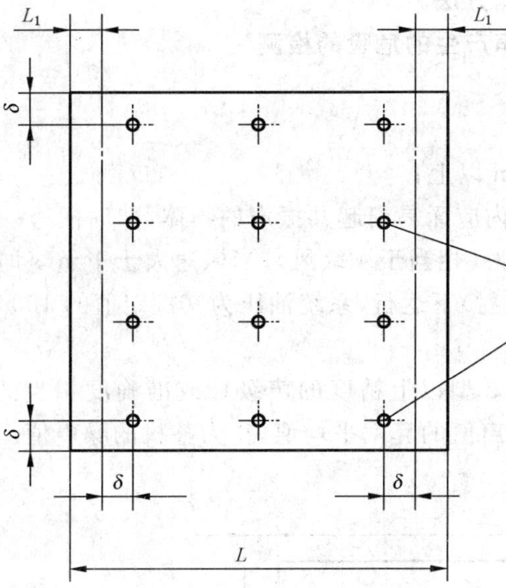

L——热板长度；

δ——热板厚度；

L_1——从边缘至第三加热孔的距离。

图 7　L >6 000 mm 时测量点位置

用式(9)、(10)计算温度差：

$$\Delta T = T_{\max} - \frac{T_{\max} + T_{\min}}{2} \quad \cdots\cdots(9)$$

$$\Delta T = T_{\min} - \frac{T_{\max} + T_{\min}}{2} \quad \cdots\cdots(10)$$

式中：

ΔT——温差，单位为摄氏度(℃)；

$T_{\max}$——点温计最大读数，单位为摄氏度(℃)；

$T_{\min}$——点温计最小读数，单位为摄氏度(℃)。

4　安全要求检测方法

4.1　四种确认方法

注射成型机是否与 GB 22530—2008 第 5 章的安全要求相符，应按下列四种确认方法予以判定。当某一安全要求具有多种方法可判定时，几种方法判定的结果均应相符。

a)　确认方法 1——直观检查：通过对规定部件的目视测定，检查是否达到必须具备的要求和性能。直观检查包括检查或审查机器的使用信息。

b)　确认方法 2——功能检测：通过安全功能试验检查规定部件的功能是否满足要求。功能检测包括根据下列要求检验防护和安全装置的功能和有效性：

——使用说明中特性描述；

——有关设计文件的安全叙述和电路图表；

——GB 22530—2008 中第 5 章要求及其他引用标准中给定的要求。

c)　确认方法 3——测量：借助检测仪器、仪表，优先选择现有的标准化的测定方法，检查规定的要求是否在限定之内。

d)　确认方法 4——计算：利用计算来分析和检查规定部件是否满足要求，对某些特定要求(如稳定性、重心位置等)适用这种方法。

4.2　**GB 22530—2008 中各条款的检测方法**

4.2.1　**GB 22530—2008 中 5.2.4 噪声产生的危险的检测**

4.2.1.1　**检测条件**

噪声产生的危险的检测条件：

a)　被测注射成型机应离墙壁 2 m 以上；

b)　被测注射成型机周围 1.5 m 内应无易引起共振声的物体，如油桶等；

c)　室外测量时，风速应小于 6 m/s（相当于 4 级风）；当风速大于 1 m/s 时，传声器应使用风罩；

d)　注射成型机在锁模状态（不注射）下运行，系统油压为其额定值的 100%。

4.2.1.2　**检测方法**

选用 GB/T 3785—1983 中规定的 2 型以上精度的声级计或准确度相当的其他测试仪器，按图 8、表 2 进行检测，并把六个测点上最大噪声值的算术平均值，作为整机的噪声值。

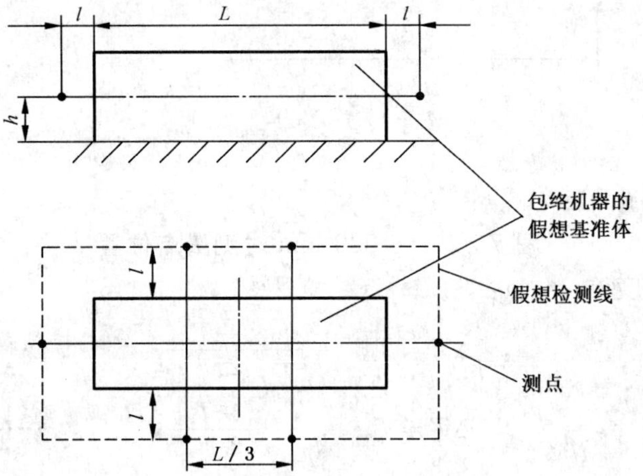

图 8　噪声测点位置

表 2　噪声测点位置

合模力/kN	l/m	h/m
≤5 000	1.0	1.5
>5 000	1.5	

4.2.1.3　**背景噪声要求及背景噪声修正**

4.2.1.3.1　注射成型机噪声测量应在安静的环境中进行。在整个测量过程中，要求背景噪声的 A 声级比被测注射成型机运转时相应测得的 A 声级最好低 10.0 dB(A) 以上，至少要低 3.0 dB(A)，否则应停止测量，设法降低背景噪声后再进行测量。

4.2.1.3.2　若各测试点所测得的注射成型机运转噪声和背景噪声之差在 3.0 dB(A)～10.0 dB(A) 间，则所测得的结果需进行背景噪声修正。背景噪声修正值见表 3。

表 3　背景噪声修正值　　单位为分贝

注射成型机运转时测得的声压级与背景噪声声压级之差	3.0	4.0	5.0	6.0	7.0	8.0	9.0	10.0	>10.0
应从运转时的声压级测量值中减去的背景噪声修正值	3.0	2.0		1.0			0.5		0

4.2.2　**其他条款的检测**

GB 22530—2008 中其他条款的检测方法见表 4。

表 4 检验条款

GB 22530—2008 条款	确认方法	检测条件	检测仪器
5.2.1.1 冲击、挤压或剪切危险	4.1a)～b)	空运转	
5.2.1.2 由于释放压力流体产生的危险	4.1a)	空运转	
5.2.2 电气危险	4.1a)～b)	停机时检测	耐压试验台、电桥或微欧计、兆欧表
5.2.3 热危险	4.1a)、4.1c)	加热到设定温度并保温 1 h 后	点温计
5.2.5 有害气体、烟雾或粉尘造成的危险	4.1a)	负载运转	
5.2.6 滑倒、绊倒和跌落的危险	4.1a)、4.1c)	停机时检测	钢卷尺
5.3.1.1 模具区域的机械危险	4.1a)～c)	停机和运行时检测	钢卷尺
5.3.1.2 模具区域的热危险	4.1a)～b)	停机和运行时检测	
5.3.2 合模机构区域的危险	4.1a)～b)	停机和运行时检测	
5.3.3 模具区域和合模机构外的顶出抽芯运动区域	4.1a)～b)	停机和运行时检测	
5.3.4.1 喷嘴区域的机械危险	4.1a)～b)	停机和运行时检测	
5.3.4.3 喷嘴区域的热危险	4.1a)～b)	停机和运行时检测	
5.3.5.1 塑化和注射装置区域的机械危险	4.1a)～c)	停机和运行时检测	钢卷尺
5.3.5.2 塑化和注射装置区域的热危险	4.1a)、4.1c)	机筒加热至 240 ℃	点温计
5.3.5.3 机械和/或热危险	4.1a)～b)	机筒加热至设计要求的最高温度	
5.3.6 制品下落区域	4.1a)～c)	停机和运行时检测	钢卷尺
5.4.1 人体可以进入活动防护装置与模具区域之间	4.1a)～c)	停机和运行时检测	钢卷尺
5.4.2 人体可以进入模具区域	4.1a)～c)	停机和运行时检测	钢卷尺
5.4.3 具有下行模板的注射机	4.1a)～d)	停机和运行时检测	钢卷尺
5.4.4 有旋转合模装置的多工位注射机	4.1a)～c)	停机和运行时检测	钢卷尺
5.4.5 滑板往复机/转盘机	4.1a)～c)	停机和运行时检测	钢卷尺
5.4.6 有活动注射装置的多工位注射机	4.1a)～c)	停机和运行时检测	钢卷尺
5.4.7 具有一个或多个电动轴的机器	4.1a)～d)	运行时检测	钢卷尺、测力机、秒表
5.5.1 动力驱动的换模装置	4.1a)～c)	停机和运行时检测	钢卷尺
5.5.2.1 动力驱动的夹模装置机械危险	4.1a)～b)、4.1d)	停机和运行时检测	
5.5.3 其他辅助设备	4.1a)～c)	停机和运行时检测	钢卷尺

ICS 71.120;83.200
G 95

中华人民共和国国家标准

GB/T 25158—2010

轮胎动平衡试验机

Dynamic balancing machine for tyre

2010-09-26 发布 2011-03-01 实施

中华人民共和国国家质量监督检验检疫总局
中国国家标准化管理委员会 发布

前　言

本标准的附录 A 为资料性附录。

本标准由中国石油和化学工业协会提出。

本标准由全国橡胶塑料机械标准化技术委员会(SAC/TC 71)归口。

本标准负责起草单位：青岛高校软控股份有限公司。

本标准参加起草单位：天津赛象科技股份有限公司、中航工业北京航空制造工程研究所、北京橡胶工业研究设计院。

本标准主要起草人：杭柏林、孟鹏、东野广俊、徐建华、张建浩、于立、宋震方、夏向秀。

轮胎动平衡试验机

1 范围

本标准规定了轮胎动平衡试验机(以下简称动平衡试验机)的术语和定义、产品型号、基本参数、要求、试验、检验规则、标志、包装、运输和贮存等要求。

本标准适用于轿车、轻型载重和载重汽车轮胎动平衡性能检测的试验机。

2 规范性引用文件

下列文件中的条款通过本标准的引用而成为本标准的条款。凡是注日期的引用文件,其随后所有的修改单(不包括勘误的内容)或修订版均不适用于本标准,然而,鼓励根据本标准达成协议的各方研究是否可使用这些文件的最新版本。凡是不注日期的引用文件,其最新版本适用于本标准。

GB 150 钢制压力容器

GB/T 2977 载重汽车轮胎规格、尺寸、气压与负荷

GB/T 2978 轿车轮胎规格、尺寸、气压与负荷

GB/T 3487 汽车轮辋规格系列

GB 4208—2008 外壳防护等级(IP 代码)(IEC 60529:2001,IDT)

GB 5083 生产设备安全卫生设计总则

GB 5226.1 机械电气安全 机械电气设备 第1部分:通用技术条件(GB 5226.1—2002,IEC 60204-1:2000,IDT)

GB/T 6326 轮胎术语及其定义(GB/T 6326—2005,ISO 4223-1:2002,Definitions of some terms used in tyre industy—Part 1:Pneumatic tyres,NEQ)

GB/T 7723 固定式电子衡器

GB/T 8196 机械安全 防护装置 固定式和活动式防护装置设计与制造一般要求(GB/T 8196—2003,ISO 14120:2002,MOD)

GB/T 12783 橡胶塑料机械产品型号编制方法

GB/T 13306 标牌

GB/T 13384 机电产品包装通用技术条件

GB/T 14250 衡器术语

GB/T 18505—2001 汽车轮胎动平衡试验方法

HG/T 3120 橡胶塑料机械外观通用技术条件

HG/T 3223 橡胶机械术语

HG/T 3228 橡胶塑料机械涂漆通用技术条件

3 术语和定义

GB/T 6326、GB/T 14250、GB/T 18505—2001 和 HG/T 3223 中确立的以及下列术语和定义适用于本标准。

3.1

多级轮辋 multi-step rim

按轮辋直径大小排列用于轮胎试验的轮辋。一般不超过三级。

3.2

极差 range

实际测量的一组数据中最大值与最小值之差。

4 产品型号及规格系列

4.1 动平衡试验机型号及编号方法应符合 GB/T 12783 的规定。

4.2 规格系列参见附录 A。

5 基本参数

5.1 动平衡试验机测试轮胎的参数范围见表 1。

表 1 测试轮胎的参数范围

轮胎参数	轿车/轻型载重汽车轮胎系列	载重汽车轮胎系列
轮胎外径/mm	450～1 050	700～1 500
轮辋直径/in	10～30	16～24.5
断面宽度/mm	≤450	≤550
轮胎重量/kg	≤50	≤130

5.2 动平衡试验机的测试条件见表 2;动平衡试验机的分辨率应符合 GB/T 18505—2001 中 4.3 的要求。

表 2 测试条件

测试条件	轿车/轻型载重汽车轮胎系列	载重汽车轮胎系列
轮胎测试转速/(r/min) 允差	200～800 ±2	100～500 ±2
充气压力[a]/MPa 允差/MPa	0.2～0.5 ±0.01	0.6～0.9 ±0.01
环境温度/℃	5～40	
湿度(RH)	≤90%	
压缩空气	气动系统应使用经过过滤、脱水的干燥清洁空气	
试验轮辋(单级或多级轮辋)	分 1 级、2 级或 3 级	

[a] 轮胎试验时的充气压力为单胎最大负荷对应气压的 80%。

5.3 动平衡试验机的测试项目见表 3。

表 3 测试项目

测试项目[a]	轿车/轻型载重汽车轮胎系列	载重汽车轮胎系列
上校正面不平衡质量及角度	0～300 g,0～360°	0～800 g,0～360°
下校正面不平衡质量及角度	0～300 g,0～360°	0～800 g,0～360°
静不平衡质量及角度	0～300 g,0～360°	0～800 g,0～360°
偶不平衡质量及角度	0～300 g,0～360°	0～800 g,0～360°
上下校正面不平衡质量的代数和[b]/g	0～300	0～800
称重装置的最大称量[b]/kg	60	150
规格识别[b]	有	

[a] 本标准中测试项目的单位以不平衡质量为基准。若以不平衡量为基准,其量值为静不平衡质量、上不平衡质量、下不平衡质量与校正半径 r 的乘积,单位为 g·cm。标准偏差同时也放大 r 倍。偶不平衡量为偶不平衡质量乘以校正半径和断面宽,单位为 g·cm·cm。

[b] 为可选项。

6 要求

6.1 基本要求

动平衡试验机应符合本标准的要求，并按照经过规定程序批准的图样和技术文件制造。

6.2 检验要求

动平衡试验机检验要求，按标准偏差检验应符合表4的规定；按极差检验应符合表5的规定。

表4 准确度、重复性标准偏差检验要求

<table>
<tr><th colspan="3">检验项目</th><th>轿车/轻型载重汽车轮胎系列</th><th>载重汽车轮胎系列</th></tr>
<tr><td rowspan="2">准确度验证</td><td colspan="2">砝码验证
N次测试偏差</td><td>质量标准偏差≤砝码质量(≥50 g)×2%
角度标准偏差≤2°</td><td>质量标准偏差≤砝码质量(≥100 g)×2%
角度标准偏差≤2°</td></tr>
<tr><td colspan="2">面分离验证
N次测试偏差</td><td>质量标准偏差≤砝码质量(≥50 g)×2%</td><td>质量标准偏差≤砝码质量(≥100 g)×2%</td></tr>
<tr><td rowspan="4">重复性验证</td><td colspan="2">不卸胎N次
测试偏差</td><td>质量标准偏差≤轮胎质量(>20 kg)×0.005%
质量标准偏差≤1 g(轮胎质量≤20 kg)角度标准偏差≤2°(单面不平衡质量≥20 g)</td><td>质量标准偏差≤轮胎质量(>50 kg)×0.005%
质量标准偏差≤2.5 g(轮胎质量≤50 kg)角度标准偏差≤2°(单面不平衡质量≥50 g)</td></tr>
<tr><td rowspan="3">M×N测试</td><td>偏差</td><td>质量标准偏差≤轮胎质量(>20 kg)×0.01%
质量标准偏差≤2 g(轮胎质量≤20 kg)</td><td>质量标准偏差≤轮胎质量(>50 kg)×0.01%
质量标准偏差≤5 g(轮胎质量≤50 kg)</td></tr>
<tr><td>静不平衡量位置标记准确度</td><td>±5°(单面不平衡质量≥20 g)</td><td>±7.5°(单面不平衡质量≥50 g)</td></tr>
<tr><td>静不平衡量的标识位置</td><td colspan="2">静不平衡量位置的轻点或重点</td></tr>
<tr><td colspan="3">测试结果自动判级</td><td colspan="2">分2级、3级或多级</td></tr>
<tr><td colspan="5">注1：M表示轮胎数量，N表示测量次数；一般N取5或10，M取5或10，使用时可根据实际情况适当放大N、M的值。
注2：准确度验证和重复性验证可以选用标准偏差或极差其中一组进行检验。</td></tr>
</table>

表5 准确度、重复性极差检验要求

<table>
<tr><th colspan="3">检验项目</th><th>轿车/轻型载重汽车轮胎系列</th><th>载重汽车轮胎系列</th></tr>
<tr><td rowspan="2">准确度验证</td><td colspan="2">砝码验证
N次测试偏差</td><td>质量偏差范围：±砝码质量(≥50 g)×2%
角度偏差范围：±3°</td><td>质量偏差范围：±砝码质量(≥100 g)×2%
角度偏差范围：±3°</td></tr>
<tr><td colspan="2">面分离验证
N次测试偏差</td><td>质量偏差范围：±砝码质量(≥50 g)×2%</td><td>质量偏差范围：±砝码质量(≥100 g)×2%</td></tr>
<tr><td rowspan="4">重复性验证</td><td colspan="2">不卸胎N次
测试极差</td><td>质量极差≤轮胎质量(>20 kg)×0.015%
质量极差≤3 g(轮胎质量≤20 kg)
角度允许极差≤5°(单面不平衡质量≥20 g)</td><td>质量极差≤轮胎质量(>50 kg)×0.015%
质量极差≤7.5 g(轮胎质量≤50 kg)
角度允许极差≤7.5°(单面不平衡质量≥50 g)</td></tr>
<tr><td rowspan="3">M×N测试</td><td>极差</td><td>质量极差≤轮胎质量(>20 kg)×0.025%
质量极差≤5 g(轮胎质量≤20 kg)</td><td>质量极差≤轮胎质量(>50 kg)×0.03%
质量极差≤15 g(轮胎质量≤50 kg)</td></tr>
<tr><td>静不平衡量位置标记准确度</td><td>±5°(单面不平衡质量≥20 g)</td><td>±7.5°(单面不平衡质量≥50 g)</td></tr>
<tr><td>静不平衡量的标识位置</td><td colspan="2">静不平衡量位置的轻点或重点</td></tr>
</table>

表 5（续）

检验项目	轿车/轻型载重汽车轮胎系列	载重汽车轮胎系列
测试结果自动判级	分 2 级、3 级或多级	

注 1：M 表示轮胎数量，N 表示测量次数；一般 N 取 5 或 10，M 取 5 或 10，使用时可根据实际情况适当放大 N、M 的值。

注 2：准确度验证和重复性验证可以选用标准偏差或极差其中一组进行检验。

6.3 功能要求

6.3.1 动平衡试验机应具有轮胎输送、定中和润滑的功能。

6.3.2 动平衡试验机可具有轮胎规格识别、胎号识别和称重功能。

6.3.3 动平衡试验机应具有自动装卡、充气、测试、卸胎功能。

6.3.4 动平衡试验机应具有根据测试结果将轮胎进行标识、分级功能。

6.3.5 动平衡试验机应具有以下工作模式：

a) 手动工作模式：控制系统的操作部分应对动平衡试验机的动作部件实现单独操作，用于调试、维修和维护；

b) 自动工作模式：轮胎进入动平衡试验机后，自动完成输送、润滑、装卡、充气、测试、卸胎、标识、分级、数据记录等动作；

c) 标定工作模式：用砝码对动平衡试验机进行校准的系列动作；

d) 验证工作模式：用砝码和轮胎验证动平衡试验机的准确度和重复性。

6.3.6 控制系统应具有手动控制与自动控制无扰动切换功能。

6.3.7 控制系统应具有各部分连锁运行，故障实时报警功能。

6.3.8 在计算机控制轮胎测试过程中应具有实时监控和数据信息处理功能：

a) 轮胎规格的输入、编辑和调用；

b) 动态监控系统应符合 6.3.5 的要求，验证工作模式应具有准确度验证和重复性验证的功能；

c) 轮胎检验运行记录、统计按月、日、班、规格报表及打印功能；

d) 具有网络功能，支持车间级信息化；

e) 人机对话界面。

6.4 制造要求

6.4.1 压缩空气储罐应符合 GB 150 的规定。

6.4.2 称重装置应符合 GB/T 7723 的规定。

6.4.3 上、下轮辋的跳动应不大于 0.050 mm。

6.4.4 上、下轮辋段宽调整误差应不大于±0.100 mm。

6.4.5 转子的轮辋安装面径向、轴向跳动应不大于 0.025 mm。

6.4.6 上轮辋轴在下降定位过程中不得与下轮辋座碰撞。

6.4.7 轮辋的参数应符合 GB/T 3487 的要求。

6.4.8 润滑系统不得渗漏；空气等各管路系统应连接可靠，管路应清理干净、畅通，不得泄漏。

6.4.9 负荷运转时电机功率应不大于额定功率。

6.5 涂漆和外观要求

6.5.1 涂漆质量应符合 HG/T 3228 的规定。

6.5.2 外观质量应符合 HG/T 3120 的规定。

6.6 安全和环保要求

6.6.1 动平衡试验机应符合 GB 5083、GB 5226.1 和 GB/T 8196 规定的安全要求。

6.6.2 动平衡试验机的电气控制系统应具有过载保护功能和紧急停机功能；外壳防护等级应符合 GB 4208—2008 规定的 IP54 级。

6.6.3 空负荷运转时的噪声声压级应小于 80 dB(A);负荷运转时的噪声声压级应小于 85 dB(A)。

6.6.4 动平衡试验机空负荷运转和负荷运转时,不得有异常振动。

7 试验

7.1 空负荷运转试验

空负荷运转试验应在装配检验合格后方可进行,空负荷运转试验时间不少于 2 h,空负荷运转试验中进行以下检查:

a) 按照 6.3.5 的 a)、c)、d)进行检查;

b) 按照 6.6.3、6.6.4 进行检查。

7.2 负荷运转试验

7.2.1 应在空负荷运转试验合格后,进行负荷运转试验。

7.2.2 负荷运转试验的轮胎应符合 GB/T 2977、GB/T 2978 的要求。

7.2.3 负荷运转试验期间,设备应连续累计负荷运转 72 h 无故障,若中间出现故障,故障排除时间应不超过 2 h,否则应重新进行试验。

7.2.4 负荷运转试验中进行以下检查:

a) 按照 6.2 进行检查;

b) 按照 6.3 进行检查;

c) 按照 6.4.9 进行检查;

d) 按照 6.6.3、6.6.4 进行检查。

8 检验规则

8.1 出厂检验

8.1.1 每台产品应经质量检验部门检验合格后,方可出厂。出厂时应附有产品合格证明书。

8.1.2 每台产品出厂前,应按照 5、6.1～6.3、6.4.1～6.4.8、6.5、6.6.1、6.6.2 的规定进行检验。

8.1.3 出厂前动平衡试验机的参数应符合表 1～表 3 中的要求。

8.1.4 出厂前应经过标准轮胎测试,测试数据应符合表 4 或表 5 中的要求。

8.1.5 检验记录应包括以下测试数据:

a) 规格型号;

b) 充气压力;

c) 转速;

d) 时间;

e) 上校正面不平衡质量及角度、下校正面不平衡质量及角度、静不平衡质量及角度、偶不平衡质量及角度。

8.2 型式检验

8.2.1 有下列情况之一时,应进行型式检验:

a) 新产品首台或老产品转厂时;

b) 正式生产后,如结构、材料、工艺有较大变化,可能影响产品性能时;

c) 产品停产两年以上,恢复生产时;

d) 出厂检验结果与上次型式检验结果超过允差时;

e) 正常生产时,每三年至少抽检一台;

f) 国家质量监督机构提出进行型式检验要求时。

8.2.2 型式检验应按本标准中的各项规定进行检验。

8.2.3 型式检验项目全部符合本标准规定,则判为合格。型式检验每次抽检一台,若有不合格项时,应再抽二台进行检验，若仍有不合格项时，则应逐台进行检验。

9 标志、包装、运输和贮存

9.1 应在每台动平衡试验机的明显位置固定标牌，标牌应符合 GB/T 13306 的规定。标牌的内容如下：

a) 产品名称；

b) 产品型号；

c) 产品编号；

d) 执行标准号；

e) 主要技术参数；

f) 设备净重；

g) 外形尺寸；

h) 制造单位名称、商标；

i) 制造日期。

9.2 动平衡试验机发货时，应随机附带下列文件：

a) 产品合格证明书；

b) 产品使用说明书；

c) 装箱单；

d) 随机压力容器的质量证明书。

9.3 动平衡试验机的包装应符合 GB/T 13384 的规定。

9.4 动平衡试验机的运输应符合运输部门的有关规定。

9.5 动平衡试验机安装前应贮存在防雨、干燥、通风良好的场所，并且妥善保管好。

附　录　A
（资料性附录）
动平衡试验机规格系列

动平衡试验机规格系列参见表 A.1。

表 A.1　动平衡试验机规格系列

规格代号	1018	1218	1318	1326	1624	1626	1630	1830
适用轮辋名义直径/in	10～18	12～18	13～18	13～26	16～24.5	16～26	16～30	18～30

ICS 01.040.55
A 80

中华人民共和国国家标准

GB/T 25159—2010/ISO 15867:2003

包装术语 非危险货物用中型散装容器

Intermediate bulk containers (IBCs) for non-dangerous goods—Terminology

(ISO 15867:2003,IDT)

2010-09-26 发布 2011-03-01 实施

中华人民共和国国家质量监督检验检疫总局
中国国家标准化管理委员会 发布

前　言

本标准等同采用 ISO 15867:2003《术语　非危险货物用中型散装容器》(英文版)。

本标准由全国包装标准化技术委员会(SAC/TC 49)提出并归口。

本标准起草单位:中机生产力促进中心、中国包装科研测试中心、国家工程机械质量监督检验中心。

本标准主要起草人:黄雪、刘萍、张晓建、李华、李铁生、周澍。

包装术语　非危险货物用中型散装容器

1　范围

本标准规定了用于非危险货物运输的各类中型散装容器的术语和定义。

本标准适用于一种或多种运输方式使用的中型散装容器。

2　术语和定义

下列术语和定义适用于本标准。

2.1

中型散装容器　intermediate bulk container,IBC

容量不大于 3 m^3(3 000 L),用于装载液体、膏状体、固体(如:粉末、颗粒等)等散装货物的包装容器。整体或拆分后便于机械装卸。

注 1:中型散装容器未对最小尺寸进行限制规定,但小于 0.25 m^3(250 L)的容器不应属于中型散装容器。

注 2:中型散装容器适用于一种或多种运输方式,可设计成可拆分或可折叠的型式,内部允许有内衬。

注 3:即使包装容器的形式与中型散装容器的定义一致或相同,但如果是用来承装整体货物(商品)的包装容器,也不属于中型散装容器。

2.2

金属中型散装容器　metal intermediate bulk container

由金属(如:钢制或铝制)制成的中型散装容器。可直接或通过内衬与内装物相接触,空载时能保持固有支撑状态。

2.3

柔性中型散装容器　flexible intermediate bulk container,FIBC

由柔性材料(如:编织布、塑料薄膜或纸)制成的中型散装容器。可直接或通过内衬与内装物相接触,空置时可被折叠。

2.4

刚性塑料中型散装容器　rigid plastics intermediate bulk container

由塑料制成的中型散装容器。可直接或通过内衬与内装物相接触。应具有足够的刚性,使得空载或满载时能保持固有支撑状态。

2.5

复合中型散装容器　composite intermediate bulk container

由内、外两部分构成的中型散装容器。外部分作为中型散装容器的承重部分,内层部分可由硬质、半硬质或柔性材料制成,但不作为独立承重部分,在装载、存储、运输、卸料过程中外层与内层是一个统一整体。

2.6

纤维板中型散装容器　fibreboard intermediate bulk container

由纤维板制成的中型散装容器。可直接或通过内衬与内装物相接触,空载或满载时能保持固有支撑状态。

2.7

木质中型散装容器　wooden intermediate bulk container

由木质材料(如:锯材、胶合板、再生木)制成的中型散装容器。可直接或通过内衬与内装物相接触,空载或满载时能保持固有支撑状态。

2.8

内衬　inner liner

以单独的管、筒、袋的形式置于中型散装容器中，与内装物相接触，但不作为中型散装容器的一部分。

2.9

内涂层　inner coating

中型散装容器的内表面涂层，其与内装物直接接触。

示例：低碳钢制中型散装容器可以有一层或多层内涂层。该内涂层设计用于避免低碳钢与内装物相互接触。

中 文 索 引

英 文 索 引

ICS 55.020
A 80

中华人民共和国国家标准

GB/T 25160—2010

包装 卡纸板折叠纸盒结构尺寸

Packaging—Dimensions of folding cartons of cartonboard

2010-09-26 发布　　2011-03-01 实施

中华人民共和国国家质量监督检验检疫总局
中国国家标准化管理委员会　发布

前　言

本标准与德国标准 DIN 55522—1987《包装材料　硬纸盒　带插入式盒底和盒盖的折叠纸盒　纸盒尺寸的规定》(德文版)一致性程度为修改采用。

本标准与 DIN 55522—1987 相比，主要技术差异如下：

——将卡纸板适用的克重范围 220 g/m^2～500 g/m^2 修改为 200 g/m^2～500 g/m^2；

——增加了“插入式”、“锁底式”、“自锁底式”定义；

——增加了两个防尘侧盖尺寸，尺寸分别为 2.5 mm 和 4 mm～6 mm；

——增加了当纸盒底面密封边尺寸 $B \leqslant 12$ mm 时，插舌板深度 f、插舌圆弧半径 r、粘贴边宽度 c 的计算关系(见表 2)；

——修改了粘贴边宽度 c 的取值范围，将表 2 中纸盒底面积密封边尺寸“$B \geqslant 12$ mm” 时，粘贴边宽度“$c \geqslant 10$ mm”修改为“10 mm$\leqslant c \leqslant$16 mm”；

——删除了包装储运部分的内容；

——以带有插入式盒盖、盒底结构的反插式折叠纸盒结构平面图(见图 2)为例，替代了原标准中的直插式折叠纸盒结构平面图，并省略了其他结构形式平面图；

——增加了锁底式盒底、自锁底式盒底结构平面图示例和尺寸关系(见 4.3 和 4.4)。

本标准由全国包装标准化技术委员会(SAC/TC 49)提出并归口。

本标准起草单位：北京印刷学院、鹤山雅图仕印刷有限公司。

本标准主要起草人：许文才、郭新颖、姜东升、罗兴龙。

包装　卡纸板折叠纸盒结构尺寸

1　范围

本标准规定了包装用卡纸板折叠纸盒结构尺寸的关系和偏差。

本标准适用于克重为200 g/m^2～500 g/m^2 卡纸板制成的盒盖为插入式，盒底为插入式、锁底式、自锁底式折叠纸盒的设计、生产、检验和使用。

2　规范性引用文件

下列文件中的条款通过本标准的引用而成为本标准的条款。凡是注日期的引用文件，其随后所有的修改单(不包括勘误的内容)或修订版均不适用于本标准，然而，鼓励根据本标准达成协议的各方研究是否可使用这些文件的最新版本。凡是不注日期的引用文件，其最新版本适用于本标准。

GB/T 450　纸和纸板　试样的采取及试样纵横向、正反面的测定(GB/T 450—2008，ISO 186：2002，MOD)

GB/T 451.1　纸和纸板尺寸及偏斜度的测定

GB/T 10335.3　涂布纸和纸板　涂布白卡板

GB/T 10335.4　涂布纸和纸板　涂布白纸板

GB/T 10739　纸、纸板和纸浆试样处理和试验的标准大气条件(GB/T 10739—2002，eqv ISO 187：1990)

3　术语和定义

下列术语和定义适用于本标准。

3.1

插入式　plug-in folding cartons

插舌板插入盒体，通过纸板之间的摩擦力进行封合的盒盖或盒底结构。

3.2

锁底式　bottom lock folding cartons

利用盒底部位的几个面互相交叉及互相嵌扣形成的盒底结构，当锁底板压在带有挂钩的侧面、锁舌插入锁底板的切口即可锁合的盒底结构。

3.3

自锁底式　auto bottom lock folding cartons

利用盒底部位的几个面互相交叉及互相嵌扣形成的盒底结构，当纸盒成型时，底部能自动锁合的盒底结构。

4　结构尺寸

4.1　盒体尺寸

4.1.1　折叠纸盒示意图见图1。

4.1.2　折叠纸盒结构平面图尺寸为盒片两个压痕线的中心线之间的尺寸，或压痕线中心线到模切线之间的尺寸。

单位为毫米

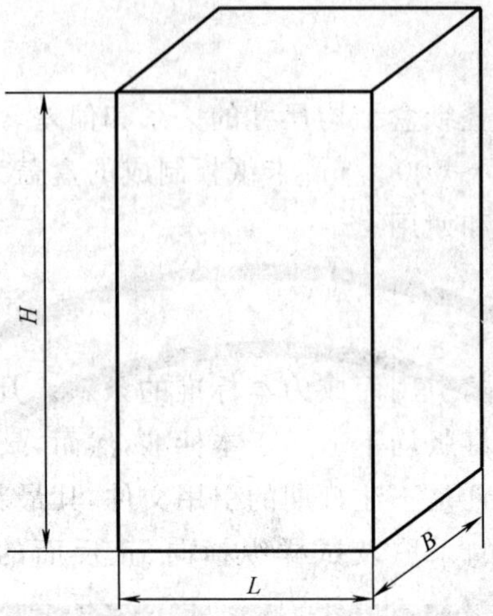

L——插入式盒盖连接线的尺寸；

B——纸盒底面密封边尺寸；

H——盒盖与盒底间尺寸。

图 1　折叠纸盒示意图

4.2　插入式盒盖、盒底结构尺寸

4.2.1　反插式折叠纸盒结构，其插入式盒盖、盒底结构平面图见图 2 所示。

单位为毫米

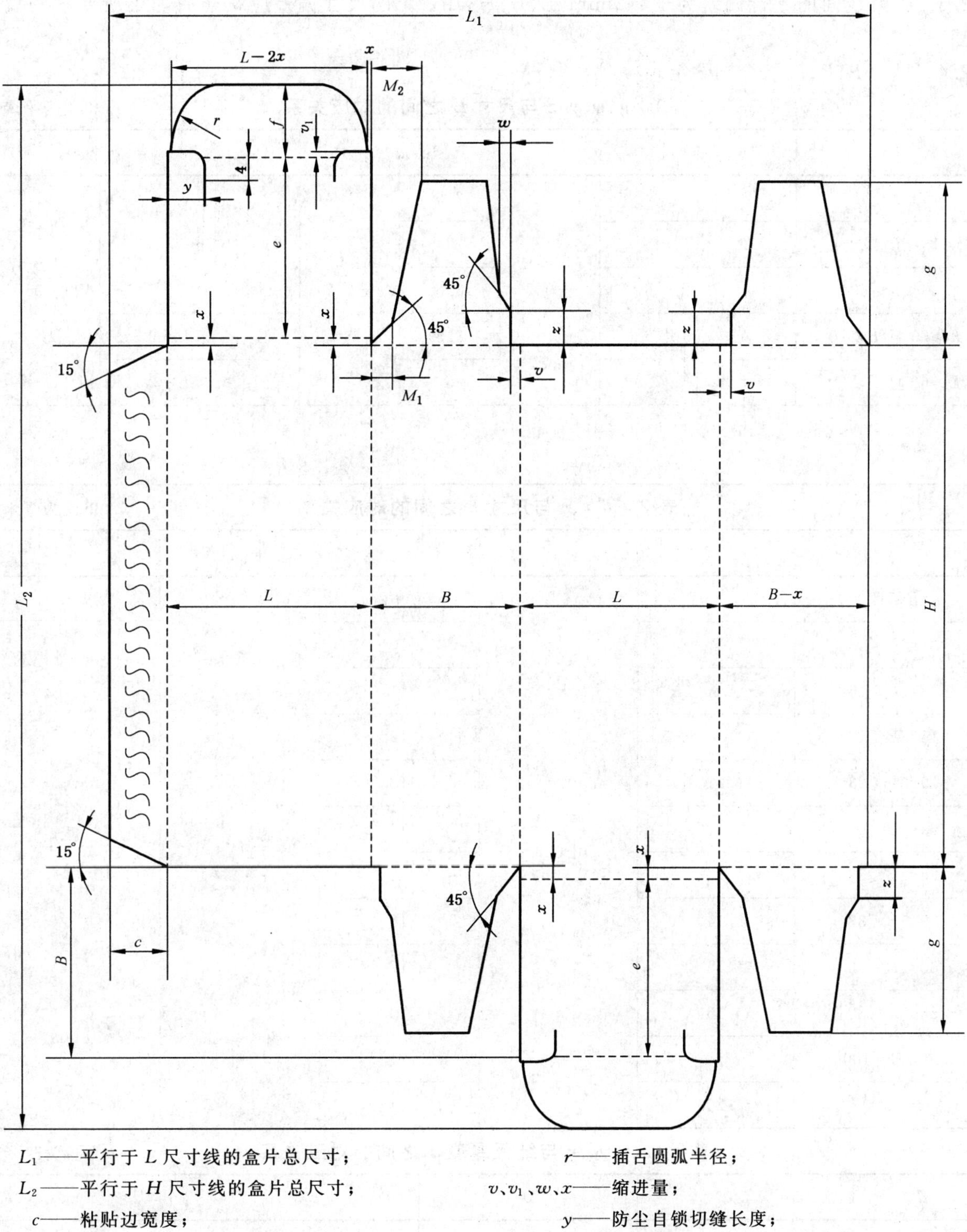

L_1——平行于 L 尺寸线的盒片总尺寸；

L_2——平行于 H 尺寸线的盒片总尺寸；

c——粘贴边宽度；

d——纸板厚度；

e——盒盖长度；

f——插舌板深度；

g——防尘侧盖长度；

r——插舌圆弧半径；

v、v_1、w、x——缩进量；

y——防尘自锁切缝长度；

z——防尘侧盖紧固边宽度；

M_1——防尘侧盖尺寸(M_1=2.5 mm)；

M_2——防尘侧盖尺寸 (M_2=4 mm～6 mm)。

图 2　插入式盒盖、盒底结构平面图示例

4.2.2 插入式盒盖、盒底折叠纸盒结构平面图尺寸关系如表 1、表 2、表 3 所示。

4.2.3 压痕线间的平行偏差为±0.2 mm，L、B、H、L_1、L_2 的尺寸偏差应符合后加工所要求的偏差范围。

4.2.4 尺寸 L、B、H 按合同约定。

表 1 g、w、y、z 与尺寸 L 之间的对应关系

单位为毫米

<table>
<tr><th>L</th><th>w</th><th colspan="2">y</th><th colspan="2">z</th><th colspan="2">g[a]</th></tr>
<tr><td>15<L≤18</td><td>2</td><td>4</td><td rowspan="5">±0.2</td><td>2.5</td><td rowspan="5">±0.2</td><td rowspan="3">12≤g≤30</td><td rowspan="5">±0.5</td></tr>
<tr><td>18<L≤30</td><td>2</td><td>5</td><td>3</td></tr>
<tr><td>30<L≤60</td><td>2</td><td>6</td><td>3.5</td></tr>
<tr><td>L>60 且 B<20</td><td>3</td><td>6</td><td>3.5</td><td>g≤0.5L−2</td></tr>
<tr><td>L>60 且 B≥20</td><td>3</td><td>7.5</td><td>5</td><td>g≥0.5L+2</td></tr>
<tr><td colspan="8">a $g=\frac{e+f+x}{2}$</td></tr>
</table>

表 2 f、r、c 与尺寸 B 之间的对应关系

单位为毫米

<table>
<tr><th>B</th><th colspan="2">f</th><th colspan="2">r</th><th>c</th></tr>
<tr><td>B≤12</td><td>B/2+2</td><td rowspan="12">±0.3</td><td>f+2</td><td rowspan="12">±0.3</td><td>B−2</td></tr>
<tr><td>12<B≤13</td><td>8</td><td>10</td><td rowspan="11">10≤c≤16</td></tr>
<tr><td>13<B≤16</td><td>9</td><td>11</td></tr>
<tr><td>16<B≤19</td><td>10</td><td>12</td></tr>
<tr><td>19<B≤23</td><td>11</td><td>13</td></tr>
<tr><td>23<B≤26</td><td>12</td><td>14</td></tr>
<tr><td>26<B≤29</td><td>13</td><td>15</td></tr>
<tr><td>29<B≤33</td><td>14</td><td>16</td></tr>
<tr><td>33<B≤36</td><td>15</td><td>17</td></tr>
<tr><td>36<B≤80</td><td>16</td><td>19</td></tr>
<tr><td>80<B≤100</td><td>18</td><td>21</td></tr>
<tr><td>B>100</td><td>20</td><td>24</td></tr>
</table>

表 3 e、v、v_1、x 与纸板厚度 d 之间的对应关系

单位为毫米

<table>
<tr><th>d</th><th colspan="2">e</th><th colspan="2">v</th><th colspan="2">v1</th><th colspan="2">x</th></tr>
<tr><td>≤0.65</td><td>B−1.5</td><td rowspan="2">±0.3</td><td>0.75</td><td rowspan="2">±0.2</td><td>0.75</td><td rowspan="2">±0.2</td><td>0.5</td><td rowspan="2">±0.2</td></tr>
<tr><td>>0.65</td><td>B−2.0</td><td>1.25</td><td>1.25</td><td>1.0</td></tr>
</table>

4.3 锁底式盒底结构尺寸

锁底式盒底结构平面图见图 3 所示。

单位为毫米

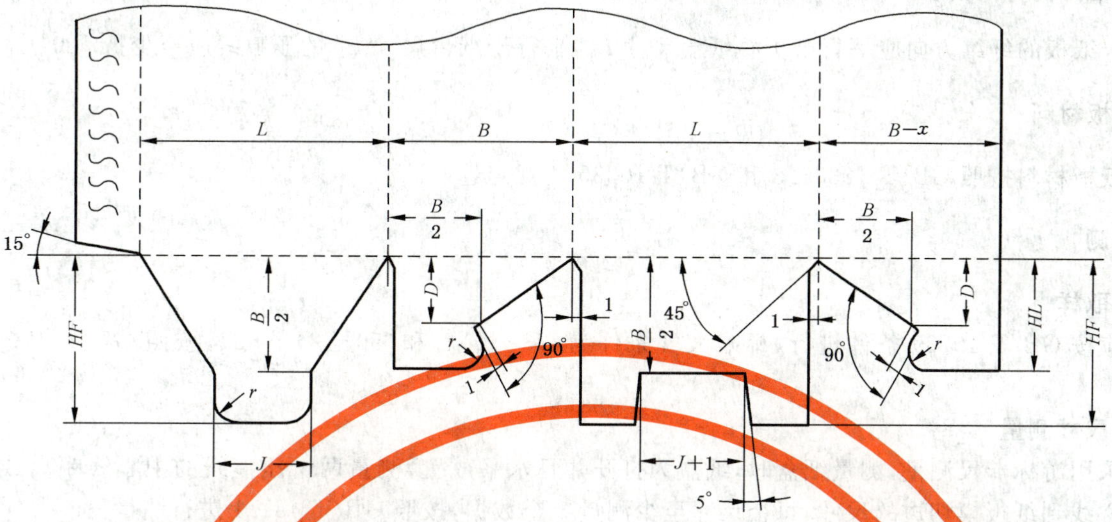

J——锁舌长度；

D——锁底插板的挡板长度；

HF——锁底板宽度；

HL——锁底插板长度；

x——缩进量。

尺寸关系：

$J=L/2$

$D=(L+1-J)/2$

$HF=0.6B+8\ \text{mm}$

$HL=0.1B+D+6\ \text{mm}\leqslant L/2$

图 3　锁底式盒底结构平面图示例

4.4　自锁底式盒底结构尺寸

自锁底式盒底结构平面图见图 4 所示。

单位为毫米

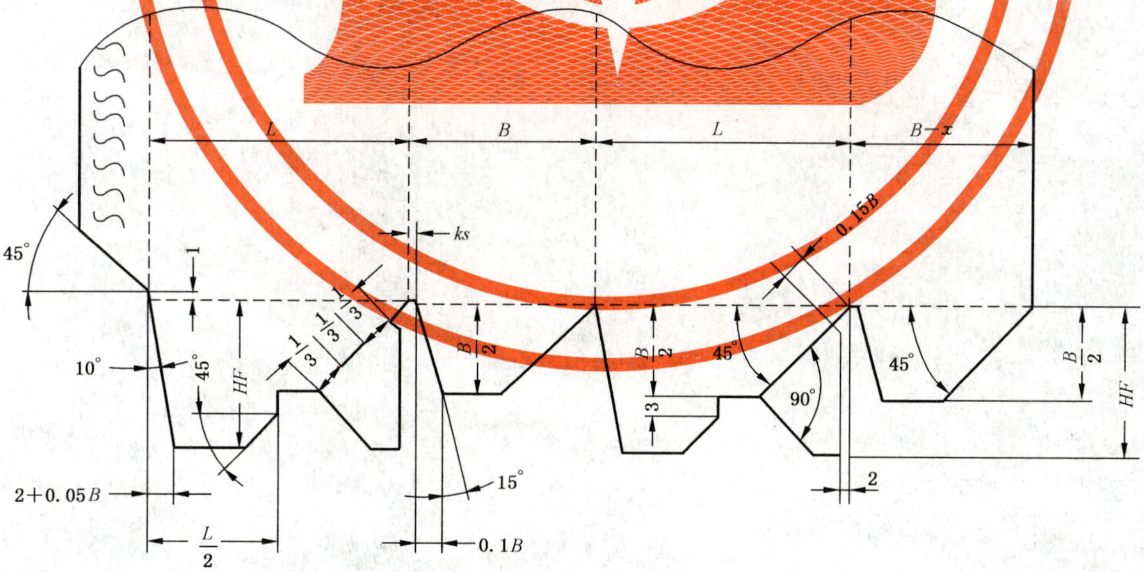

HF——锁底板宽度；

x、ks——缩进量。

尺寸关系：

$HF=0.6B+8\ \text{mm}$

$ks=1.5\ \text{mm}\sim2.0\ \text{mm}$

图 4　自锁底式盒底结构平面图示例

5 纤维方向与耐折性

卡纸板的纤维方向应平行于折叠纸盒尺寸 L_1,平行于纸盒尺寸 L_2 的压痕线应至少折 120°。

6 纸板材料

纸板材料按照 GB/T 10335.3 和 GB/T 10335.4 规定选取。

7 检测

7.1 取样

应按 GB/T 10739 条件进行,标准大气条件为(23±1)℃和(50±2)%RH,按照 GB/T 450 进行取样。

7.2 尺寸测量

采用游标卡尺测量,测量纸盒时,纸盒为打开并且水平放置,测量两个压痕线的中心线距离或压痕线中心线到纸板模切边的尺寸,每个尺寸至少测量 3 个数据,按照 GB/T 451.1 进行测量。

ICS 55.080
A 82

中华人民共和国国家标准

GB/T 25161.1—2010

包装袋　尺寸允许偏差
第1部分：纸袋

Packaging sacks—Dimensional tolerances—Part 1：Paper sacks

（ISO 8367-1：1993，Packaging—Dimensional tolerances for general purpose sacks—Part 1：Paper sacks，MOD）

2010-09-26 发布　　　　2011-03-01 实施

中华人民共和国国家质量监督检验检疫总局
中国国家标准化管理委员会　发布

前言

GB/T 25161《包装袋　尺寸允许偏差》分为两个部分：

——第1部分：纸袋；

——第2部分：热塑性软质薄膜袋。

本部分为GB/T 25161的第1部分。

本部分修改采用ISO 8367-1:1993《包装　一般用途袋的尺寸允许偏差　第1部分：纸袋》(英文版)。

本部分与ISO 8367-1:1993相比主要变化如下：

——规范性引用文件删去ISO 7023:1983《包装　袋　空纸袋试验抽样方法》；

——规范性引用文件中GB/T 451.2—2002与ISO 536:1995一致性程度为等效，技术内容一致；

——规范性引用文件中GB/T 17858.1—2008与ISO 6590-1:1983一致性程度为修改采用，除增加两项包装材料术语外，其他技术内容一致；

——增加"阀套的长度"要求。

本部分由全国包装标准化技术委员会(SAC/TC 49)提出。

本部分由全国包装标准化技术委员会袋分技术委员会(SAC/TC 49/SC 2)归口。

本部分起草单位：建筑材料工业技术监督研究中心。

本部分主要起草人：甘向晨、赵婷婷。

包装袋　尺寸允许偏差
第1部分:纸袋

1　范围

GB/T 25161 的本部分规定了纸袋的尺寸允许偏差。

本部分适用于一般用途纸质包装袋。

2　规范性引用文件

下列文件中的条款通过 GB/T 25161 的本部分的引用而成为本部分的条款。凡是注日期的引用文件,其随后所有的修改单(不包括勘误的内容)或修订版均不适用于本部分,然而,鼓励根据本部分达成协议的各方研究是否可使用这些文件的最新版本。凡是不注日期的引用文件,其最新版本适用于本部分。

GB/T 451.2　纸和纸板定量的测定(GB/T 451.2—2002,eqv ISO 536:1995)

GB/T 17858.1　包装袋　术语和类型　第1部分:纸袋(GB/T 17858.1—2008,ISO 6590-1:1983,MOD)

ISO 6591-1　包装　袋　尺寸测量方法　第1部分:空纸袋

3　术语和定义

GB/T 17858.1 确立的术语和定义适用于 GB/T 25161 的本部分。

4　尺寸允许偏差

纸袋的尺寸允许偏差应符合表1的规定,其中层定量按 GB/T 451.2 进行测定,其他按 ISO 6591-1 进行测定。

表1　纸袋的尺寸允许偏差

项　　目	符　　号	允许偏差
层定量	—	±4%
袋长	a	±10 mm
袋宽	b	±5 mm
褶边宽	e	±5 mm
袋筒周长	—	±10 mm
底部宽	c	±5 mm
阀口宽	g	
糊合袋中的阀口		$^{+5}_{0}$ mm
缝合袋中的阀口		$^{+10}_{0}$ mm
阀套边缘位置(从袋边算)	l	±5 mm
阀套的长度	i	±5 mm

表 1（续）

项　　目	符　　号	允许偏差
印刷位置		
长度方向	—	±20 mm
宽度方向	—	±15 mm

ICS 55.080
A 82

中华人民共和国国家标准

GB/T 25161.2—2010

包装袋　尺寸允许偏差
第2部分：热塑性软质薄膜袋

Packaging sacks—Dimensional tolerances—
Part 2：Sacks made from thermoplastic flexible film

(ISO 8367-2：1993，Packaging—
Dimensional tolerances for general purpose sacks—
Part 2：Sacks made from thermoplastic flexible film，MOD)

2010-09-26 发布　　　　2011-03-01 实施

中华人民共和国国家质量监督检验检疫总局
中国国家标准化管理委员会　发布

前　言

GB/T 25161《包装袋　尺寸允许偏差》分为两个部分：

——第 1 部分：纸袋；

——第 2 部分：热塑性软质薄膜袋。

本部分为 GB/T 25161 的第 2 部分。

本部分修改采用 ISO 8367-2：1993《包装　一般用途袋的尺寸允许偏差　第 2 部分：热塑性软质薄膜袋》(英文版)。

本部分与 ISO 8367-2：1993 相比主要变化如下：

——规范性引用文件删去 ISO 7023：1983《包装　袋　空纸袋试验抽样方法》；

——规范性引用文件中 GB/T 6672—2001 与 ISO 4593：1993 一致性程度为等同采用；

——规范性引用文件中 GB/T 17858.2—2010 与 ISO 6590-2：1986 一致性程度为修改采用，除增加一种袋型的术语外，其他技术内容一致；

——增加膜厚度为 50 μm 时允许偏差要求。

本部分由全国包装标准化技术委员会(SAC/TC 49)提出。

本部分由全国包装标准化技术委员会袋分技术委员会(SAC/TC 49/SC 2)归口。

本部分起草单位：建筑材料工业技术监督研究中心。

本部分主要起草人：甘向晨、金福锦。

包装袋　尺寸允许偏差
第2部分：热塑性软质薄膜袋

1　范围

GB/T 25161的本部分规定了热塑性软质薄膜袋的尺寸允许偏差。

本部分适用于一般用途热塑性软质薄膜袋。

2　规范性引用文件

下列文件中的条款通过GB/T 25161的本部分的引用而成为本部分的条款。凡是注日期的引用文件，其随后所有的修改单(不包括勘误的内容)或修订版均不适用于本部分，然而，鼓励根据本部分达成协议的各方研究是否可使用这些文件的最新版本。凡是不注日期的引用文件，其最新版本适用于本部分。

GB/T 6672　塑料薄膜和薄片厚度测定　机械测量法(GB/T 6672—2001,idt ISO 4593:1993)

GB/T 17858.2　包装袋　术语和类型　第2部分：热塑性软质薄膜袋(GB/T 17858.2—2010，ISO 6590-2:1986,MOD)

ISO 6591-2　包装　袋　尺寸测量方法　第2部分：空热塑性软质薄膜袋

3　术语和定义

GB/T 17858.2确立的术语和定义适用于GB/T 25161的本部分。

4　尺寸允许偏差

热塑性软质薄膜袋的尺寸允许偏差应符合表1的规定，其中膜厚度按GB/T 6672进行测定，其他按ISO 6591-2进行测定。

表1　热塑性软质薄膜袋的尺寸允许偏差

项　目	符　号	允许偏差
膜厚		
<50 μm	—	±15%
≥50 μm	—	±10%
袋长	a	±10 mm
袋宽	b	±5 mm
褶边宽	e	±5 mm
袋筒周长	—	±10 mm
底部宽	c	±5 mm
阀口宽	g	
粘合袋的阀口		$^{+5}_{0}$ mm
热封合袋的阀口		$^{+10}_{0}$ mm

表 1（续）

项　　目	符　　号	允许偏差
阀套边缘的位置(从袋边算)	l	±5 mm
阀套长度	i	±5 mm
印刷位置 长度方向 宽度方向	 — —	 ±20 mm ±15 mm

ICS 55.020
A 80

中华人民共和国国家标准

GB/T 25162.1—2010/ISO 7965-1:1984

包装袋 跌落试验 第1部分:纸袋

Packaging—Sacks-drop test—Part 1:Paper sacks

(ISO 7965-1:1984,IDT)

2010-09-26 发布 2011-03-01 实施

中华人民共和国国家质量监督检验检疫总局
中国国家标准化管理委员会 发布

前 言

GB/T 25162《包装袋 跌落试验》分为两个部分：

——第1部分：纸袋；

——第2部分：热塑性软质薄膜袋。

本部分为GB/T 25162的第1部分。

本部分等同采用ISO 7965-1:1984《包装袋跌落试验 第1部分：纸袋》(英文版)。

为便于使用，本标准做了下列编辑性修改：

a) 删除国际标准的前言；

b) 引用文件GB/T 4857.5—92代替ISO 2248；

c) 用小数点‘.’代替作为小数点的逗号‘,’；

d) 国际标准中的平均破裂高度‘h’改为‘$\bar{h}$’；

e) 本标准中的“图A.1～图B.1”分别对应国际标准中的“图2～图4”。

本部分的附录A、附录B、附录C为资料性附录。

本部分由全国包装标准化技术委员会(SAC/TC 49)提出并归口。

本部分起草单位：中国包装科研测试中心、机械科学研究总院、中国包装联合会。

本部分主要起草人：李华、李铁生、牛淑梅、袁文广、王利、王青、朱婧。

包装袋　跌落试验　第1部分:纸袋

1　范围

GB/T 25162 的本部分规定了通过跌落的方法对满装纸袋进行垂直冲击的试验方法。本方法既可用作研究垂直冲击对纸袋的影响的单项试验,也可以作为测定纸袋在包含垂直冲击危险的流通系统中抵抗能力的系列试验的一个组成部分。

本部分规定了试验设备、试验程序及试验报告的内容。

本部分是在 GB/T 4857.5 的基础上制定的,但只适用于纸袋。

2　规范性引用文件

下列文件中的条款通过 GB/T 25162 的本部分的引用而成为本部分的条款。凡是注日期的引用文件,其随后所有的修改单(不包括勘误的内容)或修订版均不适用于本部分,然而,鼓励根据本部分达成协议的各方研究是否可使用这些文件的最新版本。凡是不注日期的引用文件,其最新版本适用于本部分。

GB/T 4857.5　包装　运输包装件　跌落试验方法(GB/T 4857.5—1992,eqv ISO 2248:1985)

ISO 6599-1　包装　袋　试验条件　第1部分:纸袋

ISO 7023　包装　袋　空袋检验抽样方法

3　原理

在一刚性的平面上方将满装袋提升后释放,使其自由跌落在该平面上。试验时的大气条件、跌落高度与包装件的位置都为预先设定好的。

4　试验设备

跌落试验所必需的设备示例参见附录 A。

4.1　提升装置

在提升或释放过程中不能损坏试验样品。

4.2　支撑装置

支撑试验样品的装置在释放前应能使试验样品处于预定位置上。[1)]

4.3　释放装置

该装置应能使试验样品在释放下落触击冲击台面(4.4)之前不触碰设备上的任何部位自由地跌落。

4.4　冲击台面

应为具有一定质量的刚性水平面,以使其在试验时不移动、不变形。

通常情况下,冲击台面应为:

a)　整块,其质量至少应为试验用最重袋的质量的 50 倍;

b)　平整,台面上任意两点的水平高度差不得超过 2 mm;

c)　坚固,在台面上任何 100 mm^2 的面积上放置 10 kg 的静载荷,其变形量不得超过 0.1 mm;

d)　面积的大小要足以保证试验样品完全跌落在冲击台面内。

---

1)　支撑试验样品的方法不同,如从试验样品的上端将其吊起,或由底部将其托起,对试验样品的冲击作用情况差别很大。因而试验样品的支撑方法应在试验报告中说明。

为了防止在移动试验样品时将其损坏，可用一层塑料薄膜覆盖在冲击面上。

5 抽样

按 ISO 7023 的规定进行。

6 状态调节

按 ISO 6599-1 的规定，采用该标准所规定的某一大气条件对试验样品进行温湿度处理。并在规定的相同的大气条件下进行试验。

7 试验程序

试验应在与状态调节相同的大气条件下进行，如果这一条件不能满足，则在试验样品从该大气条件中移出 3 min 内立即开始试验。

7.1 填装

用预装产品填装试验样品。若不可行，可以使用类似的替代产品，但要考虑到替代产品颗粒的类型和大小等，并按预装产品相同的装填程度进行填装。填装产品的质量与预装产品的公称质量之差应在±0.2%以内。

跌落前将试验样品放置在试验设备的翻板上。

7.2 跌落

将试验样品放置于已升到某一高度的平台中央。该高度与预定跌落高度之差应在±2%以内。预定跌落高度是释放时试验样品的最低点到冲击面最高点之间的距离。

应在下列公差要求范围内，在预定位置释放试验样品：

a) 对于任何面跌落或棱跌落：试验样品的冲击面与水平面之间的夹角不得大于 2°；

b) 对于任何棱跌落或角跌落：试验样品预先指定的面与水平面之间的夹角应为 45°±5°；

c) 冲击速度应为自由跌落的速度，两者之差应在±1%以内。

7.2.1 跌落步骤

注：满装袋各面的标示按附录 B 进行。

7.2.1.1 平面跌落

分别用试验样品的正面(1)与背面(3)连续进行跌落。重复跌落第 1 只试验样品袋的正面直至破裂，然后重复跌落第 2 只试验样品的背面直至破裂，依此类推。

7.2.1.2 侧面跌落

分别用试验样品的(2)面与(4)面连续进行跌落。重复跌落第 1 只试验样品的(2)面直至破裂，然后重复跌落第 2 只试验样品的(4)面直至破裂，依此类推。

7.2.1.3 底面跌落

仅对底面(5)进行跌落，直至破裂。

7.2.1.4 棱与角跌落

若有必要进行此试验，则对试验样品的任何角或任何棱进行跌落，直至破裂。

7.3 试验方法

7.3.1 跌落高度递增法

此方法可用于纸袋的平面跌落、侧面跌落和底面跌落。

7.3.1.1 平面跌落与侧面跌落试验

跌落高度(h)按式(1)计算：

$$h = 0.85 + [(n-1) \times 0.15] \quad \cdots\cdots (1)$$

式中：

0.85——跌落高度的初始值(h_0)，单位为米(m)；

n——跌落次数；

0.15——跌落高度的增量 Δh，单位为米(m)。

跌落试验以 0.85 m 的高度 h_0为起点，每次跌落后，若试验样品上无可见缺陷，则在此高度上增加 0.15 m。当内装物发生泄漏溢出时，则认为试验样品破裂。

记录跌落次数与破裂时的最终跌落高度。

试验报告中可出具平均破裂高度 $\bar{h}$ 和与之对应的跌落次数 n。

7.3.1.2 底面跌落试验

跌落高度(h)按式(2)计算：

$$h = 0.30 + [(n-1) \times 0.05] \quad \cdots\cdots (2)$$

式中：

0.30——跌落高度的初始值 h_0，单位为米(m)；

n——跌落次数；

0.05——跌落高度的增量 Δh，单位为米(m)。

试验报告中按 7.3.1.1 的要求出具试验结果。

注：若试验样品由复合材料制成或带有任何加强材料，可选择一个合适的初始跌落高度 h_0与约为最初高度 1/6 的增量值 Δh，该增量值为修约至最接近 0.15 m 的值。

7.3.2 恒定跌落高度法

此方法可用于普通纸袋的试验中取代跌落高度递增法。

7.3.2.1 正、背面跌落试验、侧面跌落试验或底面跌落试验

本试验既可用于平面跌落、侧面跌落，也可用于底面跌落，试验在同一跌落高度上进行，故选取破裂前的跌落次数约为 10 次。

当内装物发生泄漏溢出时，则认为试验样品破裂。

试验报告应包括跌落高度、到破裂为止的跌落次数和跌落方式(即正、背面跌落、侧面跌落或底面跌落)。

注：恒定跌落高度法有一个特殊的用途，即用于运输危险货物(最大净重为 50 kg)的纸袋的试验。按联合国建议[2]与 IMDG Code[3] 法令建议。应抽取三只试验样品进行试验，用于运送具有中等危险等级的货物(Ⅱ类包装)的纸袋应从 1.2 m 的高度上跌落；而具有最轻危险等级的货物(Ⅲ类包装)，则应从 0.8 m 的高度上跌落。要求每一个满装袋都应该从预定的高度上将每个面和底面各跌落一次。试验中任何试验样品既不能出现严重的破裂，也不能出现内装物的洒落。

7.3.3 极限高度法

此方法适用于强度比普通纸袋更高的袋的跌落试验。

7.3.3.1 平面跌落试验、侧面跌落试验或底面跌落试验

本试验可用于进行平面跌落试验、侧面跌落试验或底面跌落试验。

本试验中，试验样品在第一次跌落时即发生破裂的最低高度由所得的试验结果计算得来。

试验样品从三个恒定的高度上跌落，这三个恒定高度所对应的平均跌落次数 $\bar{n}$ 约为 3 次、8 次和 13 次。

极限高度(H)按式(3)计算：

$$H = a\sqrt{\bar{n}} \times h \quad \cdots\cdots (3)$$

---

2) 《危险货物的运输—联合国经济与社会理事会出口委员会制定的关于危险货物运输的建议》。

3) IMO《国际危险货物海运法规》。

式中：

$\bar{n}$——平均跌落次数；

H——极限高度，单位为米(m)；

h——跌落高度，单位为米(m)；

a——对应某一试验样品等级的常数。

H 也可由绘图计算法求出，在一张双对数坐标图上绘出平均跌落次数 $\bar{n}$ 相对于对应跌落高度 h 的曲线，如图 1 所示。

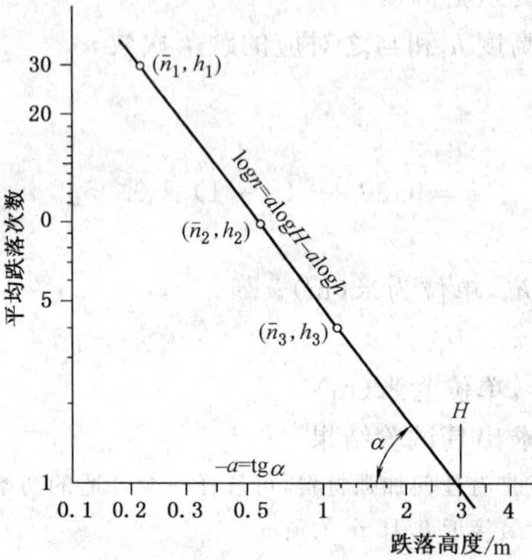

图 1　极限高度 H 的作图计算法

试验报告应包括跌落高度、在每种高度上发生破裂时的跌落次数和跌落方式(即上下面跌落、侧面跌落或底面跌落)。

8　试验报告

试验报告应包括有关试验用试验样品的尺寸、结构、种类的全部详细资料，以及有关内装物的类型、质量和封口形式等内容。

试验报告应出具全部试验结果，包括破裂位置和跌落方式。

试验报告的格式参见附录 C。

附 录 A
（资料性附录）
跌落试验设备示意图

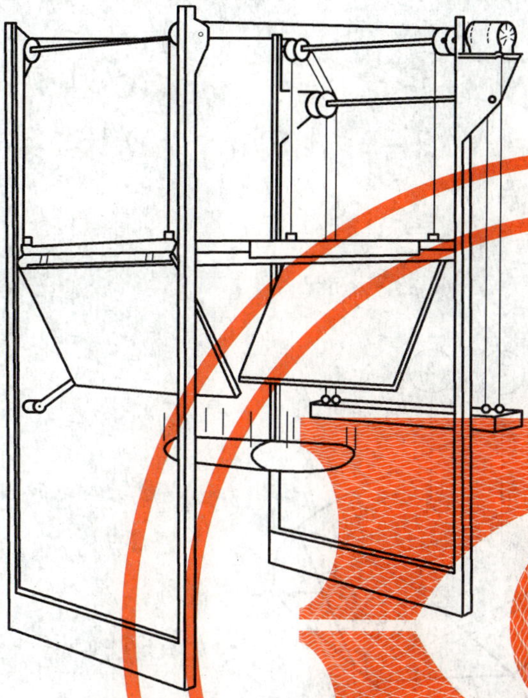

图 A.1 平面跌落和侧面跌落的试验设备示意图

图 A.2 底面跌落的试验设备示意图

附 录 B
（资料性附录）
满装袋试验时各部位的标示方法

将袋的背面(3)(即带纵向接缝的那一面)向下放置，袋的顶端(6)(即填装端)远离试验者，如图 B.1 所示。各个部位的标示如下：

1 面：正面；

2 面：右侧面；

3 面：背面(带纵向接缝的面)；

4 面：左侧面；

5 面：底面；

6 面：顶面(填装端)。

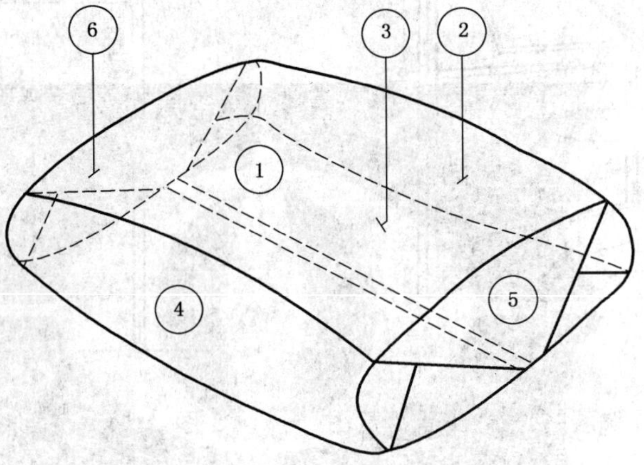

图 B.1 各部位的标示图

附　录　C
（资料性附录）
跌落试验报告格式示例

试验记录

生产厂家：	袋型：	试验目的：
批号：	尺寸：	试验方法：
生产日期：	规格：	状态调节：
订单号：		装填物料：
客户：	试验日期：	填装质量：

试验结果

跌落次序	h/cm	袋　号														
		1	2	3	4	5	6	7	8	9	10	11	12	13	14	15
1																
2																
3																
4																
5																
6																
7																
8																
9																
10																
11																
12																
13																
14																
15																
16																
17																
18																
19																
20																

备注：

日期：

签字：

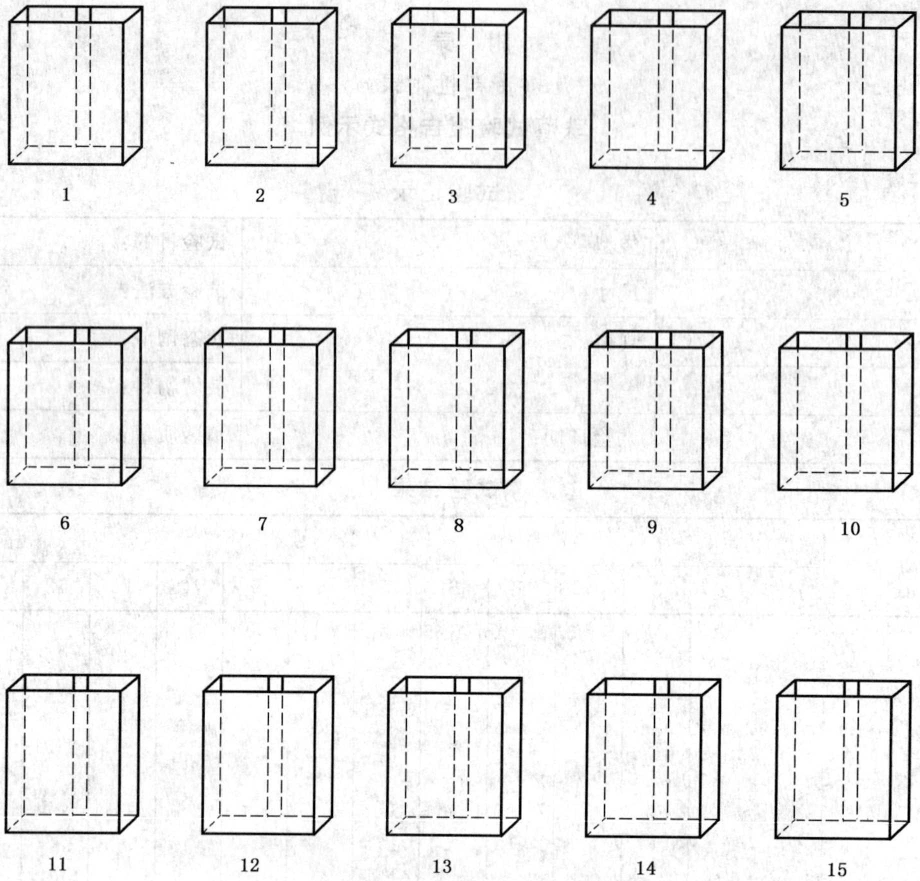

图 C.1　袋的详细记录

ICS 55.020
A 80

中华人民共和国国家标准

GB/T 25162.2—2010/ISO 7965-2:1993

包装袋　跌落试验
第2部分:热塑性软质薄膜袋

Sacks—Drop test—
Part 2:Sacks made from thermoplastic flexible film

(ISO 7965-2:1993,IDT)

2010-09-26 发布　　2011-03-01 实施

中华人民共和国国家质量监督检验检疫总局
中国国家标准化管理委员会　发布

前　言

GB/T 25162《包装袋　跌落试验》分为两个部分：

——第1部分：纸袋；

——第2部分：热塑性软质薄膜袋。

本部分为GB/T 25162的第2部分。

本部分等同采用ISO 7965-2:1993《包装袋　跌落试验　第2部分：热塑性软质薄膜袋》(英文版)。

为便于使用，本标准做了下列编辑性修改：

a) 用'.'代替做为小数点的','；

b) 删除了国际标准的前言；

c) 引用文件由GB/T 4857.2代替ISO 2233:2000。

本部分的附录A、附录B、附录C为资料性附录。

本部分由全国包装标准化技术委员会(SAC/TC 49)提出并归口。

本部分起草单位：中国包装科研测试中心、机械科学研究总院、中国包装联合会。

本部分主要起草人：李华、李铁生、牛淑梅、袁文广、王利、王青、朱婧。

包装袋　跌落试验
第2部分:热塑性软质薄膜袋

1　范围

GB/T 25162 的本部分规定了通过跌落的方法对满装热塑性软质薄膜袋进行垂直冲击的试验方法。本方法既可用作研究垂直冲击对热塑性软质薄膜袋的影响的单项试验,也可以作为测定热塑性软质薄膜袋在包含垂直冲击危险的流通系统中抵抗能力的系列试验的一个组成部分。

本部分规定了试验设备、试验程序及试验报告的内容。

本部分只适用于热塑性软质薄膜袋。

2　规范性引用文件

下列文件中的条款通过 GB/T 25162 本部分的引用而成为本部分的条款。凡是注日期的引用文件,其随后所有的修改单(不包括勘误的内容)或修订版均不适用于本部分,然而,鼓励根据本部分达成协议的各方研究是否可使用这些文件的最新版本。凡是不注日期的引用文件,其最新版本适用于本部分。

GB/T 4857.2　包装　运输包装件　温湿度调节处理(GB/T 4857.2—2005,ISO 2233:2000,MOD)

ISO 7023　包装　袋　空袋检验抽样方法

3　原理

在一刚性的平面上方将满装袋提升后释放,使其自由跌落在该平面上。试验时的大气条件、跌落高度与包装件的位置都为预先设定好的。

4　试验设备

跌落试验所必需的设备参见附录A所示。

4.1　提升装置

不能在提升或释放试验样品时损坏试验样品。

4.2　支撑装置

支撑试验样品的装置在释放前应能使试验样品处于预定位置上。

支撑试验样品的方法不同,如从试验样品的上端将其吊起,或由底部将其托起,对试验样品的冲击作用情况差别很大。因而试验样品的支撑方法应在试验报告中说明。

4.3　释放装置

该装置应能使试验样品在释放下落触击冲击台面之前不触碰设备上的任何部位自由地跌落。

4.4　冲击台面

应为具有一定质量的刚性水平面,以使其在试验时不移动、不变形。

通常情况下,冲击台面应为:

a)　整块,其质量至少应为试验用最重袋的质量的50倍;

b)　平整,台面上任意两点的水平高度差不得超过2 mm;

c)　坚固,在台面上任何100 mm^2 的面积上放置10 kg的静载荷,其变形量不得超过0.1 mm;

d) 面积的大小要足以保证袋完全跌落在冲击台面内。

为了防止在移动试验样品时将其损坏,可用一层塑料薄膜覆盖在冲击面上。

5 抽样

按 ISO 7023 的规定进行。

6 状态调节

按 GB/T 4857.2 的规定,采用该标准所规定的某一大气条件对试验样品进行温湿度处理。

7 程序

试验应在与状态调节相同的大气条件下进行,如果这一条件不能满足,则在试验样品从该大气条件中移出 3 min 内立即开始试验。

7.1 填装

用预装产品填装试验样品。若不可行,可以使用类似的替代产品,但要考虑到替代产品颗粒的类型和大小等,并按预装产品相同的试验样品填装程度进行填装。填装产品的质量与预装产品的公称质量之差应在±0.2%以内。

以预定方式封合试验样品。

7.2 跌落试验程序

7.2.1 提升与释放要求

将试验样品放置于已升到某一高度的平台中央。该高度与预定跌落高度之差应在±2%以内。预定跌落高度是释放时试验样品的最低点到冲击面最高点之间的距离。

应在下列公差要求范围内,在预定位置释放试验样品:

a) 对于任何面跌落,试验样品的冲击面要与冲击台面平行,夹角不得大于 2°;

b) 冲击速度应为自由跌落的速度,两者之差应在±1%以内。

7.2.2 跌落程序

注:按附录 B 对满装袋各面进行标示。

7.2.2.1 面跌落

分别用试验样品的正面(1)与背面(3)连续进行跌落。重复跌落第 1 只试验样品的正面直至破裂,然后重复跌落第 2 只试验样品的背面直至破裂,依此类推。

7.2.2.2 侧面跌落

分别用试验样品的右侧面(2)与左侧面(4)连续进行跌落。重复跌落第 1 只试验样品的右侧面(2)直至破裂,然后重复跌落第 2 只试验样品的左侧面(4)直至破裂,依此类推。

7.2.2.3 底面跌落

仅对底面(5)进行跌落,直至破裂。

7.3 试验方法

7.3.1 跌落高度递增法

7.3.1.1 总则

此方法可用于热塑性软质薄膜袋的面跌落、侧面跌落和底面跌落。

跌落高度(h)单位为米,按式(1)计算:

$$h = h_0 + [(n-1) \times \Delta h] \quad \cdots\cdots (1)$$

式中：

h_0——跌落高度的初始值，单位为米(m)；

n——跌落次数；

Δh——跌落高度的增量，单位为米(m)。

当内装物发生泄漏溢出时，则认为试验样品破裂。跌落造成的细微的缺陷，如封口处与缝合处的孔洞，只要试验后提起袋时不发生泄漏，则视为通过试验。

记录跌落方式(即平面跌落、侧面跌落或底面跌落)、跌落次数 n、破裂时的最终跌落高度 h。

试验报告中可出具平均破裂高度 $\overline{h}$ 和与之对应的跌落次数 n。

7.3.1.2 平面跌落与侧面跌落试验

平面跌落与侧面跌落试验以 0.85 m 的高度 h_0 为起点，每次跌落后，若袋上无可见缺陷，则在此高度上增加 0.15 m 的增量 Δh。试验报告按 7.3.1.1 的要求判定并出具试验结果。

7.3.1.3 底面跌落试验

底面跌落试验以 0.30 m 的高度 h_0 为起点，每次跌落后若试验样品无可见缺陷，则在此高度上增加 0.05 m 的增量 Δh。试验报告按 7.3.1.1 的要求判定并出具试验结果。

7.3.2 恒定跌落高度法

此方法可取代跌落高度递增法。

本试验既可用于平面跌落、侧面跌落，也可用于底面跌落，试验在同一跌落高度上进行，故选取破裂前的跌落次数约为 10 次。

当内装物发生泄漏溢出时，则认为试验样品破裂。跌落造成的细微的缺陷，如封口处与缝合处的孔洞，只要试验后提起袋时不发生泄漏，则视为通过试验。

试验报告应包括跌落高度、到破裂为止的跌落次数和跌落方式(即面跌落、侧面跌落或底面跌落)。

注：恒定跌落高度法有一个特殊的用途，即用于运输危险货物(最大净重为 50 kg)的热塑性软质薄膜袋的试验。见联合国《危险货物的运输—联合国经济与社会理事会出口委员会制订的关于危险货物运输的建议》与《国际危险货物海运法规》法令的建议。

7.3.3 极限高度法

此方法适用于强度比普通热塑性软质薄膜袋更高的袋的跌落试验。本试验可用于进行平面跌落试验、侧面跌落试验或底面跌落试验。

本试验中，试验样品在第一次跌落时即发生破裂的最低高度(即“极限高度”H)由所得的试验结果计算得来。试验样品从三个恒定的高度上跌落，这三个恒定高度所对应的平均跌落次数 $\overline{n}$ 约为 3 次、8 次和 30 次。

极限高度(H)，单位为米，按式(2)计算：

$$H = \sqrt[a]{\overline{n}} \times h \qquad (2)$$

式中：

$\overline{n}$——为平均跌落次数；

h——跌落高度，单位为米(m)；

a——对应某一袋子等级的常数。

H 也可由绘图计算法求出，在一张双对数坐标图上绘出平均跌落次数 $\overline{n}$ 相对于对应跌落高度 h 的曲线，如图 1 所示。

试验报告应包括跌落高度、在每种高度上发生破裂时的跌落次数和跌落方式(即平面跌落、侧面跌落或底面跌落)。

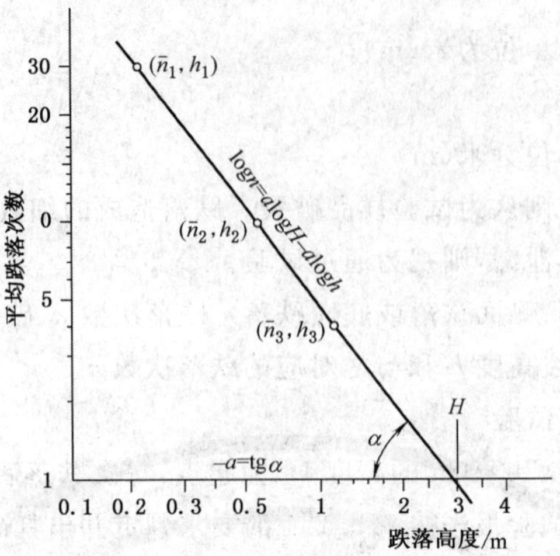

图 1 极限高度 H 的作图计算法

8 试验报告

试验报告应包括试验样品的尺寸、结构、种类的全部详细资料，以及有关内装物的类型、重量和封口形式等内容。

试验报告应出具全部试验结果(见 7.3)，包括试验前袋的支撑方式、破裂位置和破裂方式。

试验报告的格式参见附录 C。

附 录 A
（资料性附录）
跌落试验设备示意图

图 A.1 与 A.2 为适于热塑性软质薄膜袋的跌落试验设备示例。

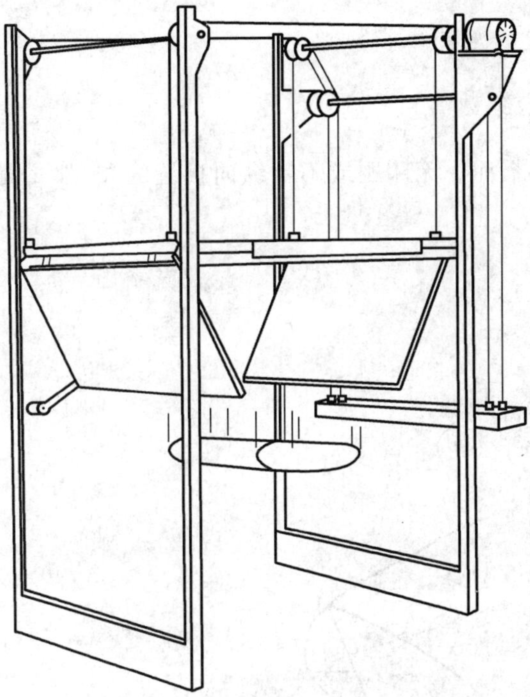

图 A.1 平面跌落和侧面跌落的试验设备示意图

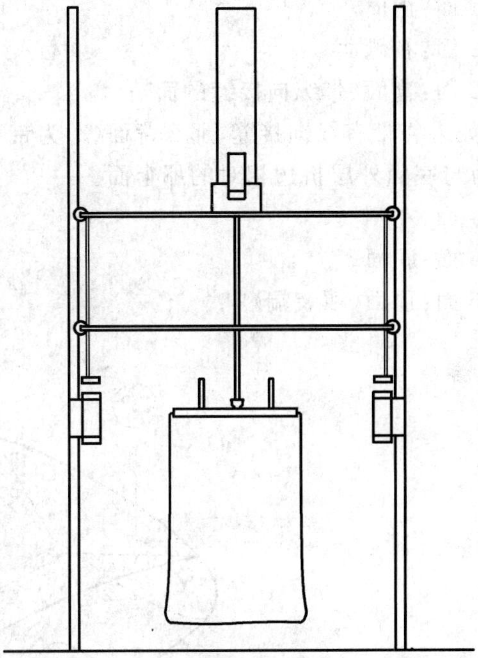

图 A.2 底面跌落的试验设备示意图

附 录 B
（资料性附录）
满装袋试验时各部位的标示方法

将袋的背面(3)(即带纵向接缝的那一面)向下放置，袋的顶端(6)(即填装端)远离试验者，如图 B.1 所示。各个部位的标示如下：

1 面：正面；

2 面：右侧面；

3 面：背面(带纵向接缝的面)；

如果袋带有纵向接缝，那么背面(3)为带有接缝的那个面。无印刷或不带纵向接缝的袋，那么背面(3)为与底面外层折边相对的那个面。

4 面：左侧面；

5 面：底面；

6 面：顶面(填装端)。

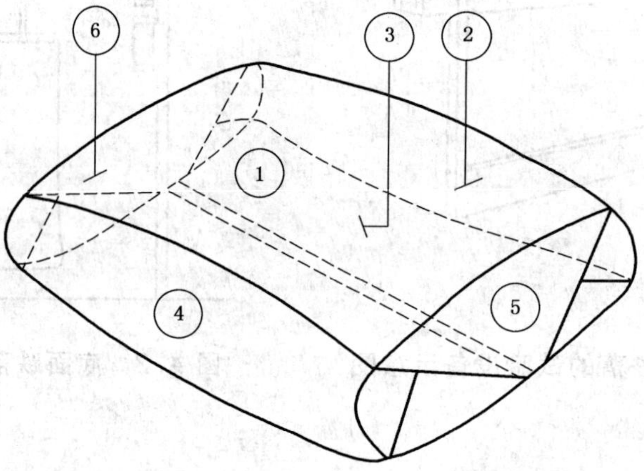

图 B.1 各部位的标示图

附　录　C
（资料性附录）
跌落试验报告格式示例

试验记录

生产厂家：	袋型：	试验目的：
批号：	尺寸：	试验方法：
生产日期：	规格：	状态调节：
订单号：		装填物料：
客户：	试验日期：	填装质量：

试验结果

跌落次序	h/cm	袋号														
		1	2	3	4	5	6	7	8	9	10	11	12	13	14	15
1																
2																
3																
4																
5																
6																
7																
8																
9																
10																
11																
12																
13																
14																
15																
16																
17																
18																
19																
20																

备注：　　　　　　　　　　　　　　　　　　　　　　　　　　　　日期：

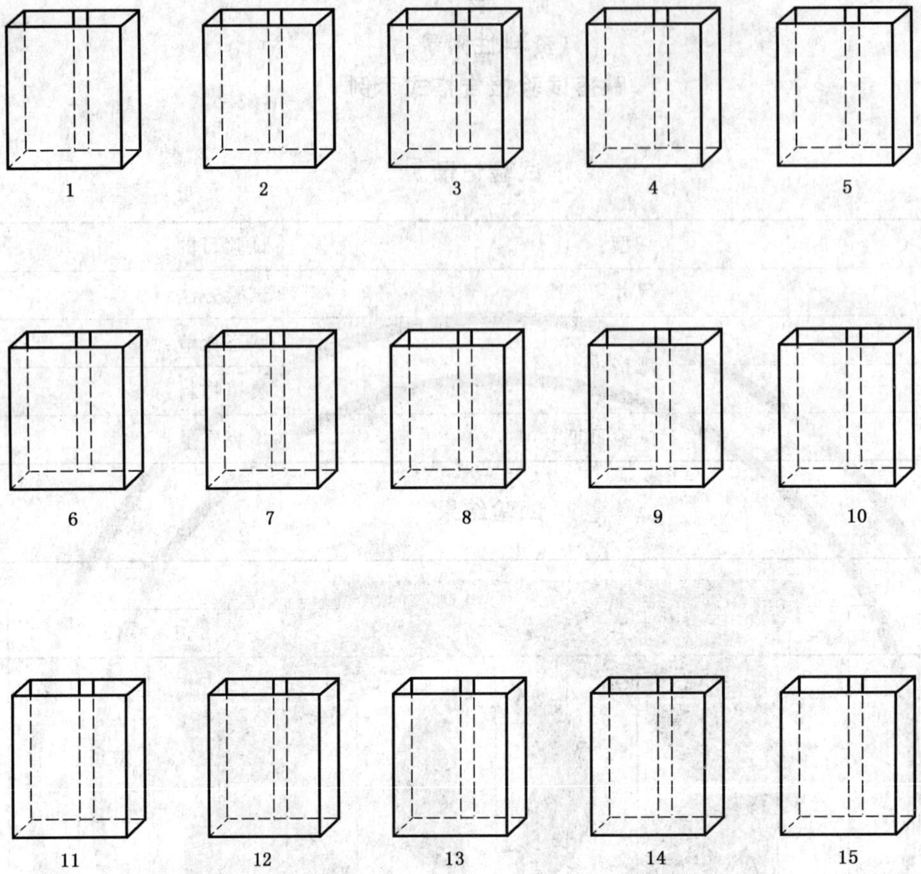

图 C.1　袋的详细记录

ICS 55.020
A 80

中华人民共和国国家标准

GB/T 25163—2010

防止儿童开启包装　可重新盖紧包装的要求与试验方法

Child-resistant packaging—Requirements and testing procedures for reclosable packages

（ISO 8317：2003，MOD）

2010-09-26 发布　　2011-03-01 实施

中华人民共和国国家质量监督检验检疫总局
中国国家标准化管理委员会　发布

前　言

本标准修改采用ISO 8317—2003《防儿童拆开的包装　可再次包装的要求和试验程序》(英文版)。

本标准与ISO 8317—2003(E)相比,主要技术差异如下:

a)　删除了国际标准的前言、引言;

b)　删除了国际标准中在特定条件下要求官方观察员参加的内容;

c)　对试验过程的内容进行了适当的编辑性修改;

d)　对标准结构与顺序进行了如下调整:

——将国际标准4.2的内容,调整到本标准第三章;

——将国际标准4.3的内容调到本标准第5章;

——本标准的第5章和第6章分别对应国际标准的第6章和第7章。

本标准由全国包装标准化技术委员会(SAC/TC 49)提出并归口。

本标准起草单位:中机生产力促进中心、机械科学研究总院、中国包装科研测试中心。

本标准主要起草人:黄雪、刘萍、王振林、李华、张晓建。

防止儿童开启包装　可重新盖紧包装的要求与试验方法

1　范围

本标准规定了可重新盖紧防止儿童开启的包装要求和试验方法。

本标准适用于可重新盖紧防止儿童开启的包装(以下简称防止儿童开启包装)。

2　术语和定义

下列术语和定义适用于本标准。

2.1

容器　container

由金属、玻璃、塑料或者多种材质组合制成,端口密封系统附带锁紧装置的容器。

2.2

密封　closure

由金属、塑料或者多种材质组合制成容器盖,带有密封装置。

2.3

防止儿童开启的包装　child-resistant package

通常为带有锁紧装置的包装容器。小于52个月的儿童很难将锁紧装置打开,但不影响成年人的正常使用。

2.4

可重新盖紧的包装　reclosable package

包装被打开后,可重新盖紧,反复使用。

2.5

替代品　substitute product

相似于内装物的且不易与包装容器发生化学反应的惰性替代品。

3　要求

3.1　基本要求

3.1.1　防止儿童开启的包装应能防止小于52个月儿童开启此类包装。

3.1.2　防止儿童开启的包装,在满足防止儿童开启相关要求的同时,还应满足包装自身的基本功能要求。

3.2　试验要求

3.2.1　试验人群的要求

试验应用在以下两类人群:

——42个月～51个月大的儿童;

——50岁～70岁的成年人。

注:试验人群包括42个月和51个月的儿童以及50岁和70岁的成年人。

3.2.2　试验用包装容器的要求

试验要求用新制的包装容器。对一系列相似的包装容器进行试验,应提供包装相似性程度的理论依据，并按以下规则进行试验：

a) 当密封盖仅是直径不同，且其最大直径超过最小直径的1.5倍时，应选择大、中、小三种直径的密封盖进行试验；

b) 当包装容器密封盖相同，仅是容量不同时，应选择最大和最小容量的容器进行试验；

c) 当包装容器具有相似的特性，包装容量与密封盖直径尺寸均有所不同时，应将最大和最小直径的密封盖，放置在最大和最小容量的包装容器上进行试验。以上密封盖与包装容器的组合，若密封盖最大直径超过最小直径的1.5倍时，应按a)的方法；

d) 当衬套是密封系统不可分割的一部分，应与衬套一起同时进行试验；

e) 当包装容器特性相同、密封盖相同，仅是包装容器形状有所不同时，应选择每一形状的包装容器进行试验。当包装容器特性相同，包装容器形状与密封盖直径尺寸均有所不同时，应选择每一形状包装容器并按c)的方法进行试验。

4 试验

4.1 试验样品

应提供足够充分且符合设计图纸、设计规范的、新制的包装容器供测试人员选取作为试验样品，同时需预留试验样品作为备件。

内装物不应是危险物品，可以使用替代品。如果使用替代品进行试验，若包装容器的容量不到1 L，则应按实际内装物容量进行填充，若包装容器的容量超过1 L，应选择1 L液体或1 kg固体的替代品进行填充。

4.2 试验前准备

凡是准备试验的包装容器，要求每一个包装容器应能被开启和能被重新盖紧。

4.3 儿童试验

4.3.1 儿童全组试验

4.3.1.1 试验儿童的构成

应选择200名42个月～51个月大的儿童，年龄、性别的分配应合理，同时要求应是身体健康、没有明显的影响试验的生理缺陷，对防止儿童开启的包装进行试验。

应尽可能选择不同的社会群体、种族和文化背景的儿童进行试验。如果不能，应明确地注明试验的偏离情况。要求试验儿童以前没有参与过相应的试验，但允许试验儿童参与利用不同原理开启不同类型包装的试验，如果参与过相应试验，要求试验时间至少间隔1周。

4.3.1.2 试验环境和人员的要求

进行儿童试验应选择他们熟悉、感觉自在的环境，例如：他们的幼儿园或托儿所，但应注意避免受到干扰造成不必要的分心。试验人员（儿童）间应是互相友好的，儿童的父母应出席试验。

对儿童进行试验应摆有桌椅，如果他们愿意也可以坐在平地上进行试验。

4.3.1.3 试验过程要求

4.3.1.3.1 应同时对2名儿童进行试验，每2名儿童需配有1名监督员，如有需要，也可一组一组的进行试验，但同一时间、同一房间内试验人数不能超过5名。

4.3.1.3.2 试验过程中，只要儿童自己觉得方便、适合，他们可以选择任何方式进行试验，不限制他们使用牙或者其他的方法打开包装。

4.3.1.3.3 试验过程中不能给予任何有关如何开启包装的示意和指导。

4.3.1.3.4 试验过程中不允许给儿童提供工具或其他的开启装置。如果这些工具或开启装置是包装容器设计的组成部分，他们可以接触到工具，但不应主动引起他们对工具的注意，除非是对儿童进行演示示范。

4.3.1.3.5 如果试验儿童试图离开，监督员应阻止并引导他回来继续试验。

4.3.1.4 试验步骤

4.3.1.4.1 分配试验儿童及监督员,并将试验儿童带入试验场地。

4.3.1.4.2 给每个儿童一个包装容器,并要求他们在 5 min 内开启。

4.3.1.4.3 如果能成功地在 5 min 内开启包装的儿童,应要求他继续留在试验场地直至试验结束。

4.3.1.4.4 对于 5 min 内未能打开包装的儿童,在不刻意强调演示动作和过程的前提下,应让他们观看如何开启和重新盖紧这一包装,然后再用 5 min 的时间继续去开启这个包装。

4.3.1.4.5 记录每 5 min 的试验结果,记录儿童是否成功地开启了包装,是否进行过演示示范,以及在打开过程中是否使用了牙或其他方法。

4.3.2 连续试验

试验儿童人数不足 200 名,可采用连续试验的方法,除试验儿童人数不同之外,其他均与儿童全组试验要求一致,应符合 4.3.1 的规定。

4.4 成人试验

4.4.1 基本要求

对成人进行试验不需要在特定的场所和特定的时间。

4.4.2 试验人员构成

要求由 100 名有效的参与者(成人)参与试验,并应对试验人员进行初选。其中,防止儿童开启包装的专业设计、制造等有关人员、有明显生理缺陷及智力上有障碍的人员不应参与试验。

应向试验人员讲明试验的目的,但不应提供操作上的演示示范。100 名试验人员应从 50 岁～70 岁的成人中按表 1 的规定随意抽取。从一个群体中选择的试验人员不能超过 30 名,非相关个体要超过试验总人数的 35%。

表 1 试验人员构成

年龄/岁	男性/名	女性/名	总计/名
50～54	8 或者 7	17 或者 18	25
55～59	7 或者 8	18 或者 17	25
60～70	15	35	50
总计	30	70	100

4.4.3 试验步骤

4.4.3.1 向每名试验人员提供试验用的包装容器和指导如何开启和重新盖紧的操作指导说明书,操作指导说明书应与在销售过程中提供给消费者的说明书一致。

4.4.3.2 5 min 内,试验人员通过熟悉包装容器、阅读操作说明书后,独立完成试验。

4.4.3.3 对于 5 min 内成功打开试验样品的试验人员,应再给他们一个同样的包装容器,让他们在 1 min 内重复试验,即:开启和重新盖紧。

4.4.3.4 5 min 内,如果试验人员不能打开包装容器,将对其再进行筛选试验,即:让试验人员在 1 min 内打开两个非防止儿童开启的普通试验容器,如下:

a) 25 mL～50 mL 的圆柱形塑料容器,螺纹密封,其密封盖内有连续螺纹且直径为 28 mm,扭矩 1.1 Nm;

b) 25 mL～50 mL 的圆柱形塑料容器,非螺纹密封,其密封盖扣紧在容器上,直径为 28 mm。

如果试验人员在 1 min 内未能打开和重新盖紧上述两个容器,此试验人员的成人试验结果即为无效,需被剔除。如果试验人员在 1 min 内打开了上述两个容器,表明成人试验结果为有效,成人试验结果为未通过试验。

4.4.3.5 记录成人的试验结果。

5 试验结果

5.1 儿童试验结果的评定

5.1.1 儿童全组试验结果评定

当采用的是200名试验儿童的全组试验时，判定试验结果成功应符合以下的要求：

a) 在无演示示范时，200名试验儿童至少有85%的儿童在5 min内未能打开包装；

b) 在对5 min内未能打开包装的儿童进行演示示范后，200名试验儿童至少有80%的儿童在后续的试验中未能打开包装。

5.1.2 连续试验

当采用的是连续试验时，连续试验结果(见图1、图2)，按以下条件判定试验结果：

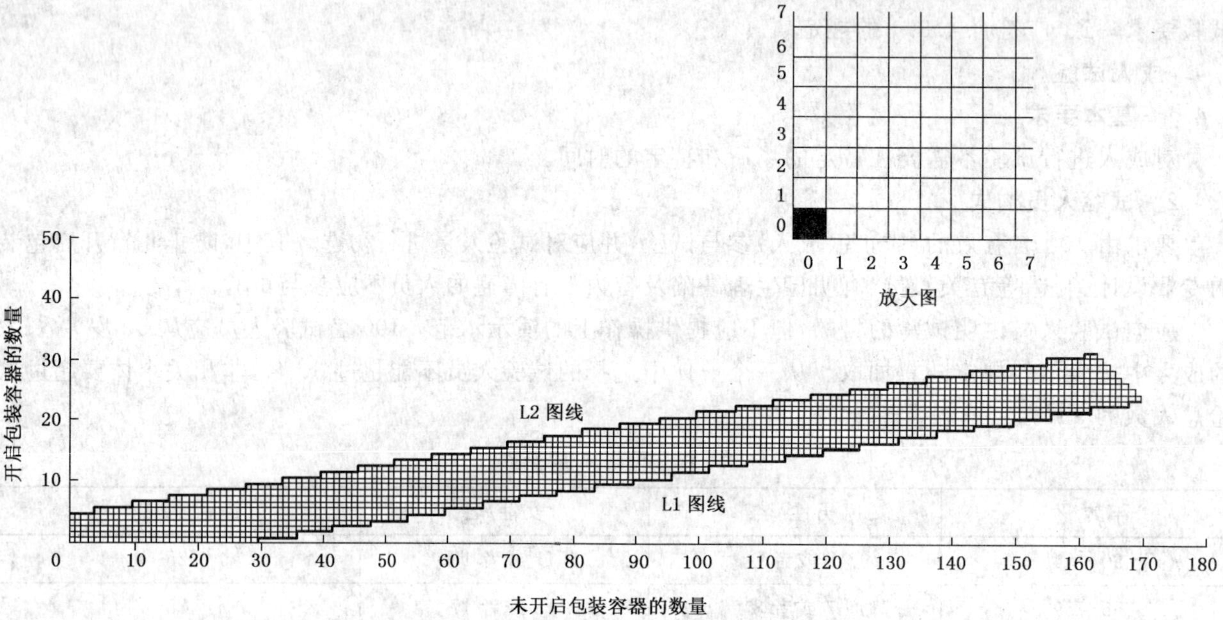

注：质量合格水平(AQL)为10%，质量限制水平(LQ)为20%。

图1 防止儿童开启包装连续试验图(未进行演示示范)

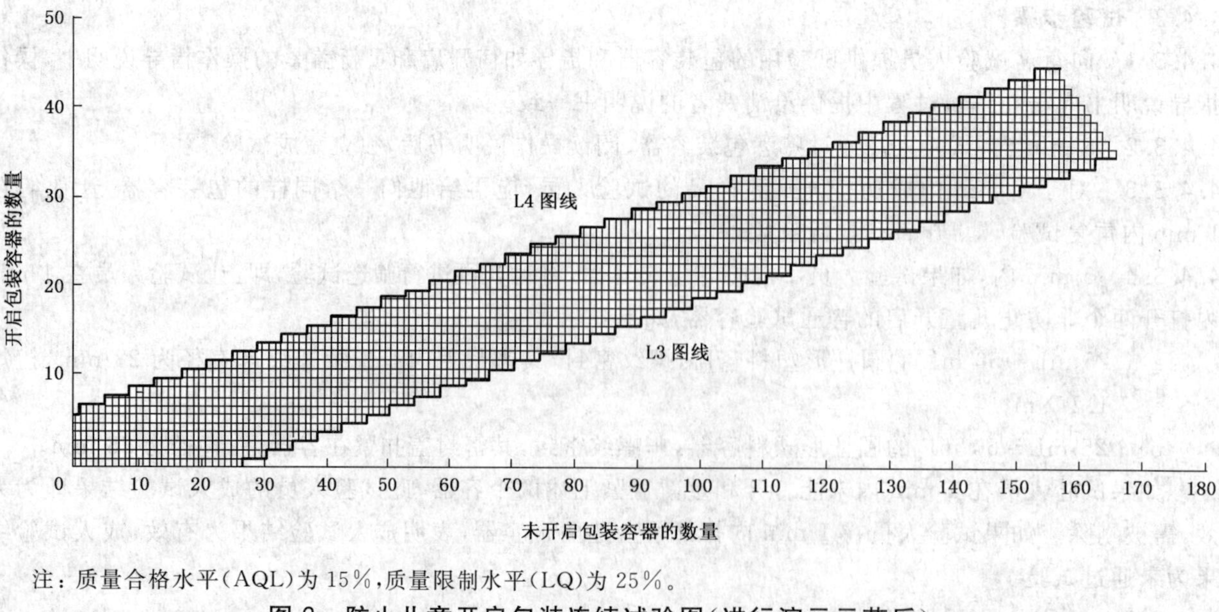

注：质量合格水平(AQL)为15%，质量限制水平(LQ)为25%。

图2 防止儿童开启包装连续试验图(进行演示示范后)

a) 如果 5 min 试验内,儿童开启包装容器的数低于图 1 中 L1 线,以及在后续的 5 min 试验,儿童开启包装容器的数低于图 2 中 L3 线,则通过试验;

b) 如果 5 min 试验内,儿童开启包装容器的数高于图 1 中 L2 线,或者后续的 5 min 试验,儿童开启包装容器的数高于图 2 中 L4 线,则未通过试验;

c) 如果 5 min 试验内,儿童开启包装容器的数介于 L1 线和 L2 线与 L3 和 L4 之间,则应重新试验。

5.2 成人试验结果的评定

90%的试验人员能在 5 min 内成功打开包装容器,且在后续的 1 min 内能成功地打开和重新盖紧包装容器则通过试验。

试验人员能在 5 min 内成功打开包装容器,但在后续的 1 min 内未能成功地打开或重新盖紧包装容器,则未通过试验,记入不合格比例。

5.3 最终结果

无论是儿童试验还是成人试验,均需给出通过/未通过试验的最终结果。

6 试验报告

6.1 基本内容

a) 检测机构名称;

b) 检测日期;

c) 包装容器生产商;

d) 检测监督人的姓名;

e) 试验用包装容器的详细描述;

f) 对试验用内装物替代品的描述。

6.2 儿童试验

除 6.1 有关内容外,儿童试验试验报告还应包括以下内容:

a) 试验场地;

b) 试验儿童的数量、性别、年龄情况;

c) 成功打开包装的儿童人数、年龄、性别情况;
——演示示范操作前的试验记录;
——演示示范操作后的试验记录;
——儿童开启包装的方式方法;

d) 如果儿童试验是按照全组试验进行的,未打开包装的儿童比例。

6.3 成人试验

除 6.1 有关内容外,成人试验报告还应包括以下内容:

a) 成人试验的人数、年龄、性别情况;

b) 成功开启和关闭包装容器的人数、年龄、性别情况;

c) 成功开启但未能成功关闭包装容器的人数、年龄、性别情况;

d) 提供给试验人员的操作说明书的副本;

e) 未能成功开启包装容器的人数、年龄、性别情况。

6.4 附加信息

应在试验报告中注明一些有助于表明试验结果的附加信息,如:试验时间等。

6.5 试验结论

试验报告需出具最终结论。

ICS 55.140
A 82

中华人民共和国国家标准

GB/T 25164—2010

包装容器 25.4 mm 口径铝气雾罐

Packaging containers—25.4 mm aperture aluminum monobloc aerosol cans

2010-09-26 发布 2011-03-01 实施

中华人民共和国国家质量监督检验检疫总局
中国国家标准化管理委员会 发布

前　言

本标准参照了ISO 90-3:2000《轻质金属容器　术语、尺寸和容量的测定　第3部分:气雾罐》(英文版)的相关规定。

本标准由全国包装标准化技术委员会提出并归口。

本标准起草单位:广东欧亚科技铝业股份有限公司、汕头市东方科技有限公司、国家包装产品质量监督检验中心(广州)、上海佳田药用包装有限公司。

本标准主要起草人:卢明、朱丽萍、李君、田玉珍、李荣悦、沈晨华、王湘杰。

包装容器　25.4 mm 口径铝气雾罐

1　范围

本标准规定了铝气雾罐的术语、分类、材料、要求、试验方法、检验规则、标志、包装、运输和贮存。

本标准适用于口径为 25.4 mm 的、容积不大于 1 000 mL,用铝材制成的气雾罐。

2　规范性引用文件

下列文件中的条款通过本标准的引用而成为本标准的条款。凡是注日期的引用文件,其随后所有的修改单(不包括勘误的内容)或修订版均不适用于本标准,然而,鼓励根据本标准达成协议的各方研究是否可使用这些文件的最新版本。凡是不注日期的引用文件,其最新版本适用于本标准。

GB/T 2828.1　计数抽样检验程序　第 1 部分:按接收质量限(AQL)检索的逐批检验抽样计划

GB/T 6739　色漆和清漆　铅笔法测定漆膜硬度

BB 0009　喷雾罐用铝材

3　术语

下列术语和定义适用于本标准。

3.1

气雾罐　aerosol can

用于盛装气雾剂产品的一次性使用的金属容器。使用时,气雾剂产品在预压的作用下,通过阀门按所控制的形态喷射出来。

3.2

铝气雾罐　aluminum monobloc aerosol can

用单片铝材拉伸成型的气雾罐。见图 1。

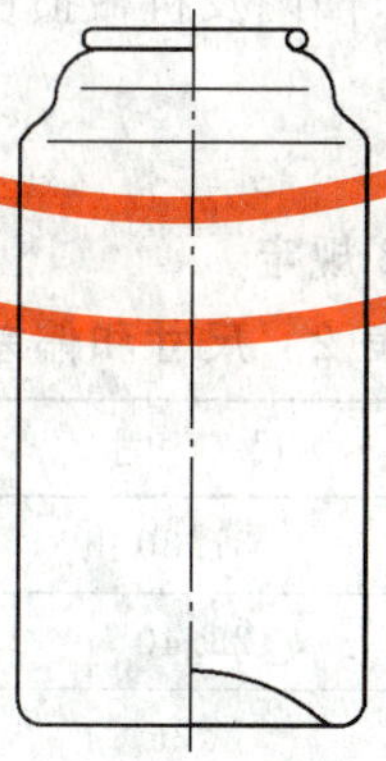

图 1　铝气雾罐

4　产品分类和规格

4.1　分类

铝气雾罐按肩形分为:拱肩型、圆肩型、斜肩型、台阶肩型等,见图 2。

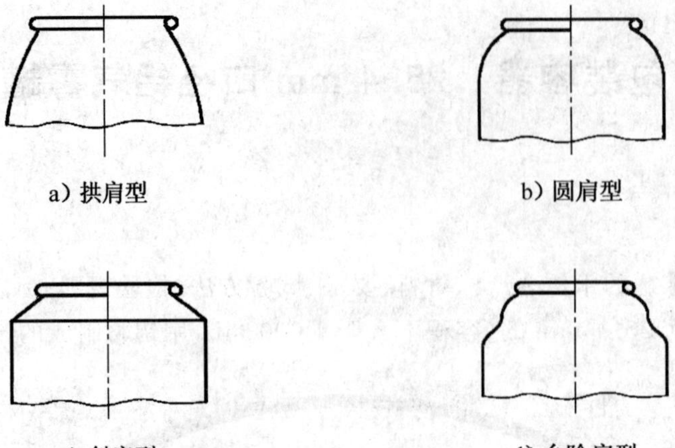

a) 拱肩型　　b) 圆肩型

c) 斜肩型　　d) 台阶肩型

图 2　铝气雾罐的肩型

4.2　规格

铝气雾罐的罐径规格系列见表 1。

表 1　罐径规格系列

单位为毫米

项　目	罐　　径
规格	ϕ35、ϕ38、ϕ40、ϕ45、ϕ50、ϕ53、ϕ55、ϕ59、ϕ66
注：特殊规格由供需双方协商解决。	

5　材料

铝材性能应符合 BB 0009 的规定。

6　要求

6.1　外观质量

6.1.1　印刷图文清晰、完整，与样本颜色相符。图文套印准确，印刷主要部位无明显划伤，次要部位轻微划伤(不大于 0.3 mm×20 mm)不超过 3 处。

6.1.2　罐收颈处不应有裂缝及明显的皱纹、凹陷及机械损伤，罐体平整。

6.1.3　有内涂的罐，内涂层均匀完整。

6.2　尺寸和偏差

铝气雾罐的主要尺寸和偏差应符合表 2 规定。

表 2　尺寸和偏差

单位为毫米

项　　目	尺　　寸	偏　　差
罐口外径	31.30	±0.20
罐口内径	25.40	±0.10
罐口接触高度	4.25	±0.20
罐外径	—	±0.20
罐高	—	±0.5
罐口卷边半径	1.50	—

6.3　涂层质量

6.3.1　内外涂层附着力试验：涂层不脱落。

6.3.2　外涂层硬度：大于等于 2 H。

6.3.3　耐热试验(55 ℃,15 min)：内外涂层不脱落、不起皱。

6.3.4　内涂层完整性(电流值)：小于等于 30 mA。

6.3.5　内外涂层固化试验后，涂层不脱色。

6.4　耐压性能

6.4.1　气密试验(0.8 MPa,1 min)：不泄漏。

6.4.2　变形压力：大于等于 1.2 MPa。

6.4.3　爆破压力：大于等于 1.4 MPa。

注：盛装产品对气雾罐耐压性能有更高要求的按相关产品标准规定或供需双方协定。

6.5　相容性

用户应根据盛装内容物不同，对气雾罐进行产品相容性试验并予以确认。

6.6　卫生要求

对于盛装食品、化妆品、药品等产品的铝气雾罐，应符合国家相关卫生规定。

7　试验方法

7.1　外观

在自然光或 40 W 灯光下，距离 0.6 m 处目测。

7.2　尺寸测量

7.2.1　罐口的内径、外径、罐高等用专用的通止规或游标卡尺测量。

7.2.2　接触高度用接触高度百分表测量，见图 3。

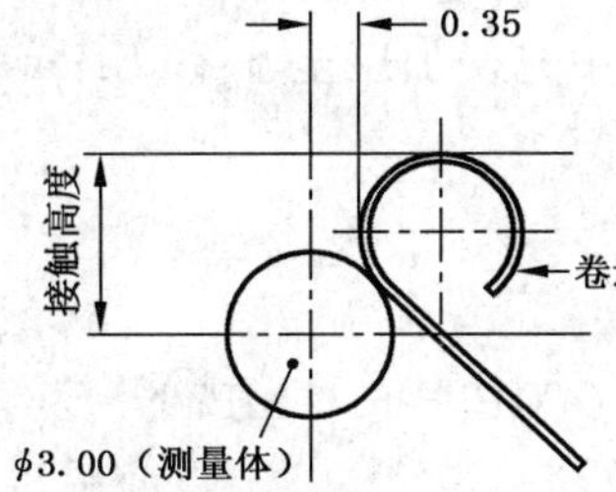

图 3　接触高度的测量

7.3　内外涂层附着力测试

7.3.1　仪器和材料

7.3.1.1　胶粘带：型号为 3M610[1] 或同等粘着力胶粘带。

7.3.1.2　专用划线规。

7.3.1.3　划线刀(裁纸刀)。

7.3.2　测试方法

将划线规置于测量处，用划线刀按划线规横刀 11 次，纵刀 11 次，间距为 1 mm。然后把胶纸贴于已划线处，用手指按擦至完全紧贴后，用力迅速撕开胶纸，观察涂层的情况；测试内涂层附着力时须将罐体剖开，展平再作测定。

7.4　外涂层硬度测试

按 GB/T 6739 进行。

7.5　内外涂层固化测试

醮少许丙酮于脱脂棉上，用食指均匀地用力将脱脂棉在罐的受试部位来回揉拭 20 次，检查涂膜有

---

1)　3M610 胶粘带是适合的市售产品的实例。给出这一信息是为了方便本标准的使用者，并不表示对这一产品的认可。

无破损现象，脱脂棉是否变色，涂膜没有明显的破损现象，脱脂棉不变色为合格。内涂膜需剖开展平试验。

7.6 耐热试验

7.6.1 仪器

电热恒温水浴槽。

7.6.2 试验方法

将恒温水浴槽调至 55 ℃，把试样放入水浴槽内浸没，15 min 后取出，观察涂层的情况。

7.7 内涂层完整性测试

7.7.1 仪器和材料

7.7.1.1 专用涂层导电测定仪：直流电压 6.3 V，测量范围 0 mA～500 mA，最小读数值不大于 0.1 mA。

7.7.1.2 电解液：1%氯化钠（NaCl）水溶液。

注：试验溶液采用分析纯试剂、蒸馏水配制。

7.7.2 测试方法

将氯化钠水溶液注入样罐内至液面距离罐口 6 mm 处，然后把样罐放在测定仪的工作台上，按照仪器使用规程进行操作，读取第 4 秒的电流值。

7.8 气密性能测试

7.8.1 仪器

气雾罐气密性水浴试验仪。

7.8.2 试验方法

将样罐装在水浴试验仪上，浸入水中充气加压至 0.80 MPa～0.85 MPa，观察整个罐体 1 min 内是否有气泡冒出。

7.9 变形压力和爆破压力测定

7.9.1 仪器

气雾罐爆破压力测定仪：压力范围 0 MPa～6.0 MPa。

7.9.2 测定方法

在样罐内注满清水，插入密封头，旋（夹）紧后，将罐内充水加压逐渐升高至变形压力规定值，保持 10 s，观察罐体有无永久性变形。继续升压至爆破压力规定值，保持 10 s，观察罐体是否爆裂。

8 检验规则

8.1 以一次发货数为一批，以一个气雾罐为一个单位产品。

8.2 产品的检验分出厂检验和型式检验。产品交货时应进行出厂检验。出厂检验项目为 6.1、6.2、6.3.4 和 6.4.1。型式检验项目为 6.1～6.4。

8.3 在下列情况下应进行型式检验：

a) 当原材料、工艺发生改变时；

b) 正常生产时每月应进行一次；

c) 产品停产后恢复生产时；

d) 出厂检验结果与上次型式检验有较大差异时；

e) 国家质量技术监督机构提出进行型式检验要求时。

8.4 本标准的要求中 6.1、6.2 条按 GB/T 2828.1 中正常检验二次抽样方案，6.3、6.4 条按正常检验一次抽样方案。

8.5 判定规则和缺陷分类见表 3。

表 3 缺陷分类

序号	项目	不合格分类	检查水平	接收质量限(AQL)
1	外观(6.1)	C 类不合格	S-4	4.0
2	尺寸(6.2)	B 类不合格	S-3	1.5
3	内外涂层附着力(6.3.1)	B 类不合格	S-2	1.5
4	外涂层硬度(6.3.2)	B 类不合格	S-2	1.5
5	耐热试验(6.3.3)	B 类不合格	S-2	1.5
6	内涂层完整性(6.3.4)	B 类不合格	S-2	1.5
7	内外涂层固化试验(6.3.5)	B 类不合格	S-2	1.5
8	气密性能(6.4.1)	A 类不合格	S-2	1.0
9	变形压力(6.4.2)	A 类不合格	S-2	1.0
10	爆破压力(6.4.3)	A 类不合格	S-2	1.0

8.6 根据不同检查水平和抽样方案，判定数分别如下：

a) 检查水平 S-4、正常检验二次抽样方案的判定数见表 4。

表 4 检查水平 S-4、正常检验二次抽样方案

批量/个	样本	样本量	累计样本量	C 类不合格	
				Ac	Re
10 000 以下	第一	20	20	1	3
	第二	20	40	4	5
10 001～35 000	第一	32	32	2	5
	第二	32	64	6	7
35 001 以上	第一	50	50	3	6
	第二	50	100	9	10

b) 检查水平 S-3、正常检验二次抽样方案的判定数见表 5。

表 5 检查水平 S-3、正常检验二次抽样方案

批量	样本	样本量	累计样本量	B 类不合格	
				Ac	Re
全部	第一	20	20	0	2
	第二	20	40	1	2

c) 检查水平 S-2、正常检验一次抽样方案的判定数见表 6。

表 6 检查水平 S-2、正常检验一次抽样方案

批　量	样本量		A 类不合格		B 类不合格	
	A 类	B 类	Ac	Re	Ac	Re
全部	13	8	0	1	0	1

9 标志、包装、运输与贮存

9.1 标志

出厂产品应有合格证、产品名称、规格、数量、生产日期、生产厂名等标志。

9.2　包装

一般采用瓦楞纸箱包装，或按用户要求包装。

9.3　运输

运输时要轻装轻卸，严禁抛掷，防止碰撞，避免雨淋，曝晒及污染。

9.4　贮存

产品应贮存在通风、干燥、清洁处，防止阳光直晒，严禁重压。

ICS 65.020.30
B 43

中华人民共和国国家标准

GB/T 25165—2010

明胶中牛、羊、猪源性成分的定性检测方法 实时荧光PCR法

Protocol of identification of bovine, caprine, ovine and porcine derived materials in gelatin—Real time PCR method

2010-09-26 发布 2011-05-01 实施

中华人民共和国国家质量监督检验检疫总局
中国国家标准化管理委员会 发布

前　言

本标准由中华人民共和国农业部提出。

本标准由全国畜牧业标准化技术委员会归口。

本标准起草单位：中国检验检疫科学研究院。

本标准主要起草人：陈颖、吴亚君、袁飞、王晶、徐宝梁、张舒亚、杨海荣、王斌、赵勇胜。

明胶中牛、羊、猪源性成分的定性检测方法 实时荧光 PCR 法

1 范围

本标准规定了明胶中牛、羊、猪源性成分的实时荧光 PCR 检测方法。

本标准适用于明胶中牛、羊、猪源性成分的定性检测。

该方法的检出限为 0.1%。

2 规范性引用文件

下列文件中的条款通过本标准的引用而成为本标准的条款。凡是注日期的引用文件，其随后所有的修改单(不包括勘误的内容)或修订版均不适用于本标准，然而，鼓励根据本标准达成协议的各方研究是否可使用这些文件的最新版本。凡是不注日期的引用文件，其最新版本适用于本标准。

GB/T 6682　分析实验室用水规格和试验方法

GB 6783　食品添加剂　明胶

GB/T 14699.1　饲料　采样

GB/T 27403—2008　实验室质量控制规范　食品分子生物学检测

3 术语和定义

下列术语和定义适用于本标准。

3.1

实时荧光 PCR　real time PCR

在 PCR 反应体系中加入荧光基团，利用荧光信号的积累实时监控整个 PCR 扩增过程。

3.2

Ct 值　cycle threshold

每个反应管内的荧光信号达到设定的阈值时所经历的循环数。

4 原理

利用实时荧光 PCR 技术，根据不同物种的特异性基因序列对牛、羊、猪源性成分进行鉴定。利用裂解液破碎细胞，酚、三氯甲烷抽提蛋白质，异丙醇沉淀得到 DNA；以提取的 DNA 为模板进行内参照基因的实时荧光 PCR 检测，以确定样品 DNA 的提取效率；通过特异性引物和标记荧光物质探针进行牛、羊、猪源性成分的实时荧光 PCR 扩增，根据 PCR 扩增反应中每一个循环产物荧光信号的强弱判定，实现对明胶中牛、羊、猪源性成分的定性分析。

5 检测用引物和探针

内参照引物探针序列及牛、羊、猪特异性引物探针序列见表 1。

表1 检测用引物和探针

名称	序列	目的基因
内参照5′端引物 内参照3′端引物 内参照探针	5′-CCTGAGAAACGGCTACCAT-3′ 5′-CGTGTCAGGATTGGGTAAT-3′ 5′-(FAM)-TGCGCGCCTGCTGCCTTCCT-(TAMRA)-3′	真核生物18SrRNA基因
牛5′端引物 牛3′端引物 牛探针	5′-CCGATGGATGTGTTCAGAGCT-3′ 5′-GCCAAATGTCTGGGTGTAGATACC-3′ 5′-(FAM)-TGGGCTTTAGGGCTTCCGAATGTGAA-(TAMRA)-3′	生长激素基因
羊5′端引物 羊3′端引物 羊探针	5′-ACACAACTTCTACCACAACCC-3′ 5′-AAACAATGAGGGTAACGAGGG-3′ 5′-(FAM)-ACACCGAAACAAAATACTCCTTGAGAAACA-(TAMRA)-3′	线粒体细胞色素b基因
猪5′端引物 猪3′端引物 猪探针	5′-TTTGTGCATGACTGCGTCAAC-3′ 5′-CTTGGTGGTCGTGGTCACTGT-3′ 5′- (FAM)-CACCGTCAAGCAGC-(NFQ)(MGB)-3′	朊蛋白基因

6 试剂

苯酚(Tris饱和酚,pH8.0)、三氯甲烷、异戊醇、无水乙醇、异丙醇、70%乙醇。

除另有规定外,所有试剂均为分析纯。实验用水符合GB/T 6682中二级水的要求。

7 配制溶液

7.1 裂解液

成分包括:2%(质量浓度)CTAB(cetyltrithylammonium bromide,十六烷基三甲基溴化铵),100 mmol/L Tris(tris hydroxymethyl aminomethane,三羟甲基氨基甲烷),1.4 mol/L NaCl,20 mmol/L EDTA(ethylene diaminetetraacetic acid,乙二胺四乙酸),用HCl调至pH8.0。

7.2 实时荧光PCR反应混合液

12.5 μL反应体系包括:1 U~2 U(Unit,酶学单位)的*Taq*酶、1×PCR buffer、2.5 mmol/L~4.0 mmol/L的Mg^{2+}、0.2 U~1 U的UNG酶、0.2 mmol/L的d(A,C,G)TPs、0.2 mmol/L~0.4 mmol/L dUTP、400 nmol/L ROX染料(某些荧光PCR仪不需要ROX校正)。

8 仪器设备

8.1 实时荧光PCR仪。

8.2 恒温水浴锅。

8.3 离心机:离心力不小于3 000g。

8.4 微量移液器:0.5 μL~10 μL,10 μL~100 μL,20 μL~200 μL,200 μL~1 000 μL。

8.5 核酸蛋白分析仪或紫外分光光度计。

8.6 pH计。

8.7 天平:感量0.01 g。

9 样品采集

按照GB 6783对食用明胶采样,按照GB/T 14699.1对饲料明胶采样,将实验样品粉碎,充分混合均匀后待用。

10 检验步骤

10.1 DNA 提取

称取样品 500 mg 于 50 mL 离心管中，加入 5 mL 裂解液，室温过夜后置于 65 ℃恒温箱中温育 1 h～2 h，取出后迅速加入与裂解液等体积的室温酚-三氯甲烷-异戊醇(25 : 24 : 1)(注意：如果样品因温度下降凝固而无法获得上清，可将样品再次放入 65 ℃恒温箱中使其重新液化)，颠倒混匀，室温下 12 000*g* 离心 10 min，转移上清至另一灭菌的离心管中，加入等体积的三氯甲烷-异戊醇(24 : 1)，颠倒混匀，室温下 12 000*g* 离心 10 min，转移上清至另一灭菌的离心管中，加入 0.8 倍异丙醇或 2 倍体积的预冷无水乙醇混匀，−20 ℃放置 0.5 h～1 h，4 ℃下 12 000*g* 离心 10 min～15 min，弃上清，用 70%乙醇洗涤沉淀一次，4 ℃下 12 000*g* 离心 10 min，弃上清，室温下晾干。加入 50 μL 双蒸水，溶解沉淀，−20 ℃保存。

也可用等效 DNA 提取试剂盒提取模板 DNA。

DNA 提取过程中以水代替样品设置提取空白对照，并置于每个提取系列中的最后。

10.2 实时荧光 PCR 扩增

反应体系的体积为 25 μL，体系组成见表 2。

表 2 实时荧光 PCR 检测反应体系组成

试剂名称	贮备液浓度	加入 PCR 反应体系的体积/μL
反应混合液	—	12.5
5′端引物	10 μmol/L	1
3′端引物	10 μmol/L	1
探针	10 μmol/L	1
模板	—	5
双蒸水	—	补足至总体积为 25

实时荧光 PCR 反应条件随仪器不同略有改变，一般为：50 ℃ 2min；95 ℃ 10 min；95 ℃ 15 s，60 ℃ 1 min 45 个循环。

检测过程中分别设阳性对照、阴性对照和提取空白对照。用分别含牛、羊、猪成分的样品作阳性对照，用不含牛、羊、猪成分的样品作阴性对照。

样品设 3 个重复，对照设 2 个重复，以 Ct 平均值作为最终结果。

11 结果判定

11.1 PCR 有效性判定

空白对照：无 FAM 荧光信号，相应 Ct 值＞40.0。

阴性对照：无 FAM 荧光信号，相应 Ct 值＞40.0。

阳性对照：有 FAM 荧光信号，且 FAM 通道出现明显的扩增曲线，Ct 值≤36.0。

否则判定为 PCR 无效。

11.2 DNA 提取有效性判定

在同时进行的阴性、阳性、空白对照实验结果正常的情况下，被检测样品应有 FAM 荧光信号检出，且 FAM 通道出现明显的扩增曲线，Ct 值≤40.0。

否则 DNA 提取无效，应重新提取 DNA，直至 Ct 值≤40.0。

11.3 检测结果判定

在符合 11.1 和 11.2 的情况下，使用牛、羊、猪特异性引物和探针对被检样品进行检测：

如有 FAM 荧光检出，且 Ct 值≤36.0，则判定样品含有相应的动物源性成分；

如 Ct 值>40.0，则判定为不含相应的动物源性成分；

如 36.0<Ct≤40.0，则需重复实验，再次扩增后的 Ct 值仍<40.0，且阴性对照、阳性对照和空白对照结果正常，则判定该样品含有相应的动物源性成分；再次扩增后结果 Ct 值≥40.0，且阴性对照、阳性对照和空白对照结果正常，则判定该样品不含相应的动物源性成分。

12 检测过程中防止交叉污染的措施

按照 GB/T 27403—2008 中附录 D 的规定执行。

ICS 65.150
B 51

中华人民共和国国家标准

GB/T 25166—2010

裙带菜

Wakame

2010-09-26 发布　　　　2011-05-01 实施

中华人民共和国国家质量监督检验检疫总局
中国国家标准化管理委员会　发布

前　言

本标准的附录A为资料性附录。

本标准由中华人民共和国农业部提出。

本标准由全国水产标准化技术委员会海水养殖分技术委员会归口。

本标准起草单位：中国水产科学研究院黄海水产研究所。

本标准主要起草人：王飞久、孙修涛、胡自民、汪文俊、王翔宇、李修良。

裙　带　菜

1　范围

本标准规定了裙带菜[*Undaria pinnatifida* (Harvey) Suringar]主要形态构造特征、生活周期与繁殖、遗传学特征以及检测方法。

本标准适用于裙带菜的种质检测和鉴定。

2　规范性引用文件

下列文件中的条款通过本标准的引用而成为本标准的条款。凡是注日期的引用文件，其随后所有的修改单(不包括勘误的内容)或修订版均不适用于本标准，然而，鼓励根据本标准达成协议的各方研究是否可使用这些文件的最新版本。凡是不注日期的引用文件，其最新版本适用于本标准。

NY/T 5283—2004　无公害食品　裙带菜养殖技术规范

3　名称与分类

3.1　种名

裙带菜[*Undaria pinnatifida* (Harv.)Suringar]。

3.2　分类

褐藻门(Phaeophyta)、褐子纲(Phaeosporeae)、海带目(Laminariales)、翅藻科(Alariaceae)、裙带菜属(*Undaria*)。

4　主要形态构造特征

4.1　外部形态特征

4.1.1　孢子体形态

藻体明显分为固着器、柄和叶片三部分。裙带菜孢子体外部形态见图1。

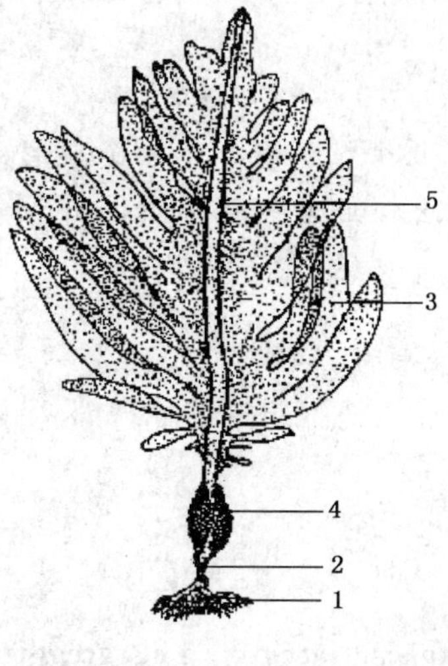

1——固着器；
2——柄；
3——叶片；
4——孢子叶；
5——中肋。

图1　裙带菜孢子体的外部形态

4.1.2 固着器

由多次双分枝的圆柱形假根组成，其末端有吸盘。

4.1.3 柄

扁平，其腹背隆起而稍圆，柄的边缘有狭窄的龙骨。藻体接近成熟时，在柄的两侧形成耳状孢子叶，孢子叶定义见 NY/T 5283—2004 中的 3.3。

4.1.4 叶片

褐色具光泽。幼时长盾形，边缘光滑无缺刻，为单叶。成藻为羽状裂片，叶片的中部是由柄部延伸而来的中肋，中肋扁平隆起直达叶片的顶端。成藻一般长 1.0 m～2.5 m，宽 50 cm～100 cm。

4.2 孢子体内部构造特征

4.2.1 表皮

由一层个体小、排列紧密和整齐的细胞组成，呈栅栏状。细胞含粒状色素体。

4.2.2 皮层

外皮层细胞呈柱状，大小不等，排列不整齐。内皮层细胞大小相近，排列较整齐。

4.2.3 髓部

细胞呈丝状或树枝状，排列疏松。

5 生活周期与繁殖

5.1 生活史

明显的孢子体（$2n$，大型）与配子体（n，微型）不等世代交替型。

5.2 生命周期

裙带菜的生命周期为一年。

5.3 繁殖

5.3.1 性成熟年龄

8 个月～12 个月。

5.3.2 无性繁殖

孢子体柄部产生孢子叶，孢子叶上产生孢子囊群，孢子囊内形成游孢子。游孢子单细胞，梨形，长 9 μm～11 μm，宽 5 μm～6 μm，有两条侧生不等长鞭毛，长的 14.0 μm～16.5 μm，伸向前端，短的 5.3 μm～7.0 μm，伸向后端。

5.3.3 有性繁殖

卵配方式。雄配子体产生精子囊，每个精子囊产生一个梨形精子，精子（n）长 4 μm～5 μm。雌配子体产生卵囊，每个卵囊产生一个卵（n），卵成熟后排出体外粘着在卵囊口处与精子结合生成合子（$2n$）。

6 遗传学特征

6.1 染色体数

孢子体细胞染色体数 $2n=60$。

6.2 DNA 序列特征

6.2.1 ITS-1 序列：总长度 242 bp。

1 ccgatcagga aggggacacc ctcctgacac taccgtcgtg cgcgtcggtt ttgtaaaccc cgagaaagaa

71 aatcgttacg cgatgttggg cgaggggcgc ctcgccgagg gttaattccc tcgaatcaaa gcgcacccca

141 cttttcaacc ccattaaact ctgaatctga actcaaaagg ggggcatgcg cgcgcccgcg cgcgcggctc

211 ccccaacctt taacgttgta aaactttcag cg

6.2.2 ITS-2 序列：总长度 273 bp。

1 cccctccctc cccctctctt tgtggggggg gggggggttt cggggcggac tatgagtgtt ccggagcgtc
71 cgcgctccga gtgcacccaa tctcgtgaac gaagcctctc gcgccctgcc gcacagagtt gttgacggcg
141 ctcgcttcgg cggcgactct cgactcacca aacgtgcgcg gggattcgcc tgcttcattc cggctcatgc
211 cttttccccc cccccgcccc cacgcaagtg agggagggag ggaaggagag gccatatcca cac

6.2.3 裙带菜不同品系核糖体 ITS 全序列(ITS-1+ITS-2)变化幅度为 0～10 个碱基。

7 检测方法

7.1 形态构造特征检验

采用肉眼和显微镜观察相结合的方法。

7.2 染色体检验

7.2.1 标本的制备

压片法。

7.2.2 染色液

2%地衣红溶于 70%的乙酸中。

7.2.3 染色方法

固定材料在自来水中浸泡 15 min～30 min 后压片。揭开盖片,滴入乙酸地衣红后盖片 0.5 h,用滤纸吸出多余的染色液,石蜡封片。

7.3 裙带菜 ITS 序列的检测

7.3.1 裙带菜配子体基因组 DNA 的提取

取约 1 g(湿重)的裙带菜配子体,加少量石英沙和 PVP-40,在液氮中研成粉末。将粉末转至 50 mL 的离心管中,加入 15 mL 裂解缓冲液(10 mmol/L Tris-HCl,10 mmol/L EDTA,1.0 mol/L NaCl,1.0% CTAB,1% SDS,pH=8.0),在 65 ℃保温 1 h,期间摇匀几次。用等体积的酚：三氯甲烷：异戊醇(25：24：1,体积比)抽提两次,再将水相转移至一新的 50 mL 离心管中,加入 1/10 体积 RNA 酶,37 ℃保温 1 h,再用三氯甲烷：异戊醇(24：1,体积比)抽提一次,用 2/3 体积的异丙醇沉淀回收 DNA。DNA 最后溶于 100 μL 的 TE(10 mmol/L Tris-HCl,pH=8.0;1 mmol/L EDTA,pH=8.0)中。

7.3.2 ITS 特异性扩增

总反应体积为 20 μL,含 10 mmol/L Tris-HCl,pH=8.3,50 mmol/L KCl,1.5 mmol/L $MgCl_2$,*Taq* polymerase 1U,4 种 dNTP 各 2 mmol/L,两个引物各 4 mmol/L～6 mmol/L(正向引物 P1:5'-CGCGAGTCATCAGCTCGCATT-3';反向引物 P2:5'-AGCTTCACTCGCCGTACTGG-3'),模板 DNA 10 ng,其余用双蒸馏水补满。

PCR 反应参数:96 ℃预变性 5 min;96 ℃,30 s;72 ℃,60 s;55 ℃,30 s,37 个循环;72 ℃,保温 5 min。

7.3.3 测序

参照 DNA 测序仪进行测序(参见附录 A)。

8 判定规则

被检样品完整并符合本标准第 4 章要求的为合格样品。如被检样品不完整需增加第 5 章、第 6 章内容进行检验,均符合上述质量要求的为合格样品。

附 录 A
（资料性附录）
DNA 序列的测序

A.1 测序样品预处理

PCR 扩增完毕，将样品置于－20 ℃条件下。利用 PCR 产物纯化试剂盒进行纯化。具体操作如下：

a） 往 PCR 产物中加入 4 倍体积 75％异丙醇，室温沉淀 30 min。在 3 200 r/min 下离心 30 min；

b） 去掉上清，加 8 倍体积 75％异丙醇。室温静置 10 min；

c） 在 3 200 r/min 下离心 10 min，去上清；

d） 在 50 ℃烘干 3 min 以除去残留的异丙醇，或置于温箱中盖上保鲜膜至无异丙醇；

e） 加入适量的无菌去离子水稀释，1 000 r/min 振荡混匀。

A.2 测序

A.2.1 纯化后的 PCR 产物在 ABI PRISM 3730 测序仪上采用 Sanger 双脱氧链终止法原理从两端进行测序。

注：本标准以 ABI PRISM 3730 测序仪为例，不排除采用具有同等工效的其他型号的测序仪。

A.2.2 设立双脱氧测序反应。要求：

a） 引物：测序引物即为扩增引物；

b） 微量滴定板：为 96 孔 U 形微量滴定板；

c） 链延伸-链终止反应混合液的配制。

A.2.3 测序凝胶的制备。

A.2.4 准备样品和列表，上样到微量滴定板中进行测序。

A.2.5 电压 160 V/cm，温度 42 ℃。

A.2.6 根据凝胶的荧光放射自显影，运用计算机读取 DNA 序列。

A.3 数据处理

利用相关的生物信息学软件读取所测裙带菜 ITS 序列，并同 GenBank 中公开的近缘种序列进行比对，确定裙带菜 ITS(包括 ITS-1，5.8S 和 ITS-2)序列的起点和终点。利用软件 MEGA 计算裙带菜不同品系 ITS 序列的变异数目。

ICS 65.020.30
B 43

中华人民共和国国家标准

GB/T 25167—2010

新 吉 细 毛 羊

Xinji fine wool sheep

2010-09-26 发布　　2011-03-01 实施

中华人民共和国国家质量监督检验检疫总局
中国国家标准化管理委员会　发布

前　言

本标准中的附录A和附录B为资料性附录。

本标准由中华人民共和国农业部提出。

本标准由全国畜牧业标准化技术委员会(SAC/TC 274)归口。

本标准主要起草单位:吉林省农业科学院、新疆维吾尔族自治区畜牧科学院、新疆农垦科学院。

本标准主要起草人:张明新、王春昕、王伟琪、柳楠、史梅英、石国庆、田可川、杨永林、倪建宏、胡向荣。

新 吉 细 毛 羊

1 范围

本标准规定了新吉细毛羊品种特性、外貌特征、生产性能以及种羊等级评定方法。

本标准适用于新吉细毛羊品种鉴定和等级评定。

2 规范性引用文件

下列文件中的条款通过本标准的引用而成为本标准的条款。凡是注日期的引用文件，其随后所有的修改单(不包括勘误的内容)或修订版均不适用于本标准，然而，鼓励根据本标准达成协议的各方研究是否可使用这些文件的最新版本。凡是不注日期的引用文件，其最新版本适用于本标准。

NY 1 细毛羊鉴定项目、符号、术语

NY/T 1236 绵、山羊生产性能测定技术规范

3 术语和定义

下列术语和定义适用于本标准。

3.1

新吉细毛羊 Xinji fine wool sheep

引进澳洲美利奴羊遗传资源，级进杂交本地细毛羊育成的主体细度在 18 μm～23 μm 的细毛羊新品种。

3.2

成年羊 adult sheep

18 月龄以上达到可繁殖年龄的公、母羊。

3.3

育成羊 weaned lamb

羔羊断奶后至 18 月龄时期处于生长发育阶段的公、母羊。

4 品种特性

4.1 外貌特征

体型匀称，侧面呈长方形。面部较光洁，头毛着生至两眼连线。公羊大部分有角，颈部皮肤宽松、有发达的纵褶和 1 个～2 个横褶。母羊无角，颈部有比较发达的纵褶。体躯无明显皱褶，胸宽深，背平直，四肢毛生长至蹄缘。被毛白色，弯曲明显，油汗含量适中、呈白色或乳白色。新吉细毛羊外貌特征参见附录 A。

4.2 生产性能

生产性能测定方法按 NY/T 1236 执行，平均生产性能指标见表 1。

表 1 平均生产性能指标

类别	成年羊					育成羊				
	细度/μm	毛长/mm	剪毛量/kg	净毛量/kg	体重/kg	细度/μm	毛长/mm	剪毛量/kg	净毛量/kg	体重/kg
公羊	21.5	90	10.0	5.5	65.0	21.5	110	6.0	3.0	38.0
母羊	21.5	80	6.0	3.0	38.0	21.5	110	5.0	2.5	32.0

4.3 繁殖性能

性成熟:公羊8月龄,母羊7月龄;适配年龄:公羊、母羊均为18月龄。季节性发情,母羊发情周期平均17 d,发情持续期24 h～38 h,妊娠期平均150 d,经产母羊产羔率115%～120%。

5 鉴定与分级

5.1 鉴定时间

每年剪毛前进行毛长、细度鉴定,剪毛后进行剪毛后体重、剪毛量鉴定。

5.2 鉴定内容及方法

鉴定内容及方法按NY 1和NY/T 1236执行。

5.3 分级要求

在符合外貌特征要求条件下,根据生产性能指标分为三个等级,分级原则见表2。

表2 分级原则

性别	等级	成年羊				育成羊			
		体侧毛纤维直径/μm	体侧毛长/mm	净毛量/kg	剪毛后体重/kg	体侧毛纤维直径/μm	体侧毛长/mm	净毛量/kg	剪毛后体重/kg
公羊	特级	≤20	≥95	≥6.0	≥75	≤19	≥120	≥3.5	≥45
	一级	20～21	≥90	≥5.5	≥70	19～20	≥110	≥3.0	≥40
	二级	21～22	≥90	≥5.0	≥65	20～21	≥110	≥3.0	≥35
母羊	特级	≤20	≥85	≥3.5	≥45	≤19	≥120	≥2.8	≥40
	一级	20～21	≥80	≥3.0	≥40	19～20	≥110	≥2.5	≥35
	二级	21～22	≥80	≥3.0	≥35	20～21	≥100	≥2.5	≥30

6 品种登记

特级、一级和二级种羊进行品种登记,参见附录B。

7 等级标识及耳号

18月龄鉴定结束后,在右耳做等级标识。标识方法、耳号规定及佩带方法按照NY 1执行。

附　录　A
（资料性附录）
新吉细毛羊外貌照片

图 A.1　公羊正面

图 A.2　母羊正面

图 A.3　公羊侧面

图 A.4　母羊侧面

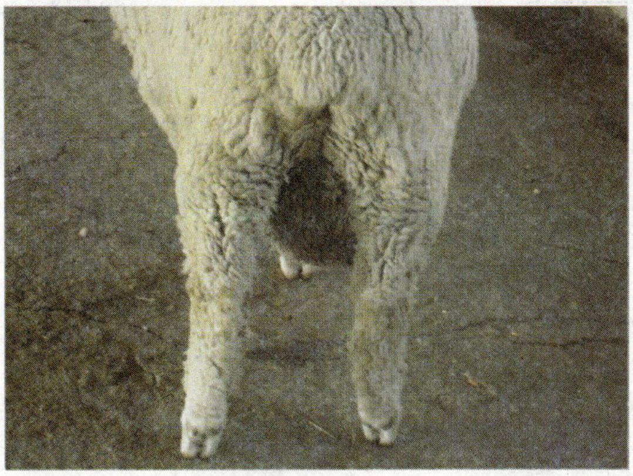

图 A.5　公羊后面

图 A.6　母羊后面

附 录 B
（资料性附录）
品种登记卡

表 B.1 种羊个体登记卡片

<table>
<tr><td colspan="2">羊号</td><td></td><td colspan="2">公母
（♂♀）</td><td></td><td colspan="2">单双胎</td><td></td><td colspan="2">出生
场地</td><td></td></tr>
<tr><td colspan="2">出生
日期</td><td></td><td colspan="2">出生重</td><td></td><td colspan="2">断奶
日期</td><td></td><td colspan="2">断奶重</td><td></td></tr>
<tr><td colspan="13">血 统 记 录</td></tr>
<tr><td>血统
关系</td><td>羊号</td><td>品种</td><td>头型
（3 分）</td><td>类型
（3 分）</td><td>毛长/
mm</td><td>细度/
μm</td><td>密度
（3 分）</td><td>油汗
（3 分）</td><td>剪毛量/
kg</td><td>净毛率/
%</td><td>体重/
kg</td><td>备注</td></tr>
<tr><td>父</td><td></td><td></td><td></td><td></td><td></td><td></td><td></td><td></td><td></td><td></td><td></td><td></td></tr>
<tr><td>母</td><td></td><td></td><td></td><td></td><td></td><td></td><td></td><td></td><td></td><td></td><td></td><td></td></tr>
<tr><td>祖父</td><td></td><td></td><td></td><td></td><td></td><td></td><td></td><td></td><td></td><td></td><td></td><td></td></tr>
<tr><td>祖母</td><td></td><td></td><td></td><td></td><td></td><td></td><td></td><td></td><td></td><td></td><td></td><td></td></tr>
<tr><td colspan="13">个 体 鉴 定 成 绩</td></tr>
<tr><td colspan="3">年 度</td><td>头型
（3 分）</td><td>类型
（3 分）</td><td>毛长/
mm</td><td>细度/
μm</td><td>密度
（3 分）</td><td>油汗
（3 分）</td><td>剪毛量/
kg</td><td>净毛率/
%</td><td>体重/
kg</td><td>备注</td></tr>
<tr><td colspan="3"></td><td></td><td></td><td></td><td></td><td></td><td></td><td></td><td></td><td></td><td></td></tr>
<tr><td colspan="3"></td><td></td><td></td><td></td><td></td><td></td><td></td><td></td><td></td><td></td><td></td></tr>
<tr><td colspan="3"></td><td></td><td></td><td></td><td></td><td></td><td></td><td></td><td></td><td></td><td></td></tr>
<tr><td colspan="3"></td><td></td><td></td><td></td><td></td><td></td><td></td><td></td><td></td><td></td><td></td></tr>
</table>

记录员：　　　　　第　　页

ICS 65.020.30
B 40

GB

中华人民共和国国家标准

GB/T 25168—2010

畜禽cDNA文库构建与保存技术规程

Technical regulation of farm animals cDNA library construction and preservation

2010-09-26 发布　　2011-03-01 实施

中华人民共和国国家质量监督检验检疫总局
中国国家标准化管理委员会　发布

前　言

本标准由中华人民共和国农业部提出。

本标准由全国畜牧业标准化技术委员会(SAC/TC 274)归口。

本标准起草单位:中国农业科学院北京畜牧兽医研究所。

本标准主要起草人:马月辉、关伟军、陆涛峰、李向臣、佟春玲、余露露、刘鹏。

畜禽 cDNA 文库构建与保存技术规程

1 范围

本标准规定了畜禽 cDNA 文库构建方法。

本标准适用于猪、牛、羊、马、驴、鸡、鸭、鹅等畜禽 cDNA 文库构建与保存。

2 规范性引用文件

下列文件中的条款通过本标准的引用而成为本标准的条款。凡是注日期的引用文件,其随后所有的修改单(不包括勘误的内容)或修订版均不适用于本标准,然而,鼓励根据本标准达成协议的各方研究是否可使用这些文件的最新版本。凡是不注日期的引用文件,其最新版本适用于本标准。

GB/T 6682 分析实验室用水规格和试验方法

3 术语和定义

下列术语和定义适用于本标准。

3.1

cDNA complementary deoxyribonucleic acid

以成熟 mRNA 为模板,在反转录酶的作用下合成的 cDNA 链。

3.2

cDNA 文库 cDNA library

将处于特定发育阶段真核生物体的特定器官或组织中提取的总 RNA,经过反转录等一系列的生化反应合成双链 cDNA 群体后,再插入到适当的载体上,经转化寄主菌株构成特定的 cDNA 克隆群体。

3.3

寡核苷酸 oligonucleotide

一类只有 20 个以下碱基对的短链核苷酸的总称,常用作探针确定 DNA 或 RNA 的结构。

3.4

噬菌斑 plaque

被噬菌体感染的细菌所释放的子代噬菌体,会继续感染周围的细胞,致使在琼脂平板上生长的菌苔中有大量的细胞发生裂解,形成的透明区域。

4 试剂及溶液配制

除另有规定外,试剂为分析纯或生化试剂。实验用水符合 GB/T 6682 一级用水的要求。

4.1 焦碳酸二乙酯(diethypyrocarbonate,DEPC)处理水

在 1 000 mL 去离子水中加入 1 mL DEPC,37 ℃ 静置 12 h,高压灭菌(120 ℃ 30 min)。

4.2 2 mol/L $MgSO_4$

称取 246.50 g $MgSO_4 \cdot H_2O$,加 400 mL 双蒸水(double distilled H_2O,ddH_2O)溶解后,定容到 500 mL,高压灭菌。

4.3 10 mmol/L $MgSO_4$

量取 1 mL 2 mol/L $MgSO_4$ 加 ddH_2O 定容到 200 mL,高压灭菌,30 min。

4.4 1 mol/L Tris-Cl(pH7.5)

称取 121.14 g Tris,碱溶于 800 mL ddH_2O 中,调 pH 至 7.5,定容到 1 L,高压灭菌。

4.5 SM 缓冲液

称取 5.80 g NaCl、2.00 g $MgSO_4 \cdot 7H_2O$,量取 50 mL 1 mol/L Tris-Cl(pH7.5)和 5 mL 2%(质

量浓度)明胶,定容到 1 L,高压灭菌。

4.6 5×一链缓冲液

250 mmol/L Tris(pH8.3),30 mmol/L $MgCl_2$,375 mmol/L KCl。

4.7 10×DNA 连接酶缓冲液

500 mmol/L Tris-Cl(pH7.8),100 mmol/L $MgCl_2$,100 mmol/L 二硫苏糖醇(dithiothreitol,DTT),0.5 mg/mL 牛血清白蛋白(bovine serum albumin,BSA)。

4.8 LB 液体培养基

取 10.00 g NaCl、10.00 g 细菌培养用胰蛋白胨和 5.00 g 细菌培养用酵母提取物加 1 L ddH_2O 溶解后,高压灭菌。

4.9 LB 固体培养基

取 10.00 g NaCl、10.00 g 细菌培养用胰蛋白胨、5.00 g 细菌培养用酵母提取物和 20.00 g 细菌培养用琼脂加 1 L ddH_2O 溶解后,高压灭菌。

4.10 LB 顶层培养基

将 0.70 g 琼脂糖加入 100 mL LB 液体培养基中,高压灭菌。

4.11 20%麦芽糖

取 20.00 g 麦芽糖溶于 100 mL ddH_2O 中,过滤除菌。

5 主要仪器、设备

水浴锅、电泳仪、电泳槽、电子天平、电热恒温鼓风干燥箱、培养箱、PCR 扩增仪、超纯水仪、-80 ℃低温冰箱、凝胶自动成像分析系统和低温离心机等。

6 cDNA 文库构建

6.1 样品采集

畜禽机体的组织可作为构建 cDNA 文库的实验材料。将新鲜离体的组织样品迅速投放到液氮中,或剪切成 1 mm^3 大小的组织碎块后放入 RNA 保存液中。

6.2 总 RNA 提取

使用 TRIzol 法提取畜禽组织的总 RNA。在不断填充液氮的研钵中将 30 mg~100 mg 的组织样品磨碎,加入 1 mL Trizol(含有酚、异硫氰酸胍、8-羟基喹啉和 β-巯基乙醇的单相液),混匀后移至经 DEPC 处理水浸泡过的离心管中,静置 5 min。加入 200 μL 三氯甲烷,混匀,静置 2 min~3 min,4 ℃下,13 200g 离心 15 min。移上清至另一离心管中,加入 400 μL 异丙醇,混匀后静置 10 min,4 ℃ 下,13 200g离心 10 min。弃上清,用 DEPC 处理水配制的 75%乙醇洗涤沉淀 2 次,室温静置 5 min~10 min,晾干后用 50 μL~100 μL 的 DEPC 处理水溶解沉淀后用 1%变性琼脂糖凝胶电泳(琼脂糖 0.3 g,DEPC 处理水 21.6 mL,10×Mops 3 mL,37%甲醛 5.4 mL,核酸显示剂 2 μL~3μL)检测 RNA 质量,于-80 ℃冰箱中保存。

6.3 cDNA 合成

6.3.1 cDNA 第一链合成

采用 5′末端 RNA 转录子转换机制(switching mechanism at 5′ end of the RNA transcript,SMART)技术合成全长 cDNA 双链。首先取一 PCR 管分别加入 0.05 μg~1.0 μg 总 RNA 样品、1.0 μL 10 μmol/L 经过修饰的 Oligo(dG)的寡核苷酸和 1.0 μL 10 mmol/L 经过修饰的 Oligo(dT)3′引物,添加 DEPC 处理水使总体积达到 5.0 μL,混匀,72 ℃下放置 2 min,冰浴 2 min。然后,分别加入 2.0 μL 5×一链缓冲液、1.0 μL 20 mmol/L DTT、1.0 μL 10 mmol/L 脱氧核糖核苷三磷酸(deoxyribonucleoside triphosphate,dNTP) 和 1.0 μL 200 U/μL Primerscrip™反转录酶,混匀,42 ℃下放置1 h,冰浴 2 min 终止反应后进行下一步操作或-20 ℃下短期保存。

6.3.2 cDNA 第二链的合成

取一 PCR 管分别加入 2.0 μL 一链 cDNA、80 μL ddH_2O、10 μL 10×Ex *taq* 缓冲液、2.0 μL

2.5 mmol/L 50×dNTP、2.0 μL 10 μmol/L 5′引物、2.0 μL 10 μmol/L 经过修饰的 Oligo(dT)3′引物和 2.0 μL 5 U/μL Ex *taq* 酶，总体积为 100 μL，混匀，95 ℃ 预变性 25 s 后，95 ℃变性 25 s，68 ℃退火延伸 6 min，共 21 个循环。用 1.1%琼脂糖对 5.0 μL PCR 产物进行电泳检测，双链 cDNA 的分布范围在 0.1 kb～4.0 kb 之间。

引物序列为：

5′ 引物序列 5′-AAGCAGTGGTATCAACGCAGAGTGGCCATTACGGCCGGG-3′

3′ 引物序列 5′-ATTCTAGAGGCCGAGGCGGCCGACATG-d(T)30N_{-1}N-3′

(N＝A,G,C 或 T;N_{-1}＝ A,G 或 C)

6.4 cDNA 的纯化、酶切与分离

6.4.1 cDNA 的纯化

取一 PCR 管分别加入 50 μL 2.0 μg～3.0 μg 双链 cDNA、2.0 μL 20 μg/μL 蛋白酶 K，混匀，45 ℃下放置 20 min。然后加入 50 μL ddH_2O 和 100 μL 苯酚-三氯甲烷-异戊醇(25∶24∶1)，混匀，13 200*g* 离心 5 min。移上清至另一离心管中，加入 100 μL 三氯甲烷-异戊醇(24∶1)，混匀，13 200*g* 离心5 min。移上清至另一离心管中，分别加入 10 μL 3 mol/L 乙酸钠(pH4.8)、1.3 μL 20 μg/μL 肝糖元、260 μL 95%乙醇，13 200*g* 离心 20 min。弃上清，用 100 μL 80%乙醇洗涤沉淀后干燥 10 min，然后加入 79 μL ddH_2O 溶解沉淀。

6.4.2 cDNA 的酶切

取一 PCR 管分别加入 79 μL 双链 cDNA、10 μL 10×*Sfi* Ⅰ缓冲液、10 μL 20 U/μL *Sfi* Ⅰ内切酶和 1.0 μL 100×BSA，总体积为 100 μL，混匀，50 ℃下放置 2 h。加 2.0 μL 1%的二甲苯胺指示剂，混匀。

6.4.3 cDNA 的分离

重悬分离柱内容物，自然滴尽柱中溶剂，加入 700 μL 柱缓冲液，滴尽。加入 100 μL 酶切产物，滴尽。加入 100 μL 柱缓冲液，滴尽。加入 600 μL 柱缓冲液，用 16 支离心管分别逐滴收集，每管一滴。每管取 3.0 μL 样品，用 1.1%琼脂糖凝胶进行片段大小检测。收集 300 bp 以上的 cDNA 片段于一离心管中，分别加入 1/10 体积 3 mol/L 乙酸钠(pH4.8)、1.3 μL 20 mg/mL 肝糖元和 2.5 体积 95%乙醇，混匀，－20 ℃下沉淀 12 h。4 ℃下，13 200*g* 离心 20 min，弃上清，干燥 10 min，7.0 μL ddH_2O 溶解沉淀，混匀，－20 ℃保存。

6.5 cDNA 片段与载体的连接

取一 PCR 管分别加入 100 ng 的 cDNA、1.0 μL 500 ng/μL λTripl Ex2 载体、0.5 μL 10×DNA 连接缓冲液、0.5 μL 10 mmol/L 三磷酸腺苷(adenosine-triphosphate，ATP)、0.5 μL 400 U/μL T4 DNA 连接酶，加 ddH_2O 使总体积达到 5.0 μL，混匀，16 ℃下连接 12 h。

6.6 cDNA 重组体的包装

解冻包装蛋白抽提物，取 10 μL，加入 4.0 μL 连接产物，混匀，22 ℃下包装 2 h 后加入 500 μL SM 缓冲液和 20 μL 三氯甲烷，混匀。进行未扩增文库滴度测定或 4 ℃保存。

7 文库的扩增与保存

在含 10 mmol/L $MgSO_4$、终浓度为 0.2%麦芽糖的 LB 液体培养基中培养 VCS257 菌，使细菌 OD_{600} 值为 2.0，1 000*g* 离心 10 min，然后用 10 mmol/L $MgSO_4$ 重悬细胞，调 OD_{600} 值至 4.0。分别在 20 个离心管中加入 500 μL 的菌液和足够形成 6.0×10^4 个～7.0×10^4 个噬菌斑的稀释包装液，37 ℃ 放置 15 min 后加到 3 mL LB 顶层培养基中，混匀，立即倒入 LB 琼脂平板中，涂匀，37 ℃放置 6 h～18 h，直至噬菌斑相互接触后，每个平板上再加 12 mL SM 缓冲液，4 ℃放置 12 h 后，50 r/min，37 ℃振荡培养 1 h。最后将噬菌体溶解物移至 50 mL 离心管中，加入 10 mL 三氯甲烷，混匀，2 000*g* 离心 10 min，再将上清液转移到另一离心管，加二甲基亚砜(dimethyl sulfoxide，DMSO)至终浓度为 7%后分装，－70 ℃长期保存。

ICS 65.020.30
B 40

中华人民共和国国家标准

GB/T 25169—2010

畜禽粪便监测技术规范

Technical specifications for monitoring of animal manure

2010-09-26 发布 2011-03-01 实施

中华人民共和国国家质量监督检验检疫总局
中国国家标准化管理委员会 发布

前　言

本标准的附录A、附录B、附录C和附录D为规范性附录。

本标准由中华人民共和国农业部提出。

本标准由全国畜牧业标准化技术委员会归口。

本标准起草单位：农业部畜牧环境设施设备质量监督检验测试中心（北京）、中国农业科学院农业环境与可持续发展研究所。

本标准主要起草人：董红敏、黄宏坤、陶秀萍、朱志平、陈永杏、尚斌。

畜禽粪便监测技术规范

1 范围

本标准规定了畜禽粪便监测过程中背景调查、采样点布设、采样、样品运输、试样制备、样品保存、检测项目与相应的分析方法、结果表示及质量控制的技术要求。

本标准适用于畜禽养殖场和养殖小区的畜禽粪便监测。

2 规范性引用文件

下列文件中的条款通过本标准的引用而成为本标准的条款。凡是注日期的引用文件，其随后所有的修改单(不包括勘误的内容)或修订版均不适用于本标准，然而，鼓励根据本标准达成协议的各方研究是否可使用这些文件的最新版本。凡是不注日期的引用文件，其最新版本适用于本标准。

GB 7959—1987 粪便无害化卫生标准

GB/T 8576 复混肥料中游离水含量的测定 真空烘箱法

GB/T 17138 土壤质量 铜、锌的测定 火焰原子吸收分光光度法

NY/T 87 土壤全钾测定法

NY 525—2002 有机肥料

3 背景调查

3.1 监测点基本情况

3.1.1 区域环境情况

包括所处地理位置，所属气候带，周边环境状况等。

3.1.2 养殖情况

包括监测点的生产类型(如蛋用、肉用、奶用等)、畜禽品种、各阶段的存栏量和出栏量、饲养形式、饲养周期、日龄和体重等。

3.2 采食量与饲料特性

畜禽采食量以及与粪便特性相关的饲料成分指标。

3.3 粪便处理利用情况

粪便处理设施、处理能力、实际运行情况以及粪便利用方式和比例等。

4 采样点布设

4.1 舍内粪便的采样点布设

4.1.1 猪舍

在保育舍、育成育肥舍和繁殖母猪舍分别随机抽取 30 头、30 头和 10 头进行粪便收集和采样。

4.1.2 牛舍

对不同类型牛舍随机选取不少于 5 头进行粪便收集和采样。

4.1.3 鸡舍

对不同类型鸡舍随机抽取不少于 400 只进行粪便收集和采样。

4.2 堆放粪便的采样点布设

有粪便堆放的养殖场，采样点的布设应覆盖所有堆放点。

5 采样

5.1 采样物品准备

5.1.1 工具

不锈钢采样土铲和土钻、竹片等，清洗干净后备用。

5.1.2 器具

台秤(±1 g)、聚乙烯样品自封袋(30 cm×20 cm)、样品混合盆(10 L)、保温样品箱等。

5.1.3 文具

现场记录表格、样品标签、记号笔、记录笔、卷尺等。

5.1.4 试剂

硫酸：分析纯，$c_{H_2SO_4}=9.0$ mol/L。

5.1.5 安全防护用品

手套、口罩和药品箱等。

5.2 采样时间

每次采样连续 3 d～5 d，保证 3 d 有效采样。

5.3 采样过程

5.3.1 舍内粪便采样

对采样点收集的舍内粪便进行称重，填写畜禽粪便收集量记录表(见附录 A)。

将称重后的粪便混合均匀，用四分法(见附录 B)取 2 份样品，分别编号，每份样品约 1 kg。其中一份直接用于含水率、粪大肠菌群和蛔虫卵的测定；另一份按每 100 g 样品添加 10 mL H_2SO_4(5.1.4)进行现场固定处理，用于测定其他指标。

5.3.2 堆放粪便采样

在每个堆放粪便采样点分别由底部自下而上每 20 cm 取样 1 次，每次采样约 500 g，装入样品混合盆中，混匀后采用四分法(见附录 B)取 2 份样品，分别编号，每份样品约 1 kg。样品处理同 5.3.1。

5.4 样品记录和标识

5.4.1 现场填写《畜禽粪便收集量记录表》(见附录 A)、样品标签(见附录 C)和《畜禽粪便采样记录表》(见附录 D)，填写完毕后将样品标签贴在对应的样品包装上，防止脱落。

5.4.2 采样记录应使用签字笔填写。需要改正时，在错误数据中间划一横线，在其上方写上正确数据，在修改数据附近签名。

5.4.3 记录数据要采用法定计量单位，其有效数字位数应根据计量器具的精度及分析仪器的刻度值确定，不得随意增添或删减。

5.4.4 采样结束后在现场逐项逐个检查，包括粪便收集量记录表、粪便采样记录表、样品标签、粪便样品等，如有缺项、漏项和错误处，及时补齐和修正后再撤离采样现场。采样记录表应有页码编号，内容齐全，填写翔实，字迹清楚，数据准确，保存完整。不应有缺页和撕页，更不应丢失。

5.4.5 粪便采样记录表在样品送达检测实验室前应始终与样品存放在一起。送样人员与接样人员确认样品完好无误后签字确认，保证样品安全送达检测实验室。

6 样品的运输

6.1 粪便样品在运输前应逐一核对采样记录和样品标签，分类装箱。

6.2 粪便样品在运输过程宜低温保存，避免在运输途中破损、日光照射。

7 试样制备

经过现场固定处理的粪便样品应及时摊开晾干或利用设备制备成风干样品，经粗磨过 2 mm 尼龙筛，再经过非金属细磨过 0.25 mm 尼龙筛制成制备样。

8 样品的保存

采集的样品应尽快送至检测实验室分析化验。如果不能及时送达，应将样品临时保存在冰箱中。粪便样品各检测项目保存条件和期限见表 1。

表 1 畜禽粪便样品保存条件及有效期

检测项目	保存条件及有效期		
	新鲜样	风干样	制备样
含水率、粪大肠菌群、蛔虫卵	避光、<4 ℃，24 h	—	—
有机质、全氮、全磷	避光、<4 ℃，7 d	常温干燥避光，30 d	常温干燥避光，180 d
铜、锌、镉、全钾	避光、<4 ℃，7 d	常温干燥避光，180 d	常温干燥避光，365 d

9 检测项目、方法和结果表示

9.1 检测项目

含水率、有机质、全氮、全磷、全钾、铜、锌、镉、粪大肠菌群和蛔虫卵。

9.2 分析方法

9.2.1 含水率

按 GB/T 8576 规定执行。

9.2.2 有机质

按 NY 525—2002 中 5.2 规定执行。

9.2.3 全氮

按 NY 525—2002 中 5.3 规定执行。

9.2.4 全磷

按 NY 525—2002 中 5.4 规定执行。

9.2.5 铜、锌和镉

按 GB/T 17138 规定执行。

9.2.6 全钾

按 NY/T 87 规定执行。

9.2.7 粪大肠菌群

按 GB 7959—1987 中附录 A 规定执行。

9.2.8 蛔虫卵

按 GB 7959—1987 中附录 B 规定执行。

9.3 结果表示

按相应分析方法规定执行。

10 质量保证与质量控制

畜禽粪便监测质量保证包括：人员素质、采样过程、检测分析方法的选定、实验室内的质量控制、实验室间质量控制、数据处理和报告审核等一系列质量保证措施和技术要求。

10.1 采样过程质量控制

10.1.1 采样人员应通过岗前培训，切实掌握采样技术，熟知粪便样品固定、保存、运输条件。

10.1.2 粪便样品采集全过程应双人采样和记录，相互监督。

10.1.3 每批粪便采样应加采 10%平行样，一起送实验室分析。

10.2 检测实验室分析质量控制

10.2.1 送入实验室粪便样首先应核对采样记录、样品编号、保存条件和有效期等。符合要求的样品方可开展分析。

10.2.2 检测分析过程中采用市售有证标准样品作为控制手段，每批样品带一个已知浓度的质控样品。质控样品的测试结果应控制在90%～110%范围。

10.2.3 凡能做平行双样的分析项目，分析每批样品时均须做10%的平行双样，样品较少时，每批样品应至少做一份样品的平行双样。平行双样可采用密码或明码编入。测定的平行双样允许差符合规定质控指标的样品，最终结果以双样测试结果的平均值报出。平行双样测试结果超出规定允许偏差时，在样品允许保存期内，再加测一次，取相对偏差符合规定质控指标的两个测定值报出。

附 录 A
（规范性附录）
畜禽粪便收集量记录表

畜禽粪便收集量记录表内容及格式见表 A.1。

表 A.1 畜禽粪便收集量记录表

养殖场(区)名称									
养殖场(区)地址		省(市、自治区)		县(市、区)		乡(镇)		村	
日期	记录时间	容器重/kg	粪便+容器重/kg	粪便重/kg	饲养阶段	日龄/d	体重/kg	头数/头	备注
现场情况记录				采样点位置示意图					

记录人：__________　　　　校核人：__________　　　　日期：　　年　月　日

附 录 B
（规范性附录）
四分法简图

四分法简图见图 B.1。

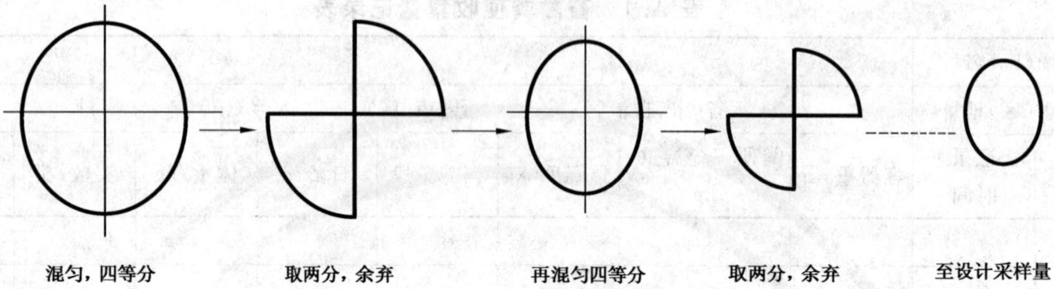

图 B.1 四分法简图

附 录 C
（规范性附录）
采样标签样式图

畜禽粪便采样标签的样式见图 C.1。

畜禽粪便采样标签
采样样品编号____________________
监测点名称____________________
采样地点____________________
样品名称 □新鲜粪便 □堆积粪便
现场预处理 □有 □无
采样时间： 采样人：

图 C.1 畜禽粪便采样标签样式

附 录 D
（规范性附录）
畜禽粪便采样记录表

畜禽粪便采样记录表内容及格式见表 D.1。

表 D.1 畜禽粪便采样记录表

共　　页　　第　　页

<table>
<tr><td>畜禽场(区)名称</td><td colspan="5"></td></tr>
<tr><td>畜禽场(区)地址</td><td colspan="5">省(市、自治区)　　县(市、区)　　乡(镇)　　村</td></tr>
<tr><td>动物种类</td><td colspan="2"></td><td>饲养类型</td><td colspan="2"></td></tr>
<tr><td rowspan="2">粪便感官描述</td><td colspan="2">颜色</td><td>气味</td><td>含水情况</td><td>其他</td></tr>
<tr><td colspan="2"></td><td></td><td></td><td></td></tr>
<tr><td>样品编号</td><td>采样时间</td><td>采样地点</td><td>饲养阶段</td><td>日龄或堆放时间/d</td><td>备注</td></tr>
<tr><td></td><td></td><td></td><td></td><td></td><td></td></tr>
<tr><td></td><td></td><td></td><td></td><td></td><td></td></tr>
<tr><td></td><td></td><td></td><td></td><td></td><td></td></tr>
<tr><td></td><td></td><td></td><td></td><td></td><td></td></tr>
<tr><td></td><td></td><td></td><td></td><td></td><td></td></tr>
<tr><td></td><td></td><td></td><td></td><td></td><td></td></tr>
<tr><td></td><td></td><td></td><td></td><td></td><td></td></tr>
<tr><td colspan="3">现场情况记录</td><td colspan="3">采样点位置示意图</td></tr>
</table>

记录人：＿＿＿＿＿＿＿＿　　采样人：＿＿＿＿＿＿＿＿　　日期：　年　月　日

ICS 65.020.30
B 40

中华人民共和国国家标准

GB/T 25170—2010

畜禽基因组BAC文库构建与保存技术规程

Technical regulation of farm animals genome BAC library construction and preservation

2010-09-26 发布 2011-03-01 实施

中华人民共和国国家质量监督检验检疫总局
中国国家标准化管理委员会 发布

前　言

本标准由中华人民共和国农业部提出。

本标准由全国畜牧业标准化技术委员会(SAC/TC 274)归口。

本标准起草单位:中国农业科学院北京畜牧兽医研究所。

本标准主要起草人:关伟军、马月辉、刘长青、潘春留、刘洪坤、甫亚斌、余露露。

畜禽基因组BAC文库构建与保存技术规程

1 范围

本标准规定了畜禽基因组BAC文库构建方法。

本标准适用于猪、牛、羊、马、驴、鸡、鸭、鹅等畜禽的基因组BAC文库构建与保存。

2 规范性引用文件

下列文件中的条款通过本标准的引用而成为本标准的条款。凡是注日期的引用文件，其随后所有的修改单(不包括勘误的内容)或修订版均不适用于本标准，然而，鼓励根据本标准达成协议的各方研究是否可使用这些文件的最新版本。凡是不注日期的引用文件，其最新版本适用于本标准。

GB /T 6682 分析实验室用水规格和试验方法

3 术语和定义

下列术语和定义适用于本标准。

3.1

基因组文库 genome library

用重组DNA技术将某种生物细胞的核DNA的全部片段随机地连接到载体上，再转移至适当的宿主细胞中，通过细胞增殖而形成的各个片段的无性繁殖系的总集。

3.2

细菌人工染色体 bacterial artificial chromosome,BAC

以大肠杆菌致育因子为基础，利用现代重组DNA技术体外人工合成的具有容纳高分子量外源DNA的特性载体。

3.3

DNA连接 DNA ligation

在DNA连接酶催化下，靶DNA片段与载体DNA相邻的5'端磷酸与3'端羟基之间形成磷酸二酯键的过程。

3.4

感受态细胞 competent cells

在特定条件下细胞膜通透性发生改变，允许外源DNA进入细胞内的特殊状态下的受体细胞。

3.5

电转化 electrotransformation

在高压脉冲的作用下，将外源DNA导入感受态细胞的过程。

3.6

脉冲场凝胶电泳 pulse field gel electrophoresis,PFGE

利用脉冲场电泳系统电场方向周期性交替变化的功能而分离和鉴定生物大分子的技术。

3.7

重组体 recombinant

两种以上不同来源的DNA片段连接所形成的杂种DNA分子。

4 试剂及溶液配制

除另有规定外，试剂为分析纯或生化试剂。实验用水要符合 GB/T 6682 中一级水的要求。

4.1 LB 培养冻存缓冲液(luria-bertani media)

360 mmol/L K_2HPO_4，13.2 mmol/L KH_2PO_4，1.7 mmol/L 柠檬酸钠，0.4 mmol/L $MgSO_4$，6.8 mmol/L $(NH_4)_2SO_4$，4.4%甘油，定容至 100 mL，应用时以冻存缓冲液与 LB 液体培养基 1∶9 的比例配制。

4.2 5-溴-4-氯-3-吲哚-β-D-半乳糖苷贮存液(5-bromo-4-chloro-3-indolyl-β-D-galactoside，X-gal)

用二甲基甲酰胺溶解 X-gal，配成 20 mg/mL 贮存液，−20 ℃避光保存。

4.3 1 mol/L Tris-Cl

121.10 g/L Tris 碱溶于 800 mL/L 双蒸水(double distilled H_2O, ddH_2O)中，用 HCl 调 pH 至 8.0，定容至 1 000 mL，高压灭菌。

4.4 内切酶缓冲液

10 mg/mL BSA，10×酶反应缓冲液，1 mmol/L DTT，1 mmol/L 亚精胺。

4.5 SOC 培养基

称取 20.00 g 胰化蛋白胨，5.00 g 酵母提取物，0.50 g NaCl，量取 2.5 mL 1 mol/L KCl，10 mL 2 mol/L $MgSO_4$ 或 $MgCl_2$，溶于 980 mL ddH_2O，高压灭菌后冷却至 60 ℃以下，加入 10 mL 2 mol/L 葡萄糖溶液。

4.6 异丙基硫代-β-D-半乳糖苷溶液(isopro pylthio-β-D-galactoside，IPTG)

称取 1.00 g IPTG 溶于 5.0 mL 双蒸水中，过滤除菌装成 1 mL/份，贮存于−20 ℃。

4.7 琼脂糖块储存液

800 mL ddH_2O 中加入 186.10 g 乙二胺四乙酸二钠(ethylene diamine tetraacetic acid，EDTA)，在磁力搅拌器上搅拌，调 pH 至 8.0 后，加 ddH_2O 定容至 1 000 mL，高压灭菌。

4.8 CsCl 密度梯度离心纯化液

3.3 mL 饱和 CsCl，加灭菌石蜡油至总体积 10 mL。

4.9 十二烷基肌氨酸钠缓冲液(*N*-Dodecanoyl-*N*-methylglycine sodium salt，NDS)

称取 186.00 g EDTA 和 1.20 g Tris-Cl，溶于 700 mL ddH_2O 中，调 pH 至 8.0，加入 NDS 调 pH 至 9.5，用 ddH_2O 定容至 1 L，过滤灭菌。

4.10 抗凝剂(柠檬酸钠葡萄糖液)

称取 0.48 g 柠檬酸、1.32 g 柠檬酸钠、1.47 g 葡萄糖，用 ddH_2O 定容至 100 mL，高压灭菌。

4.11 氯霉素

乙醇配制，工作浓度为 12.5 μg/mL，−20 ℃保存。

4.12 Tris(10 mmol/L pH8.0)-EDTA(1.0 mmol/L pH8.0)缓冲液，TE

10 mmol/L pH8.0 Tris-Cl，1.0 mmol/L pH8.0 EDTA，高压灭菌，室温保存。

4.13 LB 液体培养基

称取 10.00 g 细菌培养用胰蛋白胨、5.00 g 细菌培养用酵母提取物、10.00 g NaCl 溶于 800 mL ddH_2O 中，调 pH 至 7.4，定容至 1 L，高压灭菌。

4.14 LB 固体培养基

称取 10.00 g 细菌培养用胰蛋白胨、5.00 g 细菌培养用酵母提取物、10.00 g NaCl，溶于 800 mL ddH_2O 中，调 pH 至 7.4，加入 15.00 g 细胞培养用琼脂，定容至 1 L，高压灭菌。

4.15 含特定抗生素培养基

按照 4.14 的方法配制好 LB 固体培养基，高压灭菌后待其不烫手时，按 2 mL 培养基∶1 μL 氯霉素(12.5 μg/mL)的比例添加氯霉素，倒 20 mL 培养基于 90 mm 培养板中。待培养基凝固后，将 40 μL

X-gal 和 7 μL IPTG 混匀后，均匀涂于培养基表面，超净台里晾干备用。

4.16 碱裂解液Ⅰ

50 mmol/L 葡萄糖，25 mmol/L pH8.0 Tris-Cl，10 mmol/L pH8.0 EDTA，定容至 1 L，高压灭菌，4 ℃保存。

4.17 碱裂解液Ⅱ

0.2 mol/L NaOH，1% SDS，现用现配。

4.18 碱裂解液Ⅲ

1.32 mol/L 乙酸甲，4 ℃保存。

5 主要仪器、设备

水浴锅、电热恒温鼓风干燥箱、培养箱、电子天平、−80 ℃低温冰箱、超纯水仪、低温离心机、凝胶自动成像分析系统和脉冲电泳仪等。

6 基因组 BAC 文库构建

6.1 高分子量 DNA 制备

6.1.1 细胞收集

6.1.1.1 家禽血细胞的收集

采集 3.0 mL～5.0 mL 畜禽新鲜血液，立即注入含 1 mL 肝素钠(500 U/mL)或柠檬酸钠葡萄糖的离心管中抗凝。4 ℃下，4 500*g* 离心 5 min，弃上清，加入等体积预冷的 pH7.0 磷酸盐缓冲液(phosphate buffered saline，PBS)，混匀。上述血细胞收集步骤重复离心 3 次后，加入 1.0 mL PBS 重悬细胞。重悬细胞后计数，将血细胞密度稀释到 1.0×10^8 个/mL～2.5×10^8 个/mL。

6.1.1.2 家畜血细胞的收集

采集 10 mL～20 mL 家畜新鲜血液，加入等体积红细胞裂解液，37 ℃下放置 1 h，4 ℃下，583*g* 离心 5 min，其余步骤同 6.1.1.1。

6.1.1.3 畜禽其他组织细胞收集

在干冰或液氮存在的条件下，将新鲜的畜禽组织碾成粉末，悬浮在 PBS 中，振荡混匀，用两层纱布过滤。其余步骤同 6.1.1.1。

6.1.2 细胞裂解

取细胞密度为 1.0×10^8 个/mL～2.5×10^8 个/mL 的悬液和 1%低熔点琼脂糖在 45 ℃下放置 5 min 后，等体积混匀，隔 3 min～5 min 再混匀一次。将 100 μL 混合液置于专用模具中，4 ℃下放置 15 min～30 min 形成凝胶块。将凝胶块置于含有 0.1 mg/mL 蛋白酶 K 和 30 mL 1% NDS 缓冲液中，50 ℃下水浴 3 h 后更换相同缓冲液，再 50 ℃水浴 24 h～28 h。用 30 mL TE 缓冲液(pH7.6)在 30 min 内洗涤 3 次(冰上操作)以去除 TE 缓冲液，置于 1.0 mmol/L 苯甲基磺酞氟(phenyl methyl sulfonyl fluoride，PMSF)中，50 ℃下水浴 30 min，中间换液一次。将凝胶块储存于 0.5 mol/L EDTA(pH8.0)中 4 ℃可保存半年。

6.1.3 基因组 DNA 酶切与回收

将凝胶块在 4 ℃下用 30 mL TE 缓冲液浸泡 3 h～4 h，中间换液 3 次～4 次。置于 1 mL 的适宜限制性内切酶缓冲液中，冰浴 1 h，中间换液 1 次。分别移至不同酶量(1 U～20 U)的酶切缓冲液中，冰上渗透 1 h 后，37 ℃下酶切 10 min～30 min，用 1/10 体积 0.5 mol/L EDTA(pH8.0)终止反应。将不完全消化的 DNA 凝胶块在 0.5×TBE 中，13 ℃，180 V～120 V，120°角，脉冲时间 60 s～10 s 条件下进行 PFGE 电泳，电泳时间 16 h～24 h。

6.1.4 最适 DNA 片段获得

6.1.4.1 第一次电泳选择

用 1%琼脂糖凝胶电泳分离酶切获得的大分子量 DNA，电泳条件同 6.1.3，电泳时间 24 h。电泳结束后，取出凝胶，将 DNA 分子量标尺与相邻胶切下，在 0.5×TBE 中染色 40 min 后。置于长波紫外灯下观察，用标尺测量并标记凝胶块所需回收的分子量的片段(100 kb～400 kb)。

6.1.4.2 第二次电泳选择

将未染色的样品条带切成 100 kb～200 kb、200 kb～300 kb 和 300 kb～400 kb 三段。

用新的 1% 琼脂糖凝胶进行第二次脉冲电泳，电泳条件同第一次电泳选择条件。根据 DNA 分子量标尺切下各条带中 100 kb～400 kb 的 DNA 片段，用 TE 洗 2 次～3 次，保存在 0.5 mol/L EDTA 中。

6.1.5 电洗脱

6.1.5.1 透析袋处理

透析袋在 2%(质量浓度)$NaHCO_3$ 和 1 mmol/L EDTA(pH8.0)溶液中煮沸 10 min，用蒸馏水彻底漂洗，再置于 1 mmol/L EDTA(pH8.0)中煮沸 10 min 后冷却，4 ℃下保存于纯水中。

6.1.5.2 电泳

将不同大小范围 DNA 胶条分别放入一透析袋中，用 0.5×TBE 充满透析袋，浸泡在 0.5×TBE 的电泳槽中，13 ℃，120°角，4 V/cm～5 V/cm 电泳 3 h，使 DNA 分子从凝胶中移出。将透析袋旋转 180°，再电泳 30 s～1 min，以解析透析袋上的 DNA 分子。

6.1.5.3 电泳后处理

电泳结束后将透析袋在 4 ℃下 0.5×TE 中透析 12 h，从透析袋中将回收的 DNA 溶液吸出，依照一定的分子量标尺对回收的基因组 DNA 进行定量。保存于 4 ℃，一周内使用。

6.2 BAC 质粒载体制备

6.2.1 BAC 载体制备

SDS 碱裂解法制备 BAC 载体。将含有适当 BAC 质粒的菌液涂布于含 12.5 μg/mL 的氯霉素的 LB 平板上，37 ℃培养 12 h。挑单个菌落接种到 LB 液体培养液中，200 r/min，37 ℃ 振荡过夜。将 6 mL 培养物，4 ℃下，20 000*g* 离心 1 min，收集细菌。细菌沉淀悬浮于碱裂解液Ⅰ中，剧烈振荡。加新配制的碱裂解液Ⅱ于细菌悬液中，颠倒混匀，放置于冰上。加碱裂解液Ⅲ，颠倒混匀。4 ℃ 下，20 000*g* 离心 30 min，取上清，加入 0.6 倍体积的异丙醇，混匀，室温放置 10 min。4 ℃ 下，20 000*g* 离心30 min，回收核酸沉淀。用 70% 的乙醇涮洗管底及管壁，室温干燥 DNA 沉淀。用 TE(pH8.0)溶解核酸沉淀。

6.2.2 超螺旋质粒纯化

密度梯度离心法纯化超螺旋质粒。每毫升 DNA 样品加 1.00 g 固体 CsCl，至完全溶解。加 λ DNA 和 CsCl 溶液，混匀，加石蜡油，800 000*g* 离心 24 h 后，可见两条相隔约 4 mm 的清晰条带，弃石蜡油和部分溶液，吸取线环式质粒和超螺旋质粒于一离心管中。收集液体于透析袋中，依次用 2.0 L 0.5×TE 透析 3 h，4 L 0.5×TE 透析 4 h，4 L 0.5×TE 透析 12 h。收集液体，4 ℃保存。

6.2.3 BAC 载体酶切和去磷酸化

用适当的限制性内切酶进行酶切，反应体系为 20 μL 10×缓冲液；100 μL(5 μg～10 μg)载体 DNA；1 μL 40 mmol/L 亚精胺；适当的限制性内切酶；用 ddH_2O 定容至 150 μL，37 ℃下酶切 6 h 后，加入 2.0 μL 1 U/μL 牛小肠碱性磷酸酶(calf intestinal alkaline phosphatase，CIAP)和 20 μL 10× CIAP 缓冲液，用 ddH_2O 定容至 190 μL，37 ℃放置 1 h 后，70 ℃反应 15 min，进行去磷酸化。通过低熔点琼脂糖凝胶电泳分离载体 DNA，染色，紫外灯显示条带，经熔化凝胶和酚、三氯甲烷抽提进行载体 DNA 的回收。

6.2.4 载体脱磷效果检测

分别用 T4 DNA 连接酶和 T4 DNA 连接酶缓冲液及 T4 多核苷酸激酶对所制备的载体于 16 ℃自连 12 h。取 1.5 μL～2.0 μL 连接产物加到 18 μL～20 μL 适当的感受态细胞中，37 ℃ 下，在 SOC 培养基中，200 r/min 下培养 1 h。将转化的菌液适量涂布于含有氯霉素、IPTG 和 X-gal 的 LB 固体培养基表面，于 37 ℃下放置 24 h～36 h，检测脱磷效率。

6.2.5 载体连接率检测

16 ℃ 下，将制备的载体与经酶切的 λ DNA 在 T4 DNA 连接酶的作用下连接 12 h。反应体系为 1.0 μL T4 DNA 连接酶；10 μL 2 倍连接酶缓冲液；10 μL(约 25 ng)载体 DNA；2.5 μL(约 100 ng) 100 kb 标准外源片段。把灭活后的连接产物加到适当的感受态细胞中，经培养后取适量菌液涂布于含氯霉素、IPTG 和 X-gal 的 LB 固体培养基表面，37 ℃下，培养 24 h～36 h。随机挑取若干个白色菌落于 3 mL LB 液体培养基中培养 12 h。提取少量质粒 DNA，经酶切后进行脉冲电泳检测，电泳条件同酶切回收，电泳时间 24 h。脉冲结束后，经染色，检测外源片段插入情况。

6.3 感受态细胞制备

取－80 ℃冰箱中保存的适当的菌种复苏，培养至光密度值(optical density，OD_{600})约为 0.72～0.76 后，置于冰水混合物中骤冷，4 ℃下 1 000*g* 离心 10 min，弃上清。用 ddH_2O 重悬菌体，4 ℃下 1 000*g* 离心 10 min，弃上清。加 10%甘油重悬，4 ℃ 1 000*g* 离心 10 min，重复 2 次，弃上清，用残存管底的甘油悬浮细胞，4 ℃下 1 000*g* 离心 2 min，弃上清，用 1.0 mL 10%甘油重悬细胞以每管 100 μL 分装于离心管中，－80 ℃保存。

6.4 基因组 DNA 和载体 DNA 的连接

将回收的大片段 DNA 与 30 ng 制备好的载体以 1∶2～1∶3 的比率连接，连接体系含 400 U 的 T4 DNA 连接酶，16 ℃下连接 12 h。65 ℃温育 15 min，将连接产物转移到 0.025 μm 的透析膜中央，用 0.5×TE 4 ℃透析 2 h。从透析膜上回收透析产物，再用 0.5×TE＋30%的 PEG 8 000 4 ℃透析 30 min，浓缩连接混合物中的 DNA。

6.5 电转化

将适当的感受态细胞置于冰上解冻后，取 20 μL 感受态细胞，加入 2.0 μL 重组体连接物，冰上放置 1 min～5 min。将混合液加入预冷的电击杯中，电击。取出电转化后的细胞移至 1 mL 37 ℃的 SOC 培养基中，混匀，37 ℃下 225 r/min 培养 1 h～1.5 h。铺于含有氯霉素、IPTG 和 X-gal 的固体 LB 培养基表面，37 ℃倒置培养 24 h。随机挑选白斑，用酶切鉴定插入大小，片段大小应在 100 kb 以上，转化次数在 50 次左右，可以进行大量连接和转化。转化后的菌液用含 10%甘油的 LB 冻存液，以每份 500 μL 分装，于－80 ℃保存。

7 基因组 BAC 文库的保存

取出转化的冻存菌液，于冰上融化。取适量菌液涂于氯霉素板上，37 ℃培养 24 h。将 LB 培养冻存液以每孔 110 μL，加到 384 孔培养板中。将氯霉素平板上的白色菌落挑至 384 孔板，每孔 1 个菌落。将 384 孔板置于专用摇床中，37 ℃下培养 24 h。取出 384 孔板进行编号，即为文库母板。将文库母板置于－80 ℃冰箱中长期保存。

8 文库的扩增及应用

应用自动平板复制器将已构建好的文库母本复制若干份，复制完成后将 384 孔板置于专用摇床中，37 ℃ 下培养 24 h，－80 ℃保存工作文库，进行后续相关研究。

ICS 65.020.30
B 40

中华人民共和国国家标准

GB/T 25171—2010

畜禽养殖废弃物管理术语

Animal waste management terminology

2010-09-26 发布　　　　2011-03-01 实施

中华人民共和国国家质量监督检验检疫总局
中国国家标准化管理委员会　发布

前　言

本标准由中华人民共和国农业部提出。

本标准由全国畜牧业标准化技术委员会(SAC/TC 274)归口。

本标准起草单位:中国农业科学院农业环境与可持续发展研究所、农业部畜牧环境设施设备质量监督检验测试中心(北京)、农业部规划设计研究院。

本标准主要起草人:陶秀萍、董红敏、尚斌、陈永杏、黄宏坤、朱志平、游玉波、李长生。

畜禽养殖废弃物管理术语

1 范围

本标准规定了畜禽养殖废弃物收集、贮存、处理和利用的相关术语及定义。

本标准适用于畜禽养殖废弃物管理及其相关领域。

2 基础术语

2.1 一般基础术语

2.1.1

农业废弃物 agricultural wastes

养殖业、种植业生产过程中所产生的动物粪便、病死畜禽、作物残茬、农业化学药品(农药化肥农膜等)残余及其包装物的总称。

2.1.2

畜禽养殖废弃物 livestock feeding waste; livestock feeding residue

畜禽养殖过程中产生的废弃物,包括粪、尿、垫料、冲洗水、动物尸体、饲料残渣和臭气等。

2.1.3

畜禽粪便 animal manure

畜禽的粪、尿排泄物。可根据其中固体物含量不同分成固体粪便、半固体粪便、粪浆和液体粪便(参见图1),不同类型粪便之间不一定有明显的分界线,如粪浆和半固体粪便。

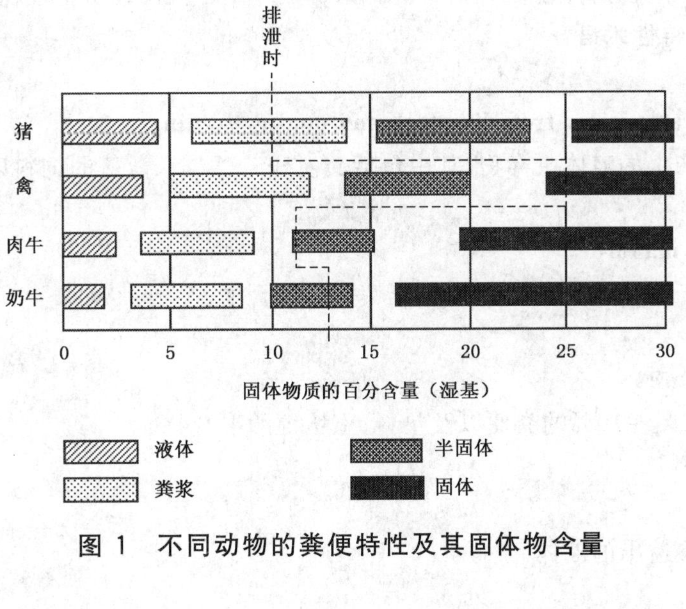

图1 不同动物的粪便特性及其固体物含量

2.1.4

净道 non-pollution road

养殖场内人员行走和饲料运输的道路。

2.1.5

污道 pollution road

粪便等废弃物和病死畜禽运输的道路。

2.1.6

病原菌　pathogen

引发疾病或感染生物的总称，畜禽养殖废弃物中通常存在病原菌，堆肥处理过程中的高温能将绝大部分的病原菌杀死。

2.2　固体废弃物及其特性术语

2.2.1

固态粪便　solid manure

总固体物含量大于20%的粪便以及垫料、土壤等的混合物。

2.2.2

半固态粪便　semi-solid manure

总固体物含量为10%～20%的粪便以及垫料、土壤等的混合物。

2.2.3

垫料　bedding;litter

铺放在动物生活区地面，为动物提供褥草和吸收粪便、尿液、漏水及饲料残渣等的物质。

2.2.4

干物质　dry matter

在105 ℃±1 ℃烘干至恒重的固体残余物。

2.2.5

挥发性固体　volatile solids

干物质在550 ℃±50 ℃高温下灼烧后，以气体形式挥发的物质总量。

2.2.6

淤泥　silt

贮存和处理设施中沉积的直径在0.005 mm～0.05 mm的颗粒或水生性物质。

2.3　液体废弃物及其特性术语

2.3.1

畜禽养殖污水　waste water from livestock and poultry feeding

冲洗系统运行后产生的液体废弃物，其中包括粪便残渣、尿液、散落的饲料以及畜禽毛发和皮屑等。

2.3.2

液态粪便　liquid manure

总固体物含量小于5%的粪便以及垫料、土壤等的混合物。

2.3.3

粪浆　slurry manure

总固体物含量为5%～10%的粪便以及垫料、土壤等的混合物。

2.3.4

渗漏液　seepage

从贮粪池或粪堆渗透出的液体。

2.3.5

渗漏率　percolation rate

水在重力和流体静压作用下沿土壤、岩石或过滤介质中的细小缝隙渗出的速率。

2.3.6

上清液　supernatant

污水或液体粪便沉淀或离心后的上层液体。

2.3.7

沉积物　sediment

自然沉降后的下层固态物质。

2.3.8

溶解性总固体　dissolved solids

通过 0.45 μm 滤膜过滤后的液体经 105 ℃烘干后的残余物。

2.3.9

总悬浮物　total suspended solids

通过 0.45 μm 滤膜过滤截流的液体经 105 ℃烘干后的残余物。

2.4　气体废弃物及其特性术语

2.4.1

气溶胶　aerosol

固体微粒或(和)液体微滴稳定地悬浮分布于气相介质中所形成的分散体系。

2.4.2

恶臭　malodor

存在于空气中能刺激嗅觉器官的一类不愉快气味的总称。

2.4.3

臭气浓度　odor concentration

将恶臭气体(包括异味)用无臭空气进行稀释,稀释到刚好无臭时,所需的稀释倍数。

2.4.4

臭觉阈值　odor threshold

人的嗅觉所能辨别的最低空气臭气浓度。

3　畜禽废弃物收集术语

3.1

漏缝地板　slotted floor

畜禽舍内有缝隙的地表面,液体物从缝隙流入其下面的粪沟,固形粪便经动物踩下落入粪沟。漏缝地板的材料有木材、塑料、铸铁、钢材和混凝土。

3.2

刮粪板　manure scraper

能在地面上移动的金属板,当其运动时可将板前的畜禽粪便刮至集粪沟(坑)。

3.3

清粪带　manure belt

位于多层层叠式鸡笼的每层鸡笼下面,承集和运输粪便的传送带,其材质一般为尼龙帆布或橡胶制品。

3.4

贮粪坑　manure storage pits

在畜禽生活区下面的工程贮存结构。一般地,新鲜粪便因动物活动或由于重力作用进入贮粪坑。深度小于或等于 1.2 m 的为浅粪坑,大于 1.2 m 的则为深粪坑。

3.5

清粪　manure collection

将粪便从排泄处转移至收集点的过程。

3.6

干清粪　dry collecting

采用人工或机械方式从畜禽舍地面收集全部或大部分的固体粪便，地面残余粪尿用少量水冲洗，从而使固体和液体废弃物分离的粪便清理方式。

3.7

水冲清粪　flushing system

在畜舍内使用大量的水或回用水冲洗有一定坡度的浅粪沟，使其中堆积的粪便由畜禽舍的一端向另一端流动和集中的过程。

3.8

水泡粪　manure in pits

将粪便集中到漏缝地板下的贮粪坑中贮存3个月～8个月，待贮粪坑装满后，打开出口闸门，将粪污排出的粪便清理方式。

3.9

粪沟　manure flume

液体粪便或粪浆依靠重力能在其中流动的长方形、梯形或半圆形的沟槽。

3.10

自流　gravity flow

粪便或其他的废弃物借助重力而发生的移动。

3.11

水力沉降　hydraulic settling

水中的颗粒物质借助重力作用沉淀下来。

4　畜禽废弃物贮存术语

4.1

粪便贮存设施　manure storage

用于存放待处理或利用粪便的场所或设施，通常根据粪便贮存设施的结构形式和类型进行分类。例如地上或地下液体粪便贮存池，土粪池、固体粪便贮存设施。

4.2

组装式贮存设施　formed storage

用于存放半固体、粪浆或液体粪便，有垂直侧墙和防渗地面的装配式建筑。分地下式和地上式两种，地下式通常用混凝土建造，地上式通常为混凝土或不锈钢材质。

4.3

贮粪池　manure tank

用来贮存半固体、粪浆或液体粪便的、有垂直外围和防渗地面的钢筋结构，有地下和地上两种形式。地下贮存池通常用混凝土建造，地上贮存池通常用毛石、钢筋混凝土或钢筋建造。

4.4

土粪池　earthen storage basin

对液体粪便进行长期存放直至其被农业利用的土质围护结构，分地下式和半地下式。

4.5

化粪池　cesspool

存放畜禽养殖污水和(或)家庭生活废水的地下粪坑。一般应有防渗措施。

4.6

沉淀池　sedimentation basin;settling basin

污水的悬浮固体物质能在重力作用下沉淀下来的混凝土或土质结构。

4.7

消化液贮存池　storage tank of effluent

能够贮存一定量的厌氧消化料液的设施。

5　畜禽废弃物处理术语

5.1　畜禽废弃物处理一般术语

5.1.1

固液分离　mechanical solids separation

利用机械装置的离心或筛网截留作用使悬浮固体物质与液体分离的过程。

5.1.2

嗜温细菌　mesophilic bacteria

在 20 ℃～45 ℃温度环境存活的细菌,35 ℃时的活性最佳。

5.1.3

嗜热细菌　thermophilic bacteria

在 45 ℃～75 ℃温度环境存活的细菌,50 ℃～60 ℃时的活性最佳。

5.1.4

好氧菌　aerobic bacteria

不能利用化学结合氧而依靠自由氧生长的细菌。

5.1.5

厌氧菌　anaerobic bacteria

不需要自由或溶解氧生长的细菌。

5.1.6

接种菌剂　inoculum

加入活体生物或含有一定量活体生物的物质以启动或加快生物处理过程。如生物接种。

5.2　固体废弃物处理术语

5.2.1　固体废弃物处理技术术语

5.2.1.1

堆肥处理　composting

在有氧条件下将有机固体废弃物集中堆放,通过生物降解作用将其中的有机固体转化成相对稳定的腐殖质状堆肥物质的过程。

5.2.1.2

焚烧　incineration

在专门设计的燃烧室内利用高温将固体废弃物快速氧化的过程。

5.2.1.3

填埋　landfill

将废弃物掩埋覆盖,使其稳定化的处理方法。

5.2.2　固体废弃物堆肥相关术语

5.2.2.1

条垛堆肥　windrow compost

将物料堆制成长条形堆垛的好氧发酵过程。

5.2.2.2

静态堆肥 static composting

物料处于相对静止状态的好氧发酵过程。

5.2.2.3

动态堆肥 dynamic composting

定期翻动或搅拌堆体以保持物料发酵分解所需要氧气的好氧发酵过程。

5.2.2.4

强制通风静态堆肥 aerated static composting

利用由正压风机、多孔管道和料堆中的空隙所组成的通风系统对物料堆进行供氧的堆肥方法。

5.2.2.5

仓式堆肥 in-vessel composting

原料混合物在简单的仓式结构中进行发酵的堆肥方法。仓可为密闭式或不完全密闭式,仓式堆肥通常使用强制通风。

5.2.2.6

好氧堆肥 aerobic composting

在充分供氧的条件下,主要利用好氧微生物进行的堆肥处理过程。

5.2.2.7

厌氧堆肥 anaerobic composting

在隔绝氧气的条件下,主要利用厌氧微生物进行的堆肥处理过程。

5.2.2.8

中温堆肥 mesophilic composting

主要利用嗜温性微生物作用的堆肥处理过程,最佳温度范围为 35 ℃～45 ℃。

5.2.2.9

高温堆肥 thermophilic composting

主要利用嗜热性微生物作用的堆肥处理过程,最佳温度范围为 55 ℃～65 ℃。

5.2.2.10

堆肥辅料 bulking agent;composting amendment

与粪便原料相混合,用于改善粪便混合物的结构和增加空隙率的较干燥的大颗粒物质。

5.2.2.11

容积密度 bulk density

单位体积物质的重量或质量,其大小与堆肥粪便混合物的空隙率有关。

5.2.2.12

堆肥周期 composting period

物料完成堆肥处理所需的时间。

5.2.2.13

翻堆 turning

条垛或仓式堆肥过程中对堆肥物料进行搅动混合的过程。

5.2.2.14

耗氧速率 oxygen consumption rate of compost

单位反应体积或单位质量的物料在单位时间内所消耗的氧量。

5.2.2.15

气压损失 air pressure loss

在静态通气堆肥过程中,空气经过由风机、管道和堆体空隙组成的通气系统时所损失的压力或能量。它指一定通风量经过通气系统所需要的能量，要根据估算的气压损失选择适当的风机。

5.2.2.16

后腐　curing

堆肥处理的最后阶段，此时堆肥继续稳定化但其降解率减慢，不需要进行翻堆、搅拌或强制通风。

5.2.2.17

堆肥的稳定性　stabilization of compost

利用微生物的作用，使畜禽固体废弃物稳定化的程度。

5.2.2.18

堆肥　compost

粪便等有机废弃物好氧发酵后的产物。

5.2.2.19

碳氮比　carbon-nitrogen ritio; C/N

有机物质中有机碳与总氮的质量比值。

5.2.3　固体废弃物处理其他术语

5.2.3.1

堆粪场　manure yard

用以堆放固体粪便的场所。

5.2.3.2

焚尸炉　carcass incinerator

专供焚毁患炭疽、气肿疽以及其他可以形成芽孢的传染病和某些特别危险疾病的病死畜禽尸体的炉具。

5.2.3.3

腐尸坑　carcass-decomposed pit

专门用以处理在流行病学及兽医卫生学方面具有危险性的畜禽尸体以及废弃物的深坑。

5.2.3.4

畜禽粪便处理中心　centralized manure treatment facility

专门从事畜禽粪便处理、加工的企业和场所。

5.2.3.5

畜禽尸体利用工厂　rendering plant

根据兽医法规定和食品卫生法规定，对不准食用的畜禽尸体、屠体及有关废弃物进行加工或彻底消毒以获得油脂、骨粉等产品的工厂。

5.3　液体废弃物处理术语

5.3.1　液体废弃物处理技术术语

5.3.1.1

污水物理-化学处理　wastewater physico-chemical treatment

用物理和化学方法对污水进行处理的过程，如浮选、吹脱、结晶、吸附、萃取、电解、电渗析、离子交换、反渗透等。

5.3.1.2

污水生物处理　biological wastewater treatment

通过细菌或生化作用使污水中不稳定的有机物质稳定或氧化的过程。氧化沟、好氧塘、厌氧塘、好氧消化器、厌氧消化器等都是生物废水处理形式。

5.3.1.3

活性污泥法　activated sludge process

将养殖污水与生物固体进行混合搅拌和曝气的生物性污水处理过程。在此过程中产生的有机固体物质可通过沉淀与污水分离,分离出的有机固体物既可以作为废弃物进行处理,也可再次用于污水处理。污水与生物固体的混合物称之为混合液,沉淀出的固体物称之为污泥。

5.3.1.4

厌氧接触工艺　anaerobic contact process

由完全混合厌氧消化器和消化污泥回流设施所组成的处理方法。

5.3.1.5

生物接触氧化法　biological contact oxidation process

利用生长在人工填料表面的生物膜和人工曝气方式供氧去除水中污染物的一种生物处理方法。

5.3.1.6

生物膜法　biological membrane process

利用固体填料表面的附着性微生物的代谢活动,吸附和氧化水中的污染物,使污水净化的一种方法。

5.3.1.7

人工湿地　constructed wetland

专门设计用来处理污水的土地复合系统,由填料床及其上种植的特定湿地植物组成,通过填料基质、植物和微生物之间的物理、化学、生物化学等过程协同作用净化污水。

5.3.1.8

砂滤　sand filtration

通过滤料(通常用砂)使水中所含微细杂质在复杂的物理化学作用下为滤料所阻留,从而使污水净化的一种方法。

5.3.2　**液体废弃物处理设备和设施术语**

5.3.2.1

生物塘　lagoon

借助生物处理养殖污水的土质结构。根据负荷、设计及其微生物种类的不同,可分为厌氧塘、好氧塘和兼性塘。

5.3.2.2

厌氧塘　anaerobic lagoons

畜禽养殖废弃物与足量的水混合稀释,使其内容物达到处理高度,通过厌氧微生物的活动净化水体的生物塘。

5.3.2.3

好氧塘　aerobic lagoon

氧化塘　oxidation pond

需氧微生物利用自然或机械充氧系统提供的自由氧对有机物质进行分解的生物塘。

5.3.2.4

兼性塘　facultative lagoon

兼性微生物利用自然供氧或还原化合物作为电子接受体对有机物质进行分解的生物塘。

5.3.2.5

稳定塘　stabilization pond

见氧化塘。

5.3.2.6

氧化沟　oxidation ditch

有曝气装置充氧并使液体循环流动的连续开放沟。

5.3.2.7

厌氧消化器　anaerobic digester

沼气池　biogas digester

在无氧状态下，利用微生物分解有机物产生沼气的装置。

5.3.2.8

完全混合式厌氧消化器　complete stirred tank reactor；CSTR

内设有搅拌器的厌氧消化装置。

5.3.2.9

厌氧过滤器　anaerobic filter；AF

设置有供厌氧微生物附着生长的载体（填料）的厌氧消化装置。

5.3.2.10

升流式厌氧固体反应器　upflow anaerobic solid reactor；USR

反应器的下部是含有高浓度厌氧微生物的固体床。发酵原料从反应器底部进入，依靠进料和所产沼气的上升动力按一定的速度向上升流通过高浓度厌氧微生物固体床时，有机物被分解发酵，上清液从反应器上部排出。

5.3.2.11

升流式厌氧污泥床　upflow anaerobic sludge blanket；UASB

由底部的污泥区和中上部的气、液、固三相分离区组合为一体的厌氧消化装置。

5.3.2.12

上流式厌氧复合床　upflow blanket filter；UBF

由底部升流式厌氧污泥床和上部厌氧过滤器组合为一体的厌氧消化装置。

5.3.2.13

生物流化床　biological fluidized bed

以水流或气流为动力使附着生物膜的微小颗粒载体与活性污泥一起循环流动，去除水中污染物的一种生物反应器。

5.3.2.14

生物转盘　biological rotating disk

利用生长在旋转盘片上的生物膜去除水中污染物的一种生物反应器，又称旋转式生物反应器。

5.3.2.15

滴流生物滤器　trickling filter

由碎石、渣块、板岩或塑料等粗糙物质组成的滤床组成的污水生物处理单元。废水从滤床上喷洒后从滤床滴流而下，在此过程中形成的生物粘液膜能过滤和氧化废水中的有机物质。

5.3.2.16

水力沉降池　hydraulic settling basin

废水流速减小并能使其中的悬浮固体通过重力作用而沉降下来的结构。

5.3.2.17

污泥脱水设施　sludge dewatering facility

对厌氧消化过程中产生的污泥进行人工滤层自然干化或机械脱水的各种设施。

5.3.2.18

草滤场 grass filter; buffer strip

在农田、放牧场或扰动地(包括林地)和环境敏感区之间的植被带或区,通过固体物质的沉淀和过滤、植物吸附和土水界面的细菌截留,减少径流中可溶解固体污染负荷。

5.3.2.19

土地处理系统 land treatment system

利用土壤及其生物系统截流、吸附及降解作用去除污水中有机物的一种处理方法。

5.3.3 液体废弃物处理其他术语

5.3.3.1

消化 digestion

通常指溶液或悬浮物中的有机物分解成简单和(或)生物稳定性更强的化合物的过程。

5.3.3.2

厌氧消化 anaerobic digestion

利用厌氧菌或兼性厌氧菌在无氧状态下,将粪便等有机物质分解并产生沼气(主要为甲烷和二氧化碳)的过程。

5.3.3.3

常温消化 ambient temperature anaerobic digestion

不低于 10 ℃的环境空气温度条件下发生的厌氧发酵过程。

5.3.3.4

中温消化 mesophilic digestion

35 ℃~45 ℃温度条件下的厌氧发酵处理。

5.3.3.5

高温消化 thermophilic digestion

50 ℃~60 ℃温度条件下的厌氧发酵过程。

5.3.3.6

沼气 biogas

厌氧消化的气体产物,主要成分为甲烷和二氧化碳。

5.3.3.7

沼渣 anaerobic digested residues

畜禽粪便经过厌氧消化后残留在沼气发酵装置底部的固体或半固体物质。

5.3.3.8

沼液 anaerobic digested slurry

畜禽粪便在沼气发酵装置中经过厌氧消化后所生成的褐色明亮的液体,呈弱酸性。

5.3.3.9

沼气发酵 biogas fermentation

在密闭、厌氧条件下以畜禽粪便为主要原料的生物消化过程(包括常温消化、中温消化和高温消化)。

5.3.3.10

沼气站 biogas plant

沼气的生产、贮存、净化、输配和利用的单位。

5.3.3.11

沼气工程 biogas engineering

以规模化畜禽养殖场粪便污水的厌氧消化为主要技术环节,集污水处理、沼气生产、资源化利用为一体的系统工程。

5.3.3.12

负荷　loading rate

单位体积单位时间内或单位面积单位时间内增加的物质数量。

5.3.3.13

滞留时间　detention time

废弃物处于稳定过程或处理单元中的平均时间。

5.3.3.14

水力停留时间　hydraulic retention time;HRT

待处理污水在反应器内的平均停留时间,也就是污水与生物反应器内微生物作用的平均反应时间。

5.4　气体废弃物处理术语

5.4.1

臭氧处理　ozonation

利用臭氧杀菌、消毒和氧化污染物质的处理方法。

5.4.2

灭菌　sterilization

利用物理方法(加热、加压和紫外线照射)或化学药品杀灭活体微生物的过程。

5.4.3

消毒　disinfection

用可能将病原微生物(细菌、病毒、支原体、真菌)全部杀死的试剂将物体内部或表面大部分微生物杀灭的过程。

6　畜禽废弃物利用术语

6.1

土地灌溉　irrigation

利用土壤的自净作用和渗透能力的一种污水利用方法,有畦灌、沟灌、淹灌和喷灌。

6.2

有机肥料　organic fertilizer

主要来源于植物和(或)动物,施用于土壤以给植物提供营养为其主要功能的含碳物料。非矿物或化工合成的无机肥料。

6.3

表施　surface application

利用液灌车、喷枪、拖管或喷灌系统等将液体粪便直接施用于农田表面的过程。

6.4

深施　incorporation

用配备浅层掩埋装置的专用设备将液体粪便施用于农田的同时用土壤进行覆盖或直接用射液器将液体粪便施用于土壤深层的过程。

6.5

农田粪便承载力　manure loading rate of land application

在单位土地面积的粪便最大负荷量。

参 考 文 献

[1] CJJ/T 65 市容环境卫生术语标准
[2] GB 5084 农田灌溉水质标准
[3] GB 5749 生活饮用水卫生标准
[4] GB 7959 粪便无害化卫生标准
[5] GB 11607 渔业水质标准
[6] GB 14554 恶臭污染物排放标准
[7] GB/T 6274 肥料和土壤调理剂 术语
[8] GB/T 16662 建筑给水排水设备器材术语
[9] GB/T 17824.1 规模猪场建设
[10] GB/T 17824.3 规模猪场环境参数及环境管理
[11] GB/T 19525.1 畜禽环境 术语
[12] HJ/T 81 畜禽养殖业污染防治技术规范
[13] NY 525 有机肥料
[14] NY/T 388 畜禽场环境质量标准
[15] NY/T 1168 畜禽粪便无害化处理技术规范
[16] NY/T 1220.1 沼气工程技术规范 第1部分:工艺设计
[17] NY/T 1220.4 沼气工程技术规范 第4部分:运行管理
[18] NY/T 1222 规模化畜禽养殖场沼气工程设计规范
[19] NYJ/T 05 集约化养鸡场建设标准
[20] 农牧渔业部畜牧局.畜牧名词术语标准[M].北京:农业出版社,1987.
[21] ANSI GELPP 0001-2002 General Site Conditions
[22] ANSI GELPP 0002-2002 Production Areas
[23] ANSI GELPP 0003-2002 Outdoor Manure and Storm Water Storage
[24] ANSI GELPP 0004-2002 Manure Utilization
[25] ASAE S292.5 FEB04 Uniform terminology for rural waste management
[26] ASAE S466 Nomenclature/terminology for livestock waste/manure handling equipment

中 文 索 引

英 文 索 引

A

B

C

D

E

F

G

H

I

L

M

N

O

P

R

S

T

U

ICS 65.020.30
B 43

中华人民共和国国家标准

GB/T 25172—2010

猪常温精液生产与保存技术规范

Technical specification for production and preservation of fresh boar semen

2010-09-26 发布　　　　2011-01-01 实施

中华人民共和国国家质量监督检验检疫总局
中国国家标准化管理委员会　发布

前　言

本标准的附录B、附录D为规范性附录,附录A、附录C为资料性附录。

本标准由中华人民共和国农业部提出。

本标准由全国畜牧业标准化技术委员会归口。

本标准起草单位:青岛市畜牧兽医研究所、华南农业大学、北京养猪育种中心、胶南市家畜改良站。

本标准主要起草人:戈新、张守全、王建华、马振强、刘长宏、程明、孟庆利。

猪常温精液生产与保存技术规范

1 范围

本标准规定了猪常温精液生产与保存技术规范的精液采集、检查、稀释、分装、保存和运输。

本标准适用于猪的常温精液生产与保存。

2 规范性引用文件

下列文件中的条款通过本标准的引用而成为本标准的条款。凡是注日期的引用文件，其随后所有的修改单(不包括勘误的内容)或修订版均不适用于本标准，然而，鼓励根据本标准达成协议的各方研究是否可使用这些文件的最新版本。凡是不注日期的引用文件，其最新版本适用于本标准。

GB 4789.2　食品安全国家标准　食品微生物学检验　菌落总数测定

NY/T 65　猪饲养标准

3 术语和定义

下列术语和定义适用于本标准。

3.1

原精液　raw semen

采集后未经稀释的精液。

3.2

常温精液　fresh semen

经稀释后在 16 ℃～18 ℃下短期保存，仍具有受精能力的精液。

3.3

精子活力　sperm motility

在 37 ℃下呈直线前进运动的精子占总精子数的百分率。

3.4

精子密度　sperm concentration

单位体积精液中的精子数，单位为 10^8 个每毫升。

3.5

精子畸形率　abnormal sperm percentage

畸形精子占总精子数的百分率。

4 精液采集

4.1 公猪

应具有种用性能，符合国家有关规定。饲养应符合 NY/T 65 的要求。

4.2 采精室

应设置采精区和安全区。采精区设置假台猪，地面防滑，并保持清洁、安静。

4.3 采精前准备

4.3.1　采精员应着洁净工作衣、帽，穿长胶鞋。

4.3.2　集精杯(内置无毒塑料袋并覆盖四层纱布或一层精液过滤纸)、载玻片、盖玻片、精液处理器皿和稀释液应预热至 37 ℃。

4.3.3 显微镜载物台恒温板应预热至 37 ℃。精子密度仪使用前应预热。

4.4 采精步骤

4.4.1 剪去包皮部长毛,清洁体表,擦干水渍。

4.4.2 挤净包皮积液,先用 0.1%高锰酸钾溶液清洗腹部和包皮,再用温水清洗后擦干。

4.4.3 手握法采精时,应一只手戴双层无毒塑料手套,按摩公猪包皮部,待公猪爬跨假台猪并伸出阴茎,脱去外层手套,握紧龟头,使其不能旋转,顺势将阴茎的“S”状弯曲延直。另一只手持集精杯,弃去最初射出的少量精液(约 5 mL),收集精液至射精完毕。

4.5 采精频率

成年公猪每周采精两次至三次,青年公猪每周一次至两次。

5 精液检查

5.1 精液处理室

应设精液检查、稀释和分装区,温度宜控制在 22 ℃～25 ℃,不应太阳光直射或紫外灯照射。配置仪器和用品参见附录 A。

5.2 原精液品质

原精液品质应符合表 1 的规定。

表 1 原精液品质

项　目	指　标
外观	呈乳白色,均匀一致
气味	略带腥味,无异味
采精量/mL	≥100
精子活力/%	≥70
精子密度/(10^8 个/mL)	≥1
精子畸形率/%	≤18
细菌菌落数/(CFU/mL)	≤1×10^3

5.3 检测方法

5.3.1 外观、气味

目测、鼻嗅。

5.3.2 采精量

采用称量法计算采精量(1 g 相当于 1 mL)。

5.3.3 精子活力

取中层精液 15 μL～25 μL,在 200 倍～400 倍显微镜下检查。每份精液取样两次,每个样观察三个视野,计算平均值。

5.3.4 精子密度

采用精子密度仪或可见光分光光度计法测定。应定期用血细胞计数板法校正。

5.3.5 精子畸形率

采用伊红或姬姆萨染色法检查时,在 400 倍～600 倍显微镜下观察左、中、右三个视野中不少于 200 个精子。也可采用相差显微镜直接观察。每两个月抽检一次。

5.3.6 细菌菌落数

按 GB 4789.2 规定执行。每两个月抽检一次。

5.4 记录

填写公猪精液品质检测登记表，登记表见附录B。

6 精液稀释

6.1 稀释液配制

6.1.1 所用试剂均为分析纯，用双重蒸馏水溶解。配方参见附录C。

6.1.2 商品稀释剂按说明书使用。不得使用过期或吸潮变色的稀释剂。

6.1.3 自配稀释液配制后应及时加入抗生素，稀释液的pH为6.4～7.2。

6.1.4 使用前1 h配制，配制后应及时贴上标签，标明品名、配制日期和时间、经手人。

6.1.5 剩余稀释液应密封后置于冰箱中冷藏，时间不超过24 h。

6.2 稀释步骤

6.2.1 精液采集后应尽快稀释，放置时间不宜超过15 min。

6.2.2 采用等温稀释。精液与稀释液温差不得超过1 ℃，根据精液温度调节稀释液温度，不得反向操作。

6.2.3 将稀释液沿杯壁缓慢加入到精液中，轻轻摇动或沿一个方向搅拌，混合均匀。高倍稀释时，先低倍稀释(1∶1)～(1∶2)，30 s后再加入余下的稀释液。

6.2.4 精液稀释后应静置5 min再作精子活力检查，活力不低于70%进行分装。

6.2.5 稀释后精液每头份剂量80 mL～100 mL，精子活力70%以上，含总精子数30×10^8个～35×10^8个。

6.2.6 稀释液总量以体积V计，数值以毫升(mL)表示，按式(1)计算：

$$V=\frac{V_1\times c}{s}\times V_2-V_1 \qquad (1)$$

式中：

V_1——采精量，单位为毫升(mL)；

c——精子密度，单位为10^8个每毫升(10^8个/mL)；

s——每头份含总精子数，单位为10^8个；

V_2——每头份剂量，单位为毫升(mL)。

7 精液分装

7.1 精液分装采用袋装、瓶装或管装。

7.2 装精液用的袋、瓶或管应选用对精子无毒害作用且灭菌的一次性塑料制品。

7.3 以每80 mL～100 mL为单位，将精液分装至精液袋、瓶或管中，排出空气后密封。

7.4 精液包装应标明产品名称、生产单位、生产日期、批号、品种、耳号和保质期。

8 精液保存

8.1 精液应置于22 ℃～25 ℃下1 h～2 h后，平放入17 ℃恒温箱内避光保存；也可用12层～15层纱布(或干毛巾)包严直接放入17 ℃恒温箱内。

8.2 保存的精液每隔4 h～8 h摇动一次并记录，摇动时应轻缓均匀。

8.3 稀释液保存的精液应尽快用完，超过保质期的精液不应使用。

8.4 每批精液应留样备查。同批号的精液在保质期内应抽样检查并记录，公猪常温精液保存登记表见附录D。精液产品质量见表2。

表 2 精液产品质量

项　目	指　标
精子活力/%	≥70
总精子数/10^8 个	30～35
精子畸形率/%	≤18
剂量/mL	80～100

9 精液运输

9.1 精液应置于 16 ℃～18 ℃的专用运输箱内避光运输。

9.2 运输过程中避免强烈震动和碰撞。

附 录 A
（资料性附录）
精液处理室配置仪器和用品

表 A.1 精液处理室配置仪器和用品

名 称	规格(技术参数)	用 途
电子秤	3 000 g/1 g,6 000 g/2 g	称量精液、稀释液
显微镜	40 X～1 600 X	观测精子数、活力和畸形率
显微镜恒温板	室温至 50 ℃(可调),工作面温差:≤0.5 ℃	载玻片、盖玻片恒温预热
精子密度仪	50 mill/mL～1 400 mill/mL	测定精子密度(任选)
可见光分光光度计	波长范围 350 nm～820 nm,带宽＜±5 nm	测定精子密度(任选)
pH 计	测量范围 0.0～14.0,精度±0.1	测定精液、稀释液的 pH
精液保存箱	17 ℃±1 ℃	保存精液
干燥箱	室温+5 ℃～250 ℃,波动度＜±2 ℃	预热器皿和消毒用品
培养箱	室温+5 ℃～60 ℃	细菌培养
电子天平	200 g/0.01 g	称量化学试剂(选用)
恒温水浴锅	双孔或四孔	等温精液与稀释液
恒温磁力搅拌器	0 ℃～99 ℃,容量＜500 mL	稀释液搅拌、加热
双重蒸馏水器	2 000 mL～2 500 mL	制作双重蒸馏水
血球计数板	25×16	测定精子密度
计数器	0～999	精子计数
微量移液器	100 μL～200 μL	精液取样或稀释
微量移液器	100 μL～1 000 μL	精液取样或稀释
量筒	1 000 mL±5 mL	量取液体
三角瓶	1 000 mL	配制稀释液
放水瓶	5 L	盛放双重蒸馏水
烧杯	1 000 mL、2 000 mL	精液稀释
热封口机		袋装精液封口
分装架		分装精液
分装管		分装精液
培养皿		细菌培养
载玻片		精子活力的测定
盖玻片		精子活力的测定

表 A.1（续）

名　称	规格(技术参数)	用　途
擦镜纸		擦拭显微镜镜头
移液枪吸嘴	200 μL	精液取样或稀释
稀释粉		配制精液稀释液
精液袋、瓶或管		分装及保存精液
温度计	0 ℃～60 ℃	测量精液、稀释液等温度
玻璃棒		稀释液配制或精液稀释
标签纸		精液、稀释液标签

附　录　B
（规范性附录）
公猪精液品质检测登记表

表 B.1　公猪精液品质检测登记表

采精日期	采精时间	品种	耳号	采精员	外观	气味	采精量/mL	精子活力/%	精子密度/(10^8 个/mL)	精子畸形率/%	细菌菌落数/(CFU/mL)	稀释液		稀释后精子活力/%	头份数	质检员	备注
												品名	总量/mL				

附　录　C
（资料性附录）
常见几种公猪精液稀释液配方

表 C.1　常见几种公猪精液稀释液配方

单位为克每升

成　　分	配方一	配方二	配方三	配方四
保存时间/d	3	3	5	5
D-葡萄糖	37.15	60.00	11.50	11.50
柠檬酸三钠	6.00	3.70	11.65	11.65
EDTA 钠盐	1.25	3.70	2.35	2.35
碳酸氢钠	1.25	1.20	1.75	1.75
氯化钾	0.75	—	—	0.75
青霉素钠	0.60	0.50	0.60	—
硫酸链霉素	1.00	0.50	1.00	0.50
聚乙烯醇(PVP,Type Ⅱ)	—	—	1.00	1.00
三羧甲基氨基甲烷(Tris)	—	—	5.50	5.50
柠檬酸	—	—	4.10	4.10
半胱氨酸	—	—	0.07	0.07
海藻糖	—	—	—	1.00
林肯霉素	—	—	—	1.00

附　录　D
（规范性附录）
公猪常温精液保存登记表

表 D.1　公猪常温精液保存登记表

产品名称	生产单位	生产日期	批号	品种	耳号	头份数	每头份			保质期/d	保存第 1 天		保存第 2 天		保存第…天		出厂前精子活力/%	质检员	备注
							总精子数/10^8 个	精子畸形率/%	剂量/mL		精子活力/%	摇动时间	精子活力/%	摇动时间	精子活力/%	摇动时间			

ICS 13.020
Z 05

中华人民共和国国家标准

GB/T 25173—2010

水域纳污能力计算规程

Code of practice for computation on allowable permitted assimilative capacity of water bodies

2010-09-26 发布　　2011-01-01 实施

中华人民共和国国家质量监督检验检疫总局
中国国家标准化管理委员会　发布

前　言

本标准的附录 A 为资料性附录。

本标准由中华人民共和国水利部提出并归口。

本标准主要起草单位:长江流域水资源保护局。

本标准主要起草人:洪一平、程晓冰、袁弘任、石秋池、穆宏强、刘平、敖良桂、吴国平。

水域纳污能力计算规程

1 范围

本标准规定了水域纳污能力计算的技术要求、基本程序、方法以及成果的合理性分析与检验。

本标准适用于江河、湖泊、水库、运河、渠道等已划定水功能区的地表水域有机污染物的纳污能力计算。尚未划定水功能区的水域可参照执行。

2 规范性引用文件

下列文件中的条款通过本标准的引用而成为本标准的条款。凡是注日期的引用文件，其随后所有的修改单（不包括勘误的内容）或修订版均不适用于本标准，然而，鼓励根据本标准达成协议的各方研究是否可使用这些文件的最新版本。凡是不注日期的引用文件，其最新版本适用于本标准。

SL 219—1998 水环境监测规范

SL 278—2002 水利水电工程水文计算规范

SL 395—2007 地表水资源质量评价技术规程

3 术语和定义

下列术语和定义适用于本标准。

3.1

水功能区 water function zone

为满足水资源合理开发、利用、节约和保护的需求，根据水资源的自然条件和开发利用现状，按照流域综合规划、水资源保护规划和经济社会发展要求，依其主导功能划定并执行相应水环境质量标准的水域。

注：水功能区采用一、二两级区划的分级分类系统。

一级水功能区分为保护区、保留区、缓冲区和开发利用区四级。

二级水功能区在开发利用区中划分为饮用水源区、工业用水区、农业用水区、渔业用水区、景观娱乐用水区、过渡区和排污控制区七类。

3.2

水功能区水质目标 water quality target of water function zone

根据水功能区水质现状、排污状况、不同水功能区的特点、水资源配置对水功能区的要求以及技术经济条件，拟定的水功能区现状条件和规划条件下的水质保护目标。

3.3

水域纳污能力 permissible pollution bearing capacity of water bodies

在设计水文条件下，满足计算水域的水质目标要求时，该水域所能容纳的某种污染物的最大数量。

3.4

水质目标浓度值 target concentration of water quality

与水功能区水质目标对应的某种污染物浓度限值，用 C_s 表示。

3.5

初始浓度值 initial concentration

水功能区或计算河段起始断面的某种污染物浓度值，用 C_0 表示。

3.6

河流　river

江河、渠道和运河的总称。

3.7

湖(库)　lake

湖泊和水库的总称。

3.8

污染物入河量　pollution load entering water body

直接或通过沟、渠、管道等设施进入河流、湖(库)的污染物数量。

3.9

数学模型计算法　mathematical model method

根据水域特性、水质状况、设计水文条件和水功能区水质目标值,应用数学模型计算水域纳污能力的方法。

3.10

污染负荷计算法　pollution load method

根据影响水功能区水质的陆域范围内入河排污口、污染源和经济社会状况,计算污染物入河量,确定水域纳污能力的方法。

4　基本程序

4.1　数学模型计算法程序

宜按下列程序进行:

a)　水功能区基本资料的调查收集和分析整理;

b)　根据规划和管理需求,分析水域污染特性、入河排污口状况,确定计算水域纳污能力的污染物种类;

c)　确定设计水文条件;

d)　根据水域扩散特性,选择计算模型;

e)　确定 C_s 和 C_0 值;

f)　确定模型参数;

g)　计算水域纳污能力;

h)　合理性分析和检验。

4.2　污染负荷计算法程序

4.2.1　分类

污染负荷计算法可分为实测法、调查统计法和估算法。

4.2.2　实测法

宜按下列程序进行:

a)　根据规划和管理要求,确定计算水域纳污能力的污染物;

b)　根据入河排污口的排放方式,拟定入河排污口监测方案;

c)　实测入河排污口水量和污染物浓度;

d)　计算污染物入河量,确定水域纳污能力;

e)　合理性分析和检验。

4.2.3　调查统计法

宜按下列程序进行:

a)　根据规划和管理要求,确定计算水域纳污能力的污染物;

b） 调查统计污染源及其排放量；

c） 分析确定污染物入河系数；

d） 计算污染物入河量，确定水域纳污能力；

e） 合理性分析和检验。

4.2.4 估算法

宜按下列程序进行：

a） 根据规划和管理要求，确定计算水域纳污能力的污染物；

b） 调查影响水功能区水质的陆域范围内人口、工业产值、第三产业年产值等；

c） 调查分析单位人均、万元工业产值和第三产业万元产值污染物排放系数；

d） 估算污染物排放量；

e） 分析确定污染物入河系数；

f） 计算污染物入河量，确定水域纳污能力；

g） 合理性分析和检验。

5 河流纳污能力数学模型计算法

5.1 一般规定

5.1.1 采用数学模型计算河流水域纳污能力，应根据污染物扩散特性，结合我国河流具体情况，按计算河段的多年平均流量 Q 将计算河段划分为以下三种类型：

——$Q \geqslant 150\ m^3/s$ 的为大型河段；

——$15\ m^3/s < Q < 150\ m^3/s$ 的为中型河段；

——$Q \leqslant 15\ m^3/s$ 的为小型河段。

5.1.2 采用数学模型计算河流水域纳污能力，可按下列情况对河道特征和水力条件进行简化：

a） 断面宽深比不小于 20 时，简化为矩形河段；

b） 河段弯曲系数不大于 1.3 时，简化为顺直河段；

c） 河道特征和水力条件有显著变化的河段，应在显著变化处分段。

5.1.3 有多个入河排污口的水域，可根据排污口的分布、排放量和对水域水质影响等进行简化。

5.1.4 有较大支流汇入或流出的水域，应以汇入或流出的断面为节点，分段计算水域纳污能力。

5.2 基本资料调查收集

5.2.1 采用数学模型计算河流水域纳污能力的基本资料应包括水文资料、水质资料、入河排污口资料、旁侧出入流资料及河道断面资料等。

5.2.2 水文资料包括计算河段的流量、流速、比降、水位等。资料应能满足设计水文条件及数学模型参数的计算要求。

5.2.3 水质资料包括计算河段内各水功能区的水质现状、水质目标等。资料应既能反映计算河段主要污染物，又能满足计算水域纳污能力对水质参数的要求。

5.2.4 入河排污口资料包括计算河段内入河排污口分布、排放量、污染物浓度、排放方式、排放规律以及入河排污口所对应的污染源等。

5.2.5 旁侧出、入流资料包括计算河段内旁侧出、入流的位置、水量、污染物种类及浓度等。

5.2.6 河道断面资料包括计算河段的横断面和纵剖面资料。资料应能反映计算河段河道简易地形现状。

5.2.7 基本资料应出自有相关资质的单位。当相关资料不能满足计算要求时，可通过扩大调查收集范围和现场监测获取。

5.3 污染物的确定

5.3.1 根据流域或区域规划要求，应以规划管理目标所确定的污染物作为计算河段水域纳污能力的污染物。

5.3.2 根据计算河段的污染特性，应以影响水功能区水质的主要污染物作为计算水域纳污能力的污染物。

5.3.3 根据水资源保护管理要求，应以对相邻水域影响突出的污染物作为计算水域纳污能力的污染物。

5.4 设计水文条件

5.4.1 计算河流水域纳污能力，应采用90%保证率最枯月平均流量或近10年最枯月平均流量作为设计流量。

5.4.2 季节性河流、冰封河流，宜选取不为零的最小月平均流量作为样本，按5.4.1的规定计算设计流量。

5.4.3 流向不定的水网地区和潮汐河段，宜采用90%保证率流速为零时的低水位相应水量作为设计水量。

5.4.4 有水利工程控制的河段，可采用最小下泄流量或河道内生态基流作为设计流量。

5.4.5 以岸边划分水功能区的河段，计算纳污能力时，应计算岸边水域的设计流量。

5.4.6 设计水文条件的计算按SL 278—2002的规定执行。

5.5 河流零维模型

5.5.1 污染物在河段内均匀混合，可采用河流零维模型计算水域纳污能力。主要适用于水网地区的河段。

5.5.2 根据入河污染物的分布情况，应划分不同浓度的均匀混合段，分段计算水域纳污能力。

5.5.3 河流零维模型的水域纳污能力计算公式参见A.1.1；污染物综合衰减系数 K 值的确定参见A.3.3。

5.6 河流一维模型

5.6.1 污染物在河段横断面上均匀混合，可采用河流一维模型计算水域纳污能力。主要适用于 $Q<150\ m^3/s$ 的中小型河段。

5.6.2 河流一维模型的水域纳污能力计算参见A.1.2；污染物综合衰减系数 K 值的确定参见A.3.3。

5.7 河流二维模型

5.7.1 污染物在河段横断面上非均匀混合，可采用河流二维模型计算水域纳污能力。主要适用于 $Q\geqslant150\ m^3/s$ 的大型河段。

5.7.2 污染物连续恒定排放，横断面为矩形的河段，可用模型的解析解计算水域纳污能力。

5.7.3 河流二维模型的水域纳污能力计算参见A.1.3；污染物综合衰减系数 K、横向扩散系数 E_y 值的确定参见A.3.3和A.3.4。

5.8 河口一维模型

5.8.1 感潮河段，可采用河口一维模型计算水域纳污能力。

5.8.2 河口一维模型的水力参数应取潮汐半周期的平均值，按稳定流条件计算水域纳污能力。

5.8.3 潮汐河口水域纳污能力的计算参见A.1.4；纵向离散系数 E_x 值的确定参见A.3.5。

6 湖(库)纳污能力数学模型计算法

6.1 一般规定

6.1.1 不同类型的湖(库)应采用不同的数学模型计算水域纳污能力。

根据湖(库)的污染特性，将湖(库)按不同情况区分以下类型：

a) 按平均水深和水面面积区分大型、中型、小型；

b) 按水体营养状态指数区分富营养化型；

c) 按水体交换系数区分分层型；

d) 按平面形态区分珍珠串型。

6.1.2 根据湖(库)枯水期的平均水深和水面面积划分。

划分的类型如下：

a) 平均水深不小于 10 m：

1) 水面面积大于 25 km^2 的为大型湖(库)；

2) 水面面积在 2.5 km^2～25 km^2 的为中型湖(库)；

3) 水面面积小于 2.5 km^2 的为小型湖(库)。

b) 平均水深小于 10 m：

1) 水面面积大于 50 km^2 的为大型湖(库)；

2) 水面面积在 5 km^2～50 km^2 的为中型湖(库)；

3) 水面面积小于 5 km^2 的为小型湖(库)。

6.1.3 营养状态指数不小于 50 的湖(库)，宜采用富营养化模型计算湖(库)水域纳污能力。水体营养状态指数的计算按 SL 395—2007 的规定执行。

6.1.4 平均水深小于 10 m、水体交换系数 α<10 的湖(库)，宜采用分层模型计算水域纳污能力。水体交换系数 α 的计算按 SL 278—2002 附录 D 的规定执行。

6.1.5 珍珠串型湖(库)可分为若干区(段)，各分区(段)分别按湖(库)或河流计算水域纳污能力。

6.1.6 入湖(库)排污口比较分散，可根据排污口分布进行简化。均匀混合型湖(库)，入湖(库)排污口可简化为一个排污口，计算水域纳污能力。

6.2 基本资料调查收集

6.2.1 采用数学模型计算湖(库)水域纳污能力的基本资料应包括水文资料、水质资料、排污口资料、库周入流和出流的水量水质资料、湖(库)水下地形资料等。

6.2.2 水文资料包括湖(库)水位、库容曲线、流速、入库流量和出库流量等。资料应能满足设计水文条件及数学模型参数的计算要求。

6.2.3 水质资料包括湖(库)水功能区水质现状、水质目标等。资料应能反映计算湖(库)的主要污染物，又能满足计算水域纳污能力对水质参数的要求。

6.2.4 入湖(库)排污口资料包括排污口分布、排放量、污染物浓度、排放方式、排放规律以及入湖(库)排污口所对应的污染源资料等。

6.2.5 湖(库)周入流、出流资料包括湖(库)入流和出流位置、水量、污染物种类及浓度等。

6.2.6 湖(库)水下地形资料应能够反映湖(库)简要地形现状。

6.2.7 基本资料应出自有相关资质的单位。当相关资料不能满足计算要求时，可通过扩大调查范围和现场监测获取。

6.3 污染物的确定

6.3.1 根据流域或区域规划要求，应以规划管理目标所确定的污染物作为计算湖(库)水域纳污能力的污染物。

6.3.2 根据湖(库)污染物特性及水域特征，应以影响湖(库)水质的主要污染物作为计算水域纳污能力的污染物。

6.4 设计水文条件

6.4.1 湖(库)应采用近 10 年最低月平均水位或 90%保证率最枯月平均水位相应的蓄水量作为设计水量。

水库也可采用死库容相应的蓄水量作为设计水量。

6.4.2 计算湖(库)部分水域纳污能力时，应采用相应水域的设计水量。

6.4.3 设计水文条件的计算按 SL 278—2002 的规定执行。

6.5 湖(库)均匀混合模型

6.5.1 污染物均匀混合的湖(库)，应采用均匀混合模型计算水域纳污能力。主要适用于中小型湖(库)。

6.5.2 湖(库)均匀混合模型的水域纳污能力计算参见 A.2.1,综合衰减系数 K 的确定参见 A.3.3。

6.6 湖(库)非均匀混合模型

6.6.1 污染物非均匀混合的湖(库),应采用非均匀混合模型计算水域纳污能力。主要适用于大中型湖(库)。

6.6.2 根据入库(湖)排污口分布和污染物扩散特征,宜划分不同的计算水域,分区计算水域纳污能力。

6.6.3 湖(库)非均匀混合模型的水域纳污能力计算参见 A.2.2;综合衰减系数 K 的确定参见 A.3.3。

6.7 湖(库)富营养化模型

6.7.1 富营养化湖(库),宜采用狄龙模型计算氮、磷的水域纳污能力。

6.7.2 水流交换能力较弱的湖(库)湾水域,宜采用合田健模型计算氮、磷的水域纳污能力。

6.7.3 狄龙模型及合田健模型参见 A.2.3。

6.8 湖(库)分层模型

6.8.1 具有水温分层湖(库),可采用分层模型计算湖(库)水域纳污能力。

6.8.2 分层型湖(库)应按分层期和非分层期分别计算水域纳污能力。分层期,按湖(库)分层模型计算水域纳污能力;非分层期,可按相应的湖(库)模型计算水域纳污能力。

6.8.3 分层型湖(库)的水域纳污能力计算参见 A.2.4。

7 水域纳污能力污染负荷计算法

7.1 一般规定

7.1.1 污染负荷法计算水域纳污能力,可根据实际情况,采用实测法、调查统计法或估算法。

7.1.2 应以影响水功能区水质的陆域作为调查和估算范围,收集基本资料。

7.1.3 资料收集的内容应按计算方法的要求确定。实测法以调查收集或实测入河排污口资料为主;调查统计法以调查收集工矿企业、城镇废污水排放资料为主;估算法以调查收集工矿企业和第三产业产量、产值以及城镇人口资料为主。

7.1.4 应根据管理和规划的要求,用实测法、调查统计法和估算法计算得到的污染物入河量作为水域纳污能力。

7.2 基本资料调查收集

7.2.1 实测法所需资料应包括入河排污口位置、分布、排放量、污染物浓度、排放方式、排放规律以及入河排污口所对应的污染源等。

7.2.2 调查统计法所需资料应包括下列内容:

——工矿企业地理位置、生产工艺、废水和污染物产生量、排放量以及排放方式、排放去向和排放规律等;

——城镇生活污水排放量、污染物种类及浓度等。

7.2.3 估算法所需资料应包括下列内容:

——工矿企业产品、产量,单位产品用、耗、排水量等;

——城镇人口数量、人均生活用水量等;

——第三产业产值、万元产值废污水排放量等。

7.3 污染物的确定

7.3.1 应根据管理和规划要求,确定计算水域纳污能力的污染物。

7.3.2 应根据工矿企业类型、城镇生活污水的主要污染物确定计算水域纳污能力的污染物。

7.4 实测法

7.4.1 实测法应拟定监测方案,对水质、水量进行同步监测,计算入河排污口污染物入河量,确定水域纳污能力。

7.4.2 监测方案应根据入河排污口位置和排放方式拟定。

7.4.3 入河排污口水量、水质同步监测的方法按 SL 219—1998 的规定执行。

7.4.4 污染物入河量应根据水质、水量同步监测成果分析计算。

7.4.5 水域纳污能力应根据污染物入河量分析确定。

7.5 调查统计法

7.5.1 调查统计法应通过调查统计影响水功能区水质的陆域范围内的工矿企业、城镇废污水排放量，分析确定污染物入河系数，计算污染物入河量，确定水域纳污能力。

7.5.2 污染物排放量应根据工矿企业及城镇废污水排放量分析计算。

7.5.3 入河系数应通过不同地区典型污染源的污染物排放量和入河量的监测调查资料分析，按式(1)计算；也可分析采用相似地区的入河系数。

$$\text{入河参数}=\frac{\text{污染物入河量}}{\text{污染物排放量}} \qquad \cdots\cdots\cdots\cdots (1)$$

7.5.4 污染物入河量应根据污染物排放量和入河系数，按式(2)计算。

$$\text{污染物入河量}=\text{入河系数}\times\text{污染物排放量} \qquad \cdots\cdots\cdots\cdots (2)$$

7.5.5 水域纳污能力应根据污染物入河量分析确定。

7.6 估算法

7.6.1 估算法应根据影响水功能区水质的陆域范围内的工矿企业和第三产业产值、城镇人口，分析拟定万元产值和人口的废污水排放系数，计算污染物排放量，再根据入河系数估算污染物入河量，确定水域纳污能力。

7.6.2 工矿企业、第三产业和城镇人口应根据当地经济社会统计资料分析确定。

7.6.3 工矿企业、第三产业和城镇废污水排放系数可通过调查分析确定，也可根据典型地区实测资料分析计算。

7.6.4 工矿企业和第三产业废水排放量应根据产值和废水排放系数分别估算。

城镇生活污水排放量应根据城镇人口和污水排放系数估算。

7.6.5 工业企业、第三产业和城镇生活污染物入河系数应按式(1)确定。

7.6.6 工业企业、第三产业和城镇生活污染物入河量应按式(2)计算。

7.6.7 水域纳污能力应根据工业企业、第三产业和城镇生活污染物入河量分析确定。

8 合理性分析与检验

8.1 合理性分析与检验的内容

水域纳污能力计算的合理性分析与检验应包括基本资料的合理性分析、计算条件简化和假定的合理性分析、模型选择与参数确定的合理性分析与检验，以及水域纳污能力计算成果的合理性分析与检验。

8.2 基本资料的合理性分析

基本资料的合理性分析应符合以下要求：

a) 水文资料：对河流和湖(库)的流(水)量、流速、水位等进行代表性、一致性和可靠性分析，分析方法按 SL 278—2002 的规定执行；

b) 水质资料：对水质监测断面、监测频次、时段、污染因子、水质状况等，应结合地区污染源及排污状况，进行代表性、可靠性和合理性分析；

c) 入河排污口资料：根据入河排污口实测或调查资料，对入河排污口的废污水排放量、排放规律、污染物浓度等资料用类比法进行合理性分析；

d) 陆域污染源资料：根据当地经济社会发展水平、产业结构、GDP、取水量、工农业用水量、生活用水量、废污水处理水平等资料，按照供、用、耗、排水的关系分析废污水排放量、污染物及其排放量等，分析其合理性；

e) 河流、湖(库)特征资料:对调查收集到的河流和湖(库)河道断面、水下地形、比降等资料,可采用不同方法获得的资料进行对比,分析其可靠性和合理性。

8.3 计算条件简化和假定的合理性分析

计算条件简化和假定的合理性分析,应通过对比,分析河流、湖(库)边界条件、水力特性、入河排污口等的简化是否合理,能否满足所选模型的假定条件;确定的代表断面是否能够反映水功能区的水质状况。

8.4 数学模型选用、参数确定的合理性分析与检验

数学模型选用、参数确定的合理性分析与检验,应符合以下要求:

a) 根据计算水域的水力特性、边界条件、污染物特性等,分析所选数学模型和参数以及适用范围的合理性;

b) 与已有的实验结果和研究成果比较,分析模型参数的合理性;也可通过实测资料,对模型参数及模型计算结果进行验证。

8.5 水域纳污能力计算成果的合理性分析与检验

水域纳污能力计算成果的合理性分析与检验,应符合以下要求:

a) 可根据河段现状污染物排放量,结合水质现状,分析计算成果的合理性;

b) 与上下游或条件相近的水功能区水域纳污能力比较,分析计算成果的合理性;

c) 采用不同的模型计算水域纳污能力,通过比较,分析计算成果的合理性;

d) 根据当地自然环境、水文特点、污染物排放及水质状况等,分析判断一条河流、一个水系或整个流域的水域纳污能力计算成果的合理性。

附 录 A
（资料性附录）
数学模型及参数

A.1 河流纳污能力计算模型

A.1.1 河流零维模型

适用于污染物均匀混合的小型河段，其计算模型如下：

a) 河段的污染物浓度按式（A.1）计算：

$$C=(C_pQ_p+C_0Q)/(Q_p+Q) \quad \cdots\cdots\cdots (A.1)$$

式中：

C——污染物浓度，单位为毫克每升（mg/L）；

C_p——排放的废污水污染物浓度，单位为毫克每升（mg/L）；

C_0——初始断面的污染物浓度，单位为毫克每升（mg/L）；

Q_p——废污水排放流量，单位为立方米每秒（m^3/s）；

Q——初始断面的入流流量，单位为立方米每秒（m^3/s）。

b) 相应的水域纳污能力按式（A.2）计算：

$$M=(C_s-C_0)(Q+Q_p) \quad \cdots\cdots\cdots (A.2)$$

式中：

M——水域纳污能力，单位为克每秒（g/s）；

C_s——水质目标浓度值，单位为毫克每升（mg/L）；

其余符号意义同前。

A.1.2 河流一维模型

适用于污染物在横断面上均匀混合的中、小型河段。其计算模型如下：

a) 河段的污染物浓度按式（A.3）计算：

$$C_x=C_0\exp\left(-K\frac{x}{u}\right) \quad \cdots\cdots\cdots (A.3)$$

式中：

C_x——流经 x 距离后的污染物浓度，单位为毫克每升（mg/L）；

x——沿河段的纵向距离，单位为米（m）；

u——设计流量下河道断面的平均流速，单位为米每秒（m/s）；

K——污染物综合衰减系数，单位为负一次方秒（1/s）；

其余符号意义同前。

b) 相应的水域纳污能力按式（A.4）计算：

$$M=(C_s-C_x)(Q+Q_p) \quad \cdots\cdots\cdots (A.4)$$

式中符号意义同前。

c) 入河排污口位于计算河段的中部时（即 $x=L/2$ 时），水功能区下断面的污染物浓度及其相应的水域纳污能力分别按式（A.5）和式（A.6）计算：

$$C_{x=L}=C_0\exp(-KL/u)+\frac{m}{Q}\exp(-KL/u) \quad \cdots\cdots\cdots (A.5)$$

$$M=(C_s-C_{x=L})(Q+Q_p) \quad \cdots\cdots\cdots (A.6)$$

式中：

m——污染物入河速率，单位为克每秒(g/s)；

$C_{x=L}$——水功能区下断面污染物浓度，单位为毫克每升(mg/L)；

其余符号意义同前。

A.1.3 河流二维模型

适用于污染物非均匀混合的大型河段。对于顺直河段，忽略横向流速及纵向离散作用，且污染物排放不随时间变化时，二维对流扩散方程为式(A.7)：

$$u\frac{\partial C}{\partial x}=\frac{\partial}{\partial y}\left(E_y\frac{\partial C}{\partial y}\right)-KC \quad \cdots\cdots(A.7)$$

式中：

E_y——污染物的横向扩散系数，单位为平方米每秒(m^2/s)；

y——计算点到岸边的横向距离，单位为米(m)；

其余符号意义同前。

a) 二维对流扩散方程公式(A.7)的求解方法如下：

1) 河道断面为矩形，式(A.7)的解析解按式(A.8)计算：

$$C(x,y)=\left[C_0+\frac{m}{h\sqrt{\pi E_y xv}}\exp\left(-\frac{v}{4x}\cdot\frac{y^2}{E_y}\right)\right]\exp\left(-K\frac{x}{v}\right) \quad \cdots\cdots(A.8)$$

式中：

$C(x,y)$——计算水域代表点的污染物平均浓度，单位为毫克每升(mg/L)；

其余符号意义同前。

2) 以岸边污染物浓度作为下游控制断面的控制浓度时，即 $y=0$，岸边污染物浓度按式(A.9)计算：

$$C(x,0)=\left(C_0+\frac{m}{h\sqrt{\pi E_y xv}}\right)\exp\left(-K\frac{x}{v}\right) \quad \cdots\cdots(A.9)$$

式中：

$C(x,0)$——纵向距离为 x 的断面岸边($y=0$)污染物浓度，单位为毫克每升(mg/L)；

v——设计流量下计算水域的平均流速，单位为米每秒(m/s)；

h——设计流量下计算水域的平均水深，单位为米(m)；

其余符号意义同前。

3) 相应的水域纳污能力按式(A.10)或式(A.11)计算：

$$M=[C_s-C(x,y)]Q \quad \cdots\cdots(A.10)$$

当 $y=0$：

$$M=[C_s-C(x,0)]Q \quad \cdots\cdots(A.11)$$

式中符号意义同前。

b) 二维对流扩散方程公式(A.7)也可采用数值法求解。当污染物为非恒定排放，也可按差分法推求数值解。用数值法求得计算水域代表点的污染物平均浓度 $C(x,y)$，按式(A.10)计算水域纳污能力。

A.1.4 河口一维模型

适用于受潮汐影响的河口水域。河口一维模型按式(A.12)计算：

$$\frac{\partial C}{\partial t}+u_x\frac{\partial C}{\partial x}=\frac{\partial}{\partial x}\left(E_x\frac{\partial C}{\partial x}\right)-K\cdot C \quad \cdots\cdots(A.12)$$

式中：

u_x——水流的纵向流速，单位为米每秒(m/s)；

E_x——纵向离散系数，单位为平方米每秒(m^2/s)；

其余符号意义同前。

潮汐河段的水力参数可按高潮平均和低潮平均两种情况，简化为稳态流进行计算。如果污染物排放不随时间变化，涨潮与落潮的污染物浓度分别按式(A.13)和式(A.14)计算。

涨潮($x<0$，自 $x=0$ 处排入)

$$C(x)_{上}=\frac{C_pQ_p}{(Q+Q_p)N}\exp\left(\frac{u_x x}{2E_x}(1+N)\right)+C_0 \qquad \text{(A.13)}$$

落潮($x>0$)

$$C(x)_{下}=\frac{C_pQ_p}{(Q+Q_p)N}\exp\left(\frac{u_x x}{2E_x}(1-N)\right)+C_0 \qquad \text{(A.14)}$$

其中，N 为中间变量，按式(A.15)计算：

$$N=\sqrt{1+4KE_x/u_x^2} \qquad \text{(A.15)}$$

式中：

$C(x)_{上}$、$C(x)_{下}$——分别为涨、落潮的污染物浓度，单位为毫克每升(mg/L)；

其余符号意义同前。

相应的水域纳污能力按式(A.16)计算：

$$M=\begin{cases}Q_{上}(C_s-C(x)_{上}), & x<0\\ Q_{下}(C_s-C(x)_{下}), & x>0\end{cases} \qquad \text{(A.16)}$$

式中：

$Q_{上}$、$Q_{下}$——分别为计算水域涨潮、落潮的平均流量，单位为立方米每秒(m^3/s)；

其余符号意义同前。

A.2 湖(库)纳污能力计算模型

A.2.1 湖(库)均匀混合模型

适用于污染物均匀混合的小型湖(库)。其计算模型为：

a) 污染物平均浓度按式(A.17)计算：

$$C(t)=\frac{m+m_0}{K_hV}+\left(C_h-\frac{m+m_0}{K_hV}\right)\exp(-K_ht) \qquad \text{(A.17)}$$

其中

$$K_h=\frac{Q_L}{V}+K \qquad \text{(A.18)}$$

$$m_0=C_0Q_L \qquad \text{(A.19)}$$

式中：

K_h——中间变量，单位为负一次方秒(1/s)；

C_h——湖(库)现状污染物浓度，单位为毫克每升(mg/L)；

m_0——湖(库)入流污染物排放速率，单位为克每秒(g/s)；

V——设计水文条件下的湖(库)容积，单位为立方米(m^3)；

Q_L——湖(库)出流量，单位为立方米每秒(m^3/s)；

t——计算时段长，单位为秒(s)；

$C(t)$——计算时段 t 内的污染物浓度，单位为毫克每升(mg/L)；

其余符号意义同前。

b) 当流入和流出湖(库)的水量平衡时，小型湖(库)的水域纳污能力按式(A.20)计算：

$$M=(C_s-C_0)V \qquad (A.20)$$

式中符号意义同前。

A.2.2 湖(库)非均匀混合模型

适用于污染物非均匀混合的大、中型湖(库)。当污染物入湖(库)后,污染仅出现在排污口附近水域时,按式(A.21)计算水域纳污能力:

$$M=(C_s-C_0)\exp\left(\frac{K\Phi h_L r^2}{2Q_p}\right)Q_p \qquad (A.21)$$

式中:

Φ——扩散角,由排放口附近地形决定。排放口在开阔的岸边垂直排放时,$\Phi=\pi$;湖(库)中排放时,$\Phi=2\pi$;

h_L——扩散区湖(库)平均水深,单位为米(m);

r——计算水域外边界到入河排污口的距离,单位为米(m);

其余符号意义同前。

A.2.3 湖(库)富营养化模型

适用于富营养化型湖(库)。其计算模型如下:

a) 狄龙模型按式(A.22)计算:

$$P=\frac{L_p(1-R_p)}{\beta h} \qquad (A.22)$$

$$R_p=1-\frac{W_{出}}{W_{入}} \qquad (A.23)$$

$$\beta=Q_a/V \qquad (A.24)$$

式中:

P——湖(库)中氮、磷的平均浓度,单位为克每立方米(g/ m^3);

L_p——年湖(库)氮、磷单位面积负荷,单位为克每平方米年(g/m^2·a);

β——水力冲刷系数,单位为负一次方年(1/a);

Q_a——湖(库)年出流水量,单位为立方米每年(m^3/a);

R_p——氮、磷在湖(库)中的滞留系数,单位为负一次方年(1/a);

$W_{出}$——年出湖(库)的氮、磷量,单位为吨每年(t/a);

$W_{入}$——年入湖(库)的氮、磷量,单位为吨每年(t/a);

其余符号意义同前。

b) 湖(库)中氮或磷的水域纳污能力按式(A.25)计算:

$$M_N=L_s\cdot A \qquad (A.25)$$

$$L_s=\frac{P_s h Q_a}{(1-R_p)V} \qquad (A.26)$$

式中:

M_N——氮或磷的水域纳污能力,单位为吨每年(t/a);

L_s——单位湖(库)水面积,氮或磷的水域纳污能力,单位为毫克每平方米年(mg/m^2·a);

A——湖(库)水面积,单位为平方米(m^2);

P_s——为湖(库)中磷(氮)的年平均控制浓度,单位为克每立方米(g/m^3);

其余符号意义同前。

c) 对于湖(库)湾的水域纳污能力计算,可采用合田健模型,按式(A.27)计算:

$$M_N=2.7\times10^{-6}C_s\cdot H(Q_a/V+10/Z)\cdot S \qquad (A.27)$$

式中:

M_N——磷或氮的水域纳污能力,单位为吨每年(t/a);

2.7×10^{-6}——换算系数；

C_s——水质目标值，单位为毫克每升(mg/L)；

H——湖(库)平均水深，单位为米(m)；

Z——湖(库)计算水域的平均水深，单位为米(m)；

$10/Z$——沉降系数，单位为负一次方年(1/a)；

S——不同年型平均水位相应的计算水域面积，单位为平方千米(km^2)；

其余符号意义同前。

A.2.4　湖(库)分层模型

适用于温度分层的湖(库)。其计算模型如下：

a)　污染物浓度按下列公式计算：

1)　分层期($0<t/86\,400<t_1$)按式(A.28)计算：

$$C_{E(l)}=\frac{C_{PE}Q_{PE}/V_E}{K_{hE}}-\frac{(C_{PE}Q_{PE}/V_E-K_{hE}C_{M(l-1)})}{K_{hE}}\exp(-K_{hE}t)\quad\cdots\cdots(A.28)$$

其中

$$C_{H(l)}=\frac{C_{PH}Q_{PH}/V_E}{K_{hE}}-\frac{(C_{PH}Q_{PH}/V_E-K_{hE}C_{M(l-1)})}{K_{hE}}\exp(-K_{hH}t)\quad\cdots\cdots(A.29)$$

$$K_{hE}=\frac{Q_{PE}}{V_E}+\frac{K}{86\,400}\quad\cdots\cdots(A.30)$$

$$K_{hH}=\frac{Q_{PH}}{V_H}+\frac{K}{86\,400}\quad\cdots\cdots(A.31)$$

2)　非分层期($t_1<t/86\,400<t_2$)按式(A.32)计算：

$$C_{M(l)}=\frac{C_PQ_P/V}{K_h}-\frac{(C_PQ_P/V-K_hC_{T(l)})}{K_h}\exp(-K_ht)\quad\cdots\cdots(A.32)$$

其中

$$C_{M(0)}=C_h\quad\cdots\cdots(A.33)$$

$$K_h=\frac{Q_P}{V}+\frac{K}{86\,400}\quad\cdots\cdots(A.34)$$

公式(A.28)～(A.34)中：

C_E——分层湖(库)上层污染物的平均浓度，单位为毫克每升(mg/L)；

C_{PE}——向分层湖(库)上层排放的污染物浓度，单位为毫克每升(mg/L)；

Q_{PE}——排入分层湖(库)上层的废水量，单位为立方米每秒(m^3/s)；

V_E——分层湖(库)上层体积，单位为立方米(m^3)；

K_{hE}、K_{hH}——中间变量；

C_M——分层湖(库)非成层期污染物平均浓度，单位为毫克每升(mg/L)；

t_1——分层期天数，单位为天(d)；

t_2——分层期起始时间到非分层期结束的天数，单位为天(d)；

C_H——分层湖(库)下层污染物的平均浓度，单位为毫克每升(mg/L)；

C_{PH}——向分层湖(库)下层排放的污染物浓度，单位为毫克每升(mg/L)；

Q_{PH}——排入分层湖(库)下层的废水量，单位为立方米每秒(m^3/s)；

V_H——分层湖(库)下层体积，单位为立方米(m^3)；

K_h——中间变量；

C_T——分层湖(库)上、下层混合后污染物的平均浓度，单位为毫克每升(mg/L)；

C_h——湖(库)中污染物现状浓度，单位为毫克每升(mg/L)；

下标 l——时间序列号；

其余符号意义同前。

b) 相应的水域纳污能力按式(A.35)计算：

$$M=\begin{cases}(C_{E(l)}+C_{H(l)})\cdot V, & \text{分层期}\\ C_{M(l)}\cdot V, & \text{非分层期}\end{cases} \quad\cdots\cdots(A.35)$$

式中符号意义同前。

A.3 模型参数的确定

A.3.1 水功能区水质目标浓度 C_s 值

应根据水功能区的水质目标、水质状况、排污状况和当地技术经济等条件确定。

A.3.2 初始断面污染物浓度 C_0 值

应根据上一个水功能区的水质目标浓度值 C_s 确定。

A.3.3 综合衰减系数 K

可采用下列方法确定：

a) 分析借用

将计算水域以往工作和研究中的有关资料，经过分析检验后可以采用。无计算水域的资料时，可借用水力特性、污染状况及地理、气象条件相似的邻近河流的资料。

b) 实测法

选取一个顺直、水流稳定、无支流汇入、无入河排污口的河段，分别在其上游（A点）和下游（B点）布设采样点，监测污染物浓度值和水流流速，按式(A.36)计算 K 值：

$$K=\frac{u}{\Delta X}\ln\frac{C_A}{C_B} \quad\cdots\cdots(A.36)$$

式中：

ΔX——上下断面之间距离，单位为米(m)；

C_A——上断面污染物浓度，单位为毫克每升(mg/L)；

C_B——下断面污染物浓度，单位为毫克每升(mg/L)；

其余符号意义同前。

1) 对于湖(库)，选取一个入河排污口，在距入河排污口一定距离处分别布设2个采样点（近距离处：A点，远距离处：B点），监测污水排放流量和污染物浓度值。按式(A.37)计算 K 值：

$$K=\frac{2Q_p}{\Phi H(r_B^2-r_A^2)}\ln\frac{C_A}{C_B} \quad\cdots\cdots(A.37)$$

式中：

r_A、r_B——分别为远近两测点距排放点的距离，单位为米(m)；

其余符号意义同前。

2) 用实测法测定综合衰减系数，应监测多组数据取其平均值。

c) 经验公式法

可采用怀特经验公式，按式(A.38)或式(A.39)计算：

$$K=10.3Q^{-0.49} \quad\cdots\cdots(A.38)$$

或

$$K=39.6P-0.34 \quad\cdots\cdots(A.39)$$

式中：

P——河床湿周，单位为米(m)；

其余符号意义同前。

d） 各地还可根据实际情况采用其他方法拟定综合衰减系数。

A.3.4 横向扩散系数 E_y

可采用下列方法：

a） 现场示踪实验估值法

应按以下步骤进行：

1） 示踪物质的选择。常用罗丹明-B或氯化物。

2） 示踪物质的投放。可用瞬时投放或连续投放。

3） 示踪物质的浓度测定。至少在投放点下游设两个以上断面，在时间和空间上同步监测。

4） 计算扩散系数。可采用拟合曲线法。

b） 经验公式估算法

可按下列公式进行：

1） 费休公式。按式(A.40)和式(A.41)计算：

顺直河段：

$$E_y = (0.1 \sim 0.2)H\sqrt{gHJ} \quad \cdots\cdots (A.40)$$

弯曲河段：

$$E_y = (0.4 \sim 0.8)H\sqrt{gHJ} \quad \cdots\cdots (A.41)$$

式中：

E_y——水流的横向扩散系数，单位为平方米每秒(m^2/s)；

H——河道断面平均水深，单位为米(m)；

g——重力加速度，单位为米每二次方秒(m/s^2)；

J——河流水力比降。

2） 泰勒公式，适合于宽深比 $B/H \leqslant 100$ 的河流，按式(A.42)计算：

$$E_y = (0.058H + 0.0065B)\sqrt{gHJ} \quad \cdots\cdots (A.42)$$

式中：

B——河流平均宽度，单位为米(m)；

其余符号意义同前。

A.3.5 纵向离散系数 E_x

可采用下列方法估算：

a） 水力因素法。通过实测断面流速分布，按式(A.43)计算：

$$E_x = -\frac{1}{A}\sum_0^B q_i \Delta Z\left[\sum_0^Z \frac{\Delta Z}{E_z h_i}\left(\sum_0^Z q_i \Delta Z\right)\right] \quad \cdots\cdots (A.43)$$

式中：

ΔZ——分带宽度，可分成等宽，单位为米(m)；

h_i——分带 i 平均水深，单位为米(m)；

q_i——分带 i 偏差流量，$q_i = h_i \cdot \Delta Z \cdot u_i$，单位为立方米每秒($m^3/s$)；

u_i——分带 i 偏差流速，$\bar{u}_i = u_i - u$，单位为米每秒(m/s)；

$\bar{u}_i$——分带 i 的平均流速，单位为米每秒(m/s)；

其余符号意义同前。

b） 经验公式估值法。可按下列公式计算：

1） 爱尔德公式(适用河流)

$$E_x = 5.93H\sqrt{gHJ} \quad \cdots\cdots (A.44)$$

2） 费休公式(适用河流)

$$E_x = 0.011u^2B^2/(H\sqrt{gHJ}) \quad \text{(A.45)}$$

3) 鲍登公式(适用河口)

$$E_x = 0.295uH \quad \text{(A.46)}$$

4) 迪奇逊公式(适用河口)

$$E_x = 1.23U_{max}^2 \quad \text{(A.47)}$$

式中:

U_{max}——河口最大潮速,单位为米每秒(m/s);

其余符号意义同前。

ICS 65.120
B 46

中华人民共和国国家标准

GB/T 25174—2010

饲料添加剂　4′,7-二羟基异黄酮

Feed additive—4′,7-dihydroxyisoflavone

2010-09-26 发布　　2011-01-01 实施

中华人民共和国国家质量监督检验检疫总局
中国国家标准化管理委员会　发布

前　言

本标准由全国饲料工业标准化技术委员会提出并归口。

本标准起草单位:南京农业大学、中牧实业股份有限公司。

本标准主要起草人:倪迎冬、杨晓静、赵茹茜、陈杰、付光武、王珍芹、王丽娜。

饲料添加剂　4′,7-二羟基异黄酮

1　范围

本标准规定了饲料添加剂4′,7-二羟基异黄酮的要求、试验方法、检验规则以及标签、包装、运输和贮存的要求。

本标准适用于以间苯二酚、对羟基苯乙酸和原甲酸三乙酯为主要原料经化学合成的饲料添加剂4′,7-二羟基异黄酮。

化学名称：4′,7-二羟基异黄酮

英文名称：4′,7-dihydroxyisoflavone (daidzein)

分子式：$C_{15}H_{10}O_4$

相对分子质量：254.24(2005年国际相对原子质量)

化学结构式：

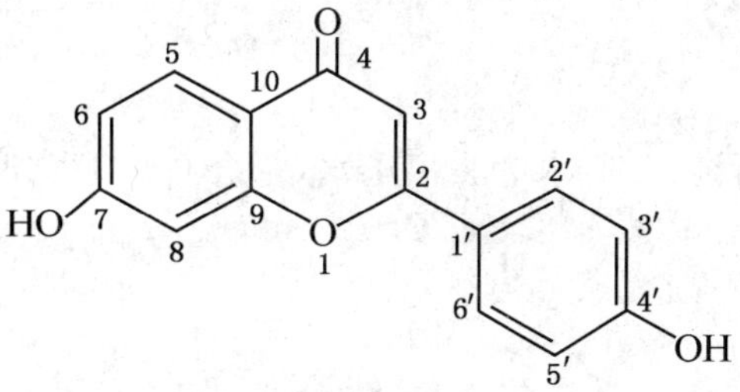

2　规范性引用文件

下列文件中的条款通过本标准的引用而成为本标准的条款。凡是注日期的引用文件，其随后所有的修改单(不包括勘误的内容)或修订版均不适用于本标准，然而，鼓励根据本标准达成协议的各方研究是否可使用这些文件的最新版本。凡是不注日期的引用文件，其最新版本适用于本标准。

GB/T 191　包装储运图示标志

GB/T 6435　饲料中水分和其他挥发性物质含量的测定

GB/T 6682　分析实验室用水规格和试验方法

GB 10648　饲料标签

GB/T 13079　饲料中总砷的测定

GB/T 13080　饲料中铅的测定　原子吸收光谱法

GB/T 14699.1　饲料　采样

3　要求

3.1　性状

本品为白色或类白色粉末，无臭、无味。熔点：315 ℃～323 ℃。易溶于二甲基甲酰胺，微溶于乙醇，不溶于水。

3.2　技术指标

技术指标应符合表1规定。

表 1 技术指标

项　　目	指　　标
4′,7-二羟基异黄酮/%	≥97.5
水分/%	≤1.0
炽灼残渣/%	≤0.1
总砷/(mg/kg)	≤1
铅/(mg/kg)	≤2

4 试验方法

4.1 抽样

按 GB/T 14699.1 进行。

4.2 主要仪器和设备

4.2.1 高效液相色谱仪,带紫外检测器。

4.2.2 超声波振荡器。

4.2.3 分析天平,感量 0.01 mg。

4.2.4 马福炉。

4.3 试剂和溶液

除非另有规定,仅使用分析纯试剂,水为去离子水,符合 GB/T 6682 中规定的二级水。

4.3.1 三氯化铁。

4.3.2 铁氰化钾。

4.3.3 乙醇:色谱纯。

4.3.4 甲醇:色谱纯。

4.3.5 85%乙醇溶液(乙醇和水的体积比为 85∶15)。

4.3.6 55%甲醇溶液(甲醇和水的体积比为 55∶45)。

4.3.7 标准样品:4′,7-二羟基异黄酮(含量≥98.0%)。

4.3.8 标样工作液:精密称取标准品 0.02 g～0.04 g(精确至 0.01 mg),置于 100 mL 的容量瓶中,加入 85%乙醇溶液适量,超声波振荡 5 min 使试样溶解。用 85%乙醇溶液定容至刻度,摇匀,于 4 ℃下保存备用,有效期一周。

4.4 鉴别

4.4.1 称取试样 0.2 mg,置小试管中,加乙醇溶液 0.2 mL,在水浴锅上加热 65 ℃±5 ℃使溶解,加入 0.5%三氯化铁试液 10 滴,混匀,再加入 0.5% 铁氰化钾试液 10 滴,立即出现兰绿色。

4.4.2 在含量测定项下记录的高效液相色谱中,样品主峰的保留时间与标准品峰的保留时间一致。

4.5 4′,7-二羟基异黄酮含量的测定

4.5.1 方法提要

试样用 85%乙醇溶液溶解,注入高效液相色谱仪反相色谱仪中进行分离,紫外检测器检测,外标法定量。

4.5.2 液相色谱操作条件

液相色谱操作条件如下:

——色谱柱:C_{18}柱:内径 4.6 mm,长 250 mm,粒度 5 μm;

——检测波长:249 nm;

——流动相:55%甲醇,等浓度洗脱;

——流速:1.0 mL/min;

——进样体积：10 μL。

4.5.3 测定步骤

4.5.3.1 试样溶液的制备

精密称取试样 0.02 g～0.04 g(精确至 0.01 mg)，置于 100 mL 容量瓶中，加入 85%乙醇溶液适量，超声波振荡 5 min 使试样溶解。用 85%乙醇溶液定容至刻度，摇匀，过 0.45 μm 微孔滤膜。

4.5.3.2 测定

按高效液相色谱仪说明书调整色谱的工作参数，向液相色谱柱中依次注入标样工作液(4.3.8)和试样溶液(4.5.3.1)，得到色谱峰面积的响应值，用外标法定量。

4.5.4 计算与结果表示

试样中 4′,7-二羟基异黄酮 w_1 以质量分数表示，数值以%表示，按式(1)计算：

$$w_1=\frac{A_2\cdot m_1\cdot w_2}{A_1\cdot m_2} \quad \cdots\cdots(1)$$

式中：

A_2——试样溶液中 4′,7-二羟基异黄酮峰面积；

m_1——标样的质量，单位为克(g)；

w_2——标样中 4′,7-二羟基异黄酮的含量，%；

A_1——标样溶液中 4′,7-二羟基异黄酮峰面积；

m_2——试样的质量，单位为克(g)。

4.5.5 允许差

同一分析者对同一试样同时两次平行测定结果的相对偏差应不大于5%。

4.6 水分测定

按 GB/T 6435 执行。

4.7 炽灼残渣测定

4.7.1 测定步骤

称取 1.0 g 试样(精确至 0.01 g)，置于已在 750 ℃±50 ℃炽灼至恒重的瓷坩埚内，展平。先用小火缓缓加热至完全炭化，放冷后，加浓硫酸 0.5 mL～1.0 mL，使其湿润，低温加热至硫酸蒸汽除尽后移入马福炉中，在 750 ℃±50 ℃中炽灼至恒重。

4.7.2 计算

炽灼残渣 w_3 以质量分数表示，数值以%表示，按式(2)计算：

$$w_3=\frac{m_3-m_4}{m_5}\times 100 \quad \cdots\cdots(2)$$

式中：

m_3——坩埚与残渣总质量，单位为克(g)；

m_4——坩埚质量，单位为克(g)；

m_5——样品质量，单位为克(g)。

4.8 总砷测定

按 GB/T 13079 执行。

4.9 铅含量测定

按 GB/T 13080 执行。

5 检验规则

5.1 出厂检验

5.1.1 出厂检验项目

性状、4′,7-二羟基异黄酮含量。

5.1.2 判定规则

检验结果如有一项指标不符合本标准要求，应重新自两倍量的包装中采样进行复验，复验结果即使有一项指标不符合本标准的要求时，则整批产品判为不合格。以同班、同原料、同配方的产品为一批，每批产品进行出厂检验。

5.2 型式检验

5.2.1 有下列情况之一时，应进行型式检验：

a) 改变配方或生产工艺；

b) 正常生产每半年或停产半年后生产；

c) 国家技术监督部门提出要求时。

5.2.2 型式检查项目为第3章的全部项目。

5.2.3 判定规则：检验结果如有一项指标不符合本标准要求，应重新自两倍量的包装中采样进行复验，复验结果即使有一项指标不符合本标准的要求时，则整批产品判为不合格。

6 标签、包装、运输和贮存

6.1 标签

应符合 GB 10648 的规定和要求。

6.2 包装

应采用纸塑复合袋密封包装。

6.3 运输

6.3.1 运输过程中应防止雨淋和受潮。

6.3.2 应按 GB/T 191 的规定清晰标明"怕雨"标志。

6.3.3 不应与有毒物品混运。

6.4 贮存

应贮存在阴凉、干燥、清洁的环境中，避免阳光直射、雨淋和受潮，不应与有毒物品混存。

6.5 保质期

在规定的贮存条件下，保质期为12个月。

ICS 13.030.99
Z 68

中华人民共和国国家标准

GB/T 25175—2010

大件垃圾收集和利用技术要求

Technical requirements for collection and recycling of bulky waste

2010-09-26 发布　　2011-08-01 实施

中华人民共和国国家质量监督检验检疫总局
中国国家标准化管理委员会　发布

前　言

本标准按照 GB/T 1.1—2009 的规定编写。

本标准由全国城镇环境卫生标准化技术委员会(SAC/TC 451)提出并归口。

本标准负责起草单位:华中科技大学。

本标准参加起草单位:上海市环境工程设计科学研究院有限公司、武汉市环境卫生科学研究设计院、天津泰达环保有限公司。

本标准主要起草人:陈朱蕾、冯其林、高亮、王声东、黄丽娟、杨家宽、谢文刚、张洁、史波芬、刘勇、施至理、郑利、郑得鸣、郭炯、张雪梅。

大件垃圾收集和利用技术要求

1 范围

本标准规定了大件垃圾的分类、收集、运输与贮存要求和再使用，拆解、再生利用要求和残余物处置要求。

本标准适用于生活垃圾中大件垃圾的收集和利用，其他来源的大件垃圾利用可参照执行。

2 规范性引用文件

下列文件对于本文件的应用是必不可少的。凡是注日期的引用文件，仅注日期的版本适用于本文件。凡是不注日期的引用文件，其最新版本（包括所有的修改单）适用于本文件。

GB 4223 废钢铁

GB 5085.1～GB 5085.3 危险废物鉴别标准

GB 8978 污水综合排放标准

GB/T 13586 铝及铝合金废料

GB/T 13587 铜及铜合金废料

GB/T 13588 铅及铅合金废料

GB 16297 大气污染物综合排放标准

GB 18597 危险废物贮存污染控制标准

GB 18599 一般工业固体废物贮存、处置场污染控制标准

GB 20811 废纸再利用技术要求

HJ/T 364 废塑料回收与再生利用污染控制技术规范（试行）

3 术语和定义

下列术语和定义适用于本文件。

3.1

大件垃圾 bulky waste

重量超过 5 kg 或体积超过 0.2 m^3 或长度超过 1 m，且整体性强而需要拆解后再利用或处理的废弃物（如废家具）及各种废家用电器、电子产品等。

3.2

有毒有害物质 harmful substance

大件垃圾中含有的对人体健康或自然环境造成直接或潜在危害的，需要特殊处理处置的物质，包括铅（Pb）、汞（Hg）、镉（Cd）、六价铬（Cr^{6+}）、多溴联苯（PBB）、多溴二苯醚（PBDE）以及国家规定的其他有毒有害物质。

3.3

零部件 components

大件垃圾通过拆解后，其中具有一定功能或用途的结构单元，如元器件、机箱、支架、开关、导线等。

3.4

残余物　residues

大件垃圾经拆解后残留的不能再使用或不能再生利用的物质，包括拆解清洗过程产生的灰尘、残渣、清洗淤泥等。

3.5

再使用　reuse

大件垃圾或拆解后的零部件继续使用或经清洗、维修后检测合格可继续使用。

3.6

拆解　disassembly

以利用或处理处置为目的，通过人工或机械的方式将大件垃圾进行拆卸、解体的活动。

3.7

再生利用　recycling

对大件垃圾经过拆解、加工、转化，使之能够作为原材料重新利用的过程。材料主要包括木材、塑料、玻璃、皮革、纸张、金属等。

4　分类

大件垃圾可分为三类，见表1。

表1　大件垃圾分类

序号	分类	内容
1	家具	主要包括床架、床垫、沙发、桌子、椅子、衣柜、书柜等具有坐卧以及贮藏、间隔等功能的废旧生活和办公器具，包括制作家具的材料等
2	家用电器和电子产品	家用电器：电视机、电冰箱/柜、空调、洗衣机、吸尘器、微波炉、电饭煲、烤箱、热水器等。 电子产品：计算机、打印机、传真机、复印机及电话机等
3	其他大件垃圾	厨房用具、卫生用具、行走车辆以及用陶瓷、玻璃、金属、橡胶、皮革、装饰板等不同材料制成的各种大件物品等

5　收集、运输与贮存

5.1　一般规定

5.1.1　大件垃圾收集、运输与贮存设施的设置应纳入当地城镇环境卫生专业规划。

5.1.2　大件垃圾收集、运输与贮存方式应与后续的拆解、清洗、再生利用及处理处置方式相适应。

5.1.3　大件垃圾在收集、运输与贮存管理过程不应采取任何形式的拆解、处理，应根据大件垃圾的种类分别交给专业单位进行拆解、处理。

5.2　收集

5.2.1　大件垃圾应与其他生活垃圾应分别收集，严禁危险废物混入。

5.2.2　对收集的大件垃圾不应随意堆放，应按当地环卫部门规定的时间，投放在指定的收集场所。

5.2.3　家用电器和电子产品类大件垃圾收集时不应将其拆分或破碎，也不应将其随意丢弃。

5.3 运输

5.3.1 大件垃圾运输车辆应按环卫部门规定的路线和时间工作，不应随意行驶。车辆应采用密闭式车辆，条件不具备的应采取有效的覆盖措施。运输过程中不得将大件垃圾随意丢弃。

5.3.2 运输含有毒有害物质的大件垃圾车辆应有防雨和防渗漏设施，并在运输过程中应采取适当的包装措施，避免在运输过程中一些易碎大件垃圾破碎或有毒有害物质的泄漏、释出。

5.3.3 大件垃圾的运输部门应对运输单位、运输工具名称、牌号、大件垃圾名称、来源、重量或数量、受纳场地等信息进行登记，并应取得受纳场地管理部门签发的回执，定期将登记资料和回执交送当地环卫部门查验。

5.4 贮存

5.4.1 大件垃圾的贮存场所应符合 GB 18599 的相关规定，含有毒有害物质的大件垃圾的贮存场所应符合 GB 18597 的相关规定。

5.4.2 不同种类的大件垃圾应分开贮存，并在显著位置设有标识。

6 再使用要求

6.1 大件垃圾及其零部件应优先考虑再使用；无法再使用时，应实现再生利用。

6.2 可再使用的大件垃圾及其零部件，作为商品出售时应有再使用商品的标记、检验合格证及编号，并应建立再使用产品检验及销售档案。

6.3 家用电器和电子产品类大件垃圾及其零部件的再使用之前的拆解过程不应导致有毒有害物质的释出。

6.4 可再使用的大件垃圾及其零部件的清洗、检测应有专用场地，使用专用检测工具、设备和仪器，并应设置消防和防爆设施。

6.5 可再使用的大件垃圾及其零部件采用干式清洗时，应除尘并妥善收集灰尘，收集到的灰尘以及清洗残渣应进行无害化处置；采用湿式清洗时，应按 GB 8978 要求处理清洗废水并处置清洗淤泥。

6.6 清洗产生的灰尘、清洗残渣、废水污泥及清洗淤泥，当鉴别具备危险特性时应按危险废物进行处理、处置。

7 拆解要求

7.1 大件垃圾拆解场所宜设置在大件垃圾相对集中区域。场所应平整，具有一定的抗压强度，有防雨淋、防渗漏措施，并配套排水设施。含有毒有害物质的大件垃圾的拆解应在封闭或半封闭设施中进行。

7.2 大件垃圾的拆解应采取经济合理、安全可靠的工艺技术及必要的安全防护，并应防止对环境产生二次污染以及对人体健康产生危害。

7.3 大件垃圾拆解前应按照表 1 进行分类。对于拆解下的有使用价值的零部件，应首先考虑再使用。对于无法继续再使用的零部件应送往专业的再生利用加工厂，回收利用可再生利用的材料。

7.4 大件垃圾拆解中应将含有毒有害物质的材料及零部件预先拆除，并应按种类分类贮存和处理。对需要特别安全处置的危险物质，应按 GB 18597 的要求进行分类贮存和标识。

7.5 大件垃圾含下述物质的零部件应单独拆除，并分类存放：

a) 显示器、电视机中的阴极射线管(CRT)；

b) 表面积大于 100 cm^2 的液晶显示屏(LCD)及气体放电灯泡；

c) 表面积大于10 cm^2 的印刷线路板；

d) 含多溴联苯或多溴二苯醚阻燃剂的塑料电线电缆、机壳等；

e) 多氯联苯电容器及含汞零部件；

f) 镉镍充电电池、锂电池等；

g) 废电冰箱、空调器及其他制冷器具压缩机中的制冷剂与润滑油。

7.6 大件垃圾的拆解中，所有液体(包括润滑油)应预先取出，单独盛放，并应作进一步的处理和处置。

7.7 大件垃圾拆解中产生的废气和废水应处理，废气和废水排放应分别符合GB 16297和GB 8978的要求。

8 再生利用要求

大件垃圾拆解后的材料应按材质分类回收与再生利用。

8.1 废旧木材按原加工中添加物质分为以下四类：

a) Ⅰ类：不含任何化学物质而只是经过机械处理的木材；

b) Ⅱ类：被油过漆或木胶粘过但不含任何卤化有机物和防腐剂的木材；

c) Ⅲ类：含有卤化有机物但不含有防腐剂的木材；

d) Ⅳ类：含有防腐剂的木材。

其中Ⅲ、Ⅳ类废旧木材不宜进行材料再生利用，可作为燃料进行能量回收。

8.2 废塑料的再生利用应符合下列规定：

a) 含卤素(非多氯联苯)以及阻燃剂的废塑料的再生利用应与其他废塑料分开进行，含卤素(非多氯联苯)的废塑料宜采用低温工艺再生，不宜焚烧处理；

b) 废塑料去污清洗处理过程中不应使用有毒有害的危险试剂或溶剂；

c) 废塑料应按照直接再生、改性再生、能量回收的优先顺序进行再生利用；

d) 废塑料的破碎或粉碎，应在密闭环境下进行，排风系统应设除尘装置，对含有挥发性添加剂的塑料应控制破碎温度；废塑料高温成型设备上方应设有集气罩；

e) 不宜以废塑料为原料炼油；

f) 废塑料的回收与再生利用过程的污染控制应符合HJ/T 364的要求。

8.3 废玻璃的再生利用应符合下列规定：

a) 废玻璃宜按颜色进行分类再生利用，并宜去除杂物；

b) 废玻璃破碎宜在封闭环境下进行，应考虑降低噪声措施；

c) 含铅玻璃应和非含铅玻璃分类进行回收处理。含铅玻璃熔融操作时，应防止铅蒸气的泄漏污染。

8.4 废陶瓷、废皮革宜根据再加工后材料的用途进行分类回收。

8.5 废纸的再生利用应按GB 20811执行。

8.6 废钢铁的再生利用应按GB 4223执行。

8.7 铝及铝合金废料的再生利用应按GB/T 13586执行。

8.8 铜及铜合金废料的再生利用应按GB/T 13587执行。

8.9 铅及铅合金废料的再生利用应按GB/T 13588执行。

9 残余物处置要求

9.1 大件垃圾在拆解和再使用清洗过程中产生的残余物应按照GB 5085.1～GB 5085.3进行危险特

性鉴别。属于一般残余物的可进入生活垃圾卫生填埋场处置；属于危险废物的残余物应按照危险废物进行处置。

9.2　拆解、清洗出的残余物中，有毒有害物质含量超过国家相关规定的应按危险废物进行处置，严禁作为建材用于民用或其他公共设施建设中。

ICS 91.100.30
Q 13

中华人民共和国国家标准

GB/T 25176—2010

混凝土和砂浆用再生细骨料

Recycled fine aggregate for concrete and mortar

2010-09-26 发布　　2011-08-01 实施

中华人民共和国国家质量监督检验检疫总局
中国国家标准化管理委员会　发布

前　言

本标准由中华人民共和国住房和城乡建设部提出。

本标准由住房和城乡建设部建筑工程标准技术归口单位归口。

本标准负责起草单位：中国建筑科学研究院、青岛理工大学、中国建筑材料科学研究总院。

本标准参加起草单位：青建集团股份公司、北京建筑工程学院、同济大学、上海市建筑科学研究院、北京城建建材工业有限公司、广州市建筑科学研究院、邯郸市建筑科学研究所、北京市建筑材料质量监督检验站、辽宁省建设科学研究院、邯郸全有生态建材有限公司、青岛农业大学、瑞科尔建筑材料(青岛)有限公司、青岛信达荣昌基础建设工程有限公司、北京元泰达环保建材科技有限责任公司、甘肃土木工程科学研究院、天津市水利科学研究院、上海 EF 生态环境材料工程技术中心、青岛绿帆再生建材有限公司、北京波森特岩土工程有限公司。

本标准主要起草人：赵霄龙、李秋义、陈家珑、张同波、张秀芳、王武祥、秦原、何更新、冷发光、肖建庄、姚利君、蔡亚宁、梅爱华、张胜彦、宋作宝、王春波、寇全有、全洪珠、曹剑、李红、吴建民、王岩、孙永军、杨德志、陈勇、杨启安。

混凝土和砂浆用再生细骨料

1 范围

本标准规定了混凝土和砂浆用再生细骨料的术语和定义、分类和规格、要求、试验方法、检验规则、标志、储存和运输。

本标准适用于配制混凝土和砂浆的再生细骨料。

2 规范性引用文件

下列文件中的条款通过本标准的引用而成为本标准的条款。凡是注日期的引用文件，其随后所有的修改单（不包括勘误的内容）或修订版均不适用于本标准，然而，鼓励根据本标准达成协议的各方研究是否可使用这些文件的最新版本。凡是不注日期的引用文件，其最新版本适用于本标准。

GB 175 通用硅酸盐水泥

GB 178 水泥强度试验用标准砂

GB/T 2419 水泥胶砂流动度测定方法

GB 8076 混凝土外加剂

GB/T 14684 建筑用砂

GB/T 17671 水泥胶砂强度检验方法(ISO 法)(idt ISO 679:1989)

JGJ 63 混凝土用水标准

3 术语和定义

下列术语和定义适用于本标准。

3.1

混凝土和砂浆用再生细骨料 recycled fine aggregate for concrete and mortar

由建(构)筑废物中的混凝土、砂浆、石、砖瓦等加工而成，用于配制混凝土和砂浆的粒径不大于4.75 mm 的颗粒。

3.2

微粉含量 content of fine powder

再生细骨料中粒径小于 75 μm 的颗粒含量。

3.3

泥块含量 content of clay lump

再生细骨料中原粒径大于 1.18 mm，经水浸洗、手捏后变成小于 600 μm 的颗粒含量。

3.4

细度模数 fineness module

衡量再生细骨料粗细程度的指标。

3.5

坚固性 soundness

再生细骨料在自然风化和其他物理、化学因素作用下抵抗破裂的能力。

3.6

轻物质 light material

再生细骨料中表观密度小于 2 000 kg/m^3 的物质。

3.7

亚甲蓝值（*MB* 值） methylene blue index

用于确定再生细骨料中粒径小于 75 μm 的颗粒中高岭土含量的指标。

3.8

再生胶砂 recycled mortar

按照本标准规定的方法，用再生细骨料、水泥和水制备的砂浆。

3.9

基准胶砂 reference mortar

按照本标准规定的方法，用标准砂、水泥和水制备的砂浆。

3.10

再生胶砂需水量 water demand of recycled mortar

流动度为 130 mm±5 mm 的再生胶砂用水量。

3.11

基准胶砂需水量 water demand of reference mortar

流动度为 130 mm±5 mm 的基准胶砂用水量。

3.12

再生胶砂需水量比 water demand ratio of recycled mortar

再生胶砂需水量与基准胶砂需水量之比。

3.13

再生胶砂强度比 compressive strength ratio of recycled mortar

再生胶砂与基准胶砂的抗压强度之比。

4 分类和规格

4.1 分类

混凝土和砂浆用再生细骨料（以下简称再生细骨料）按性能要求分为Ⅰ类、Ⅱ类、Ⅲ类。

4.2 规格

再生细骨料按细度模数分为粗、中、细三种规格，其细度模数 M_x 分别为：

粗：M_x=3.7～3.1

中：M_x=3.0～2.3

细：M_x=2.2～1.6

5 要求

5.1 颗粒级配

再生细骨料的颗粒级配应符合表 1 的规定。

表 1 颗粒级配

方孔筛筛孔边长	累计筛余/%		
	1 级配区	2 级配区	3 级配区
9.50 mm	0	0	0
4.75 mm	10～0	10～0	10～0
2.36 mm	35～5	25～0	15～0
1.18 mm	65～35	50～10	25～0

表 1（续）

方孔筛筛孔边长	累计筛余/%		
	1 级配区	2 级配区	3 级配区
600 μm	85～71	70～41	40～16
300 μm	95～80	92～70	85～55
150 μm	100～85	100～80	100～75
注：再生细骨料的实际颗粒级配与表中所列数字相比，除 4.75 mm 和 600 μm 筛档外，可以略有超出，但是超出总量应小于 5%。			

5.2 微粉含量和泥块含量

根据亚甲蓝试验结果的不同，再生细骨料的微粉含量和泥块含量应符合表 2 的规定。

表 2 微粉含量和泥块含量

项目		Ⅰ类	Ⅱ类	Ⅲ类
微粉含量(按质量计)/%	*MB* 值<1.40 或合格	<5.0	<7.0	<10.0
	MB 值≥1.40 或不合格	<1.0	<3.0	<5.0
泥块含量(按质量计)/%		<1.0	<2.0	<3.0

5.3 有害物质含量

再生细骨料中如含有云母、轻物质、有机物、硫化物及硫酸盐或氯盐等有害物质，其含量应符合表 3 的规定。

表 3 再生细骨料中的有害物质含量

项目	Ⅰ类	Ⅱ类	Ⅲ类
云母含量(按质量计)/%	<2.0		
轻物质含量(按质量计)/%	<1.0		
有机物含量(比色法)	合格		
硫化物及硫酸盐含量(按 SO_3 质量计)/%	<2.0		
氯化物含量(以氯离子质量计)/%	<0.06		

5.4 坚固性

应采用硫酸钠溶液法进行试验。再生细骨料经 5 次循环后，其指标应符合表 4 的规定。

表 4 坚固性指标

项目	Ⅰ类	Ⅱ类	Ⅲ类
饱和硫酸钠溶液中质量损失/%	<8.0	<10.0	<12.0

5.5 压碎指标

再生细骨料压碎指标应符合表 5 的规定。

表 5 压碎指标

项目	Ⅰ类	Ⅱ类	Ⅲ类
单级最大压碎指标值/%	<20	<25	<30

5.6 再生胶砂需水量比

再生胶砂需水量比应符合表 6 的规定。

表 6　再生胶砂需水量比

项　　目	Ⅰ类			Ⅱ类			Ⅲ类		
	细	中	粗	细	中	粗	细	中	粗
需水量比	<1.35	<1.30	<1.20	<1.55	<1.45	<1.35	<1.80	<1.70	<1.50

5.7　再生胶砂强度比

再生胶砂强度比应符合表 7 的规定。

表 7　再生胶砂强度比

项　　目	Ⅰ类			Ⅱ类			Ⅲ类		
	细	中	粗	细	中	粗	细	中	粗
强度比	>0.80	>0.90	>1.00	>0.70	>0.85	>0.95	>0.60	>0.75	>0.90

5.8　表观密度、堆积密度和空隙率

再生细骨料的表观密度、堆积密度和空隙率应符合表 8 的规定。

表 8　表观密度、堆积密度和空隙率

项　　目	Ⅰ类	Ⅱ类	Ⅲ类
表观密度/(kg/m^3)	>2 450	>2 350	>2 250
堆积密度/(kg/m^3)	>1 350	>1 300	>1 200
空隙率/%	<46	<48	<52

5.9　碱集料反应

经碱集料反应试验后，由再生细骨料制备的试件应无裂缝、酥裂或胶体外溢等现象，膨胀率应小于0.10%。

6　试验方法

6.1　试样

6.1.1　取样方法

按照 GB/T 14684 中规定的取样方法执行。

6.1.2　试样数量

单项试验的最小取样数量应符合表 9 的规定。进行多项试验时，如能确保试样经一项试验后不致影响另一项试验的结果，可用同一试样进行几项不同的试验。

表 9　单项试验取样数量

单位为千克

序号	试验项目	最小取样数量
1	颗粒级配	5
2	微粉含量	5
3	泥块含量	20
4	云母含量	1
5	轻物质含量	4
6	有机物含量	2
7	硫化物与硫酸盐含量	1
8	氯化物含量	5

表 9（续）

单位为千克

序号	试验项目	最小取样数量
9	坚固性	20
10	压碎指标	30
11	再生胶砂需水量比	20
12	再生胶砂强度比	20
13	表观密度	3
14	堆积密度与空隙率	5
15	碱集料反应	20

6.1.3 试样处理

按照 GB/T 14684 中的试样处理规定执行。

6.2 试验环境和试验用筛

应符合 GB/T 14684 中试验环境和试验用筛的规定。

6.3 颗粒级配和细度模数

按照 GB/T 14684 中规定的颗粒级配和细度模数试验方法执行。

6.4 微粉含量

按照 GB/T 14684 中规定的石粉含量试验方法执行。

6.5 泥块含量

按照 GB/T 14684 中规定的泥块含量试验方法执行。

6.6 云母含量

按照 GB/T 14684 中规定的云母含量试验方法执行。

6.7 轻物质含量

按照 GB/T 14684 中规定的轻物质含量试验方法执行。

6.8 有机物含量

按照 GB/T 14684 中规定的有机物含量试验方法执行。

6.9 硫化物与硫酸盐含量

按照 GB/T 14684 中规定的硫化物和硫酸盐含量试验方法执行。

6.10 氯化物含量

按照 GB/T 14684 中规定的氯化物含量试验方法执行。

6.11 坚固性

按照 GB/T 14684 中规定的硫酸钠溶液法执行，但试验结果精确至 0.1%。

6.12 压碎指标

按照 GB/T 14684 中规定的压碎指标法执行。

6.13 再生胶砂需水量比

6.13.1 仪器设备及试验原材料

6.13.1.1 仪器设备如下：

a） 烘箱：能使温度控制在 105 ℃±5 ℃的鼓风烘箱；

b） 其他仪器设备应符合 GB/T 2419 规定。

6.13.1.2 试验原材料如下：

a） 水泥应采用符合 GB 8076 规定的基准水泥或符合 GB 175 的 52.5 级硅酸盐水泥；

b） 标准砂应符合 GB 178 的规定；

c） 水应符合 JGJ 63 的规定。

6.13.2 试验步骤

6.13.2.1 将不少于5 kg的再生细骨料试样在105 ℃±5 ℃下烘干至恒重，按照6.3测出再生细骨料的颗粒级配，并筛除大于4.75 mm以上的颗粒。

6.13.2.2 称取标准砂1 350 g和基准水泥（或52.5级硅酸盐水泥）540 g，加入适量的水制成基准胶砂，按照GB/T 2419规定的方法测试胶砂的流动度。调整用水量，使其流动度为130 mm±5 mm，此时所对应的用水量即为基准胶砂需水量（W_0）。

6.13.2.3 称取再生细骨料1 350 g和基准水泥（或52.5级硅酸盐水泥）540 g，加入适量的水制备再生胶砂，按照GB/T 2419规定的方法测试再生胶砂的流动度。调整用水量，使其流动度为130 mm±5 mm，此时所对应的用水量即为再生胶砂需水量（W_R）。

基准胶砂所用水泥应和再生胶砂所用水泥相同。

6.13.3 计算与评定

再生胶砂需水量比按式(1)计算：

$$\beta_W = \frac{W_R}{W_0} \quad \cdots\cdots\cdots\cdots(1)$$

其中：

β_W——再生胶砂需水量比；

W_R——再生胶砂需水量，单位为毫升(mL)；

W_0——基准胶砂需水量，单位为毫升(mL)。

β_W以同批三组试验的算术平均值计，准确至0.01。若三组试验的最大值或最小值中有一个与中间值之差超过中间值的15%，则把最大值与最小值一并舍去，取中间值；若两个测值与中间值之差均超过15%，则该批试验结果无效，应重新试验。

6.14 再生胶砂强度比

6.14.1 仪器设备及试验原材料

6.14.1.1 仪器设备

应符合GB/T 17671的规定。

6.14.1.2 试验原材料

应符合6.13.1.2规定。

6.14.2 试验步骤

6.14.2.1 按照6.13.2.2和6.13.2.3方法，分别在基准胶砂需水量和再生胶砂需水量条件下，制备基准胶砂和再生胶砂（基准胶砂所用水泥应和再生胶砂所用水泥相同）。

6.14.2.2 按照GB/T 17671的规定分别测试再生胶砂和基准胶砂标准养护28 d时的抗压强度。

6.14.3 计算与评定

再生胶砂强度比按式(2)计算：

$$\beta_f = \frac{f_R}{f_0} \quad \cdots\cdots\cdots\cdots(2)$$

其中：

β_f——再生胶砂强度比，精确至0.01；

f_R——再生胶砂的28 d抗压强度，单位为兆帕(MPa)；

f_0——基准胶砂的28 d抗压强度，单位为兆帕(MPa)。

以一组三个棱柱体试件上得到的六个抗压强度测定值的算术平均值作为基准胶砂或再生胶砂的抗压强度试验结果，精确至0.1 MPa。若六个测定值中有一个超出平均值的±10%，就应剔除这个测定值而以剩下五个测定值的算术平均值作为试验结果；若五个测定值中再有超过它们平均值的±10%的，则此组试验作废。

6.15 表观密度

按照GB/T 14684中规定的表观密度试验方法执行。

6.16 堆积密度和空隙率

按照GB/T 14684中规定的堆积密度和空隙率试验方法执行。

6.17 碱集料反应

按照GB/T 14684中规定的碱集料反应试验方法执行。

7 检验规则

7.1 检验分类

7.1.1 出厂检验

检验项目包括:颗粒级配、细度模数、微粉含量、泥块含量、再生胶砂需水量比、表观密度、堆积密度和空隙率。

7.1.2 型式检验

型式检验项目包括本标准中5.1~5.8的所有项目,碱集料反应可根据需要进行。

有下列情况之一时,应进行型式检验:

a) 新产品投产时;

b) 生产工艺发生变化时;

c) 原材料发生重大变化时;

d) 正常生产时,每年一次;

e) 国家质量监督机构要求检验时。

7.2 组批规则

按同分类、同规格每600 t为一批,不足600 t亦为一批。

7.3 判定规则

7.3.1 检验后(含复检),各项指标都符合本标准的相应类别规定时,可判为合格品。

7.3.2 若有一项性能指标不符合本标准要求时,则应从同一批产品中加倍取样,对不符合要求的项目进行复检,复检结果符合本标准者,判定为合格品。复检结果仍不符合本标准者,则判定为不合格品。

7.3.3 仲裁检验应采用基准水泥。

8 标志、储存和运输

8.1 标志

出厂产品应提供产品质量合格证,内容包括:

a) 再生细骨料的名称、类别、规格和生产厂信息(厂名、地址和电话等);

b) 批量编号及供货数量;

c) 检验结果、日期、执行标准;

d) 合格证编号及发放日期;

e) 检验部门及检验人员签章;

f) 注意事项等。

8.2 储存

再生细骨料应按类别、规格分别堆放,防止人为碾压和产品污染。

8.3 运输

运输时,应认真清扫车船等运输设备,并采取措施防止混入杂物,防止粉尘飞扬。

ICS 91.100.30
Q 13

中华人民共和国国家标准

GB/T 25177—2010

混凝土用再生粗骨料

Recycled coarse aggregate for concrete

2010-09-26 发布　　　　2011-08-01 实施

中华人民共和国国家质量监督检验检疫总局
中国国家标准化管理委员会　发布

前　言

本标准由中华人民共和国住房和城乡建设部提出。

本标准由住房和城乡建设部建筑工程标准技术归口单位归口。

本标准负责起草单位：中国建筑科学研究院、青岛理工大学、同济大学。

本标准参加起草单位：青建集团股份公司、北京建筑工程学院、中国建筑材料科学研究总院、上海市建筑科学研究院、北京城建建材工业有限公司、广州市建筑科学研究院、邯郸市建筑科学研究所、北京市建筑材料质量监督检验站、辽宁省建设科学研究院、邯郸全有生态建材有限公司、青岛农业大学、瑞科尔建筑材料(青岛)有限公司、青岛信达荣昌基础建设工程有限公司、北京元泰达环保建材科技有限责任公司、甘肃土木工程科学研究院、天津市水利科学研究院、上海EF生态环境材料工程技术中心、青岛绿帆再生建材有限公司、北京波森特岩土工程有限公司。

本标准主要起草人：赵霄龙、李秋义、陈家珑、张同波、张秀芳、肖建庄、秦原、何更新、冷发光、王武祥、姚利君、蔡亚宁、梅爱华、张胜彦、宋作宝、王春波、寇全有、全洪珠、曹剑、李红、吴建民、王岩、孙永军、杨德志、陈勇、杨启安。

混凝土用再生粗骨料

1 范围

本标准规定了混凝土用再生粗骨料的术语和定义、分类和规格、要求、试验方法、检验规则、标志、储存和运输。

本标准适用于配制混凝土的再生粗骨料。

2 规范性引用文件

下列文件中的条款通过本标准的引用而成为本标准的条款。凡是注日期的引用文件，其随后所有的修改单(不包括勘误的内容)或修订版均不适用于本标准，然而，鼓励根据本标准达成协议的各方研究是否可使用这些文件的最新版本。凡是不注日期的引用文件，其最新版本适用于本标准。

GB/T 14684 建筑用砂

GB/T 14685 建筑用卵石、碎石

GB/T 17431.2 轻集料及其试验方法 第2部分:轻集料试验方法

3 术语和定义

下列术语和定义适用于本标准。

3.1

混凝土用再生粗骨料 recycled coarse aggregate for concrete

由建(构)筑废物中的混凝土、砂浆、石、砖瓦等加工而成，用于配制混凝土的、粒径大于4.75 mm的颗粒。

3.2

微粉含量 content of fine powder

混凝土用再生粗骨料中粒径小于75 μm的颗粒含量。

3.3

泥块含量 content of clay lump

混凝土用再生粗骨料中原粒径大于4.75 mm，经水浸洗、手捏后变成小于2.36 mm的颗粒含量。

3.4

针片状颗粒 elongated and flaky particle

混凝土用再生粗骨料的长度大于该颗粒所属相应粒级的平均粒径2.4倍者为针状颗粒；厚度小于平均粒径0.4倍者为片状颗粒(平均粒径指该粒级上、下限粒径的平均值)。

3.5

压碎指标 crushing index

混凝土用再生粗骨料抵抗压碎能力的指标。

3.6

坚固性 soundness

混凝土用再生粗骨料在自然风化和其他物理化学因素作用下抵抗破裂的能力。

3.7

表观密度 apparent density

混凝土用再生粗骨料颗粒单位体积(包括内封闭孔隙)的质量。

3.8

吸水率 water absorption

混凝土用再生粗骨料饱和面干状态时所含水的质量占绝干状态质量的百分数。

3.9

杂物 impurities

混凝土用再生粗骨料中除混凝土、砂浆、砖瓦和石之外的其他物质。

4 分类和规格

4.1 分类

混凝土用再生粗骨料(以下简称再生粗骨料)按性能要求可分为Ⅰ类、Ⅱ类和Ⅲ类。

4.2 规格

再生粗骨料按粒径尺寸分为连续粒级和单粒级。连续粒级分为5 mm～16 mm、5 mm～20 mm、5 mm～25 mm和5 mm～31.5 mm四种规格,单粒级分为5 mm～10 mm、10 mm～20 mm和16 mm～31.5 mm三种规格。

5 要求

5.1 颗粒级配

再生粗骨料的颗粒级配应符合表1的规定。

表1 颗粒级配

公称粒径/mm		累计筛余/%							
		方孔筛筛孔边长/mm							
		2.36	4.75	9.50	16.0	19.0	26.5	31.5	37.5
连续粒级	5～16	95～100	85～100	30～60	0～10	0			
	5～20	95～100	90～100	40～80	—	0～10	0		
	5～25	95～100	90～100	—	30～70	—	0～5	0	
	5～31.5	95～100	90～100	70～90	—	15～45	—	0～5	0
单粒级	5～10	95～100	80～100	0～15	0				
	10～20		95～100	85～100		0～15	0		
	16～31.5		95～100		85～100			0～10	0

5.2 微粉含量和泥块含量

再生粗骨料的微粉含量和泥块含量应符合表2的规定。

表2 微粉含量和泥块含量

项 目	Ⅰ类	Ⅱ类	Ⅲ类
微粉含量(按质量计)/%	<1.0	<2.0	<3.0
泥块含量(按质量计)/%	<0.5	<0.7	<1.0

5.3 吸水率

再生粗骨料的吸水率应符合表3的规定。

表 3 吸水率

项 目	Ⅰ类	Ⅱ类	Ⅲ类
吸水率(按质量计)/%	<3.0	<5.0	<8.0

5.4 针片状颗粒含量

再生粗骨料的针片状颗粒含量应符合表 4 的规定。

表 4 针片状颗粒含量

项 目	Ⅰ类	Ⅱ类	Ⅲ类
针片状颗粒(按质量计)/%		<10	

5.5 有害物质含量

再生粗骨料中有害物质含量应符合表 5 的规定。

表 5 有害物质含量

项 目	Ⅰ类	Ⅱ类	Ⅲ类
有机物		合格	
硫化物及硫酸盐(折算成 SO_3,按质量计)/%		<2.0	
氯化物(以氯离子质量计)/%		<0.06	

5.6 杂物含量

再生粗骨料中的杂物含量应符合表 6 的规定。

表 6 杂物含量

项 目	Ⅰ类	Ⅱ类	Ⅲ类
杂物(按质量计)/%		<1.0	

5.7 坚固性

采用硫酸钠溶液法进行试验。再生粗骨料经 5 次循环后,其质量损失应符合表 7 的规定。

表 7 坚固性指标

项 目	Ⅰ类	Ⅱ类	Ⅲ类
质量损失/%	<5.0	<10.0	<15.0

5.8 压碎指标

再生粗骨料的压碎指标值应符合表 8 的规定。

表 8 压碎指标

项 目	Ⅰ类	Ⅱ类	Ⅲ类
压碎指标/%	<12	<20	<30

5.9 表观密度和空隙率

再生粗骨料的表观密度和空隙率应符合表 9 的规定。

表 9 表观密度和空隙率

项 目	Ⅰ类	Ⅱ类	Ⅲ类
表观密度/(kg/m^3)	>2 450	>2 350	>2 250
空隙率/%	<47	<50	<53

5.10 碱集料反应

经碱集料反应试验后，由再生粗骨料制备的试件无裂缝、酥裂或胶体外溢等现象，膨胀率应小于0.10%。

6 试验方法

6.1 试样

6.1.1 取样方法

按照GB/T 14685中规定的取样方法执行。

6.1.2 试样数量

单项试验的最小取样数量应符合表10的规定。进行多项试验时，如能确保试样经一项试验后不致影响另一项试验的结果，可用同一试样进行几项不同的试验。

表10 单项试验取样数量

单位为千克

序号	试验项目	各最大粒径(mm)下的最小取样数量				
		9.5	16.0	19.0	26.5	31.5
1	颗粒级配	10	16	19	25	32
2	微粉含量	8	8	24	24	40
3	泥块含量	8	8	24	24	40
4	吸水率	8	8	24	24	40
5	针片状颗粒含量	8	8	16	16	20
6	有机物含量	按照试验要求的粒级和数量取样				
7	硫化物与硫酸盐含量					
8	氯化物含量					
9	杂物含量	15	15	30	30	50
10	坚固性	按照试验要求的粒级和数量取样				
11	压碎指标					
12	表观密度	8	8	8	8	12
13	空隙率	40	40	40	40	80
14	碱集料反应	20	20	20	20	20

6.1.3 试样处理

按照GB/T 14685中的试样处理规定执行。

6.2 试验环境和试验用筛

应符合GB/T 14685中试验环境和试验用筛的规定。

6.3 颗粒级配

按照GB/T 14685中规定的颗粒级配试验方法执行。

6.4 微粉含量

按照GB/T 14685中规定的含泥量试验方法执行。

6.5 泥块含量

按照GB/T 14685中规定的泥块含量试验方法执行。

6.6 吸水率

按照GB/T 17431.2中规定的吸水率试验方法执行。

6.7 针片状颗粒含量

按照GB/T 14685中规定的针片状颗粒含量试验方法执行。

6.8 有机物含量

按照 GB/T 14685 中规定的有机物含量试验方法执行。

6.9 硫化物与硫酸盐含量

按照 GB/T 14685 中规定的硫化物和硫酸盐含量试验方法执行。

6.10 氯化物含量

按照 GB/T 14684 中规定的氯化物含量试验方法执行。

6.11 杂物含量

6.11.1 本检测方法适用于检测再生粗骨料中杂物(包括金属、塑料、沥青、木头、玻璃、草根、树叶、树枝、纸张、石灰、石膏、毛皮、煤块和炉渣等所有不属于混凝土、砂浆、砖瓦或石的物质)的含量。

6.11.2 按照 6.1 规定的方法取样,并将试样缩分至不小于表 11 规定的数量,称重后用人工分选的方法选出金属、塑料、沥青、木头、玻璃、草根、树叶、树枝、纸张、石灰、石膏、毛皮、煤块和炉渣等杂物,然后称量各种杂物总质量,并计算其占再生粗骨料试样总质量的百分比。

表 11 杂物含量试验所需试样数量

再生粗骨料最大粒径/mm	9.5	16.0	19.0	26.5	31.5
最少试样量/kg	4.0	4.0	8.0	8.0	15.0

6.11.3 杂物含量取三次试验结果的最大值,精确至 0.1%。

6.12 坚固性

按照 GB/T 14685 中规定的坚固性试验方法执行,但试验结果精确至 0.1%。

6.13 压碎指标

按照 GB/T 14685 中规定的压碎指标试验方法执行。

6.14 表观密度

按照 GB/T 14685 中规定的表观密度试验方法执行。

6.15 空隙率

按照 GB/T 14685 中规定的空隙率试验方法执行。

6.16 碱集料反应

按照 GB/T 14685 中规定的碱集料反应试验方法执行。

7 检验规则

7.1 检验分类

7.1.1 出厂检验

检验项目包括:颗粒级配、微粉含量、泥块含量、吸水率、压碎指标、表观密度、空隙率。

7.1.2 型式检验

型式检验项目包括本标准中 5.1~5.9 的所有项目,碱集料反应根据需要进行。

有下列情况之一时,应进行型式检验:

a) 新产品投产时;

b) 生产工艺发生变化时;

c) 原材料发生重大变化时;

d) 正常生产时,每年一次;

e) 国家质量监督机构要求检验时。

7.2 组批规则

按类别、规格及日产量确定批次:日产量在 2 000 t 及 2 000 t 以下,每 600 t 为一批,不足 600 t 亦为一批;日产量超过 2 000 t,每 1 000 t 为一批,不足 1 000 t 亦为一批;日产量超过 5 000 t,每 2 000 t 为一批，不足 2 000 t 亦为一批；对于建(构)筑废物来源相同，日产量不足 600 t 的可以以连续生产不超过 3 天且不大于 600 t 为一检验批。

7.3 判定规则

7.3.1 检验(含复检)后，各项指标都符合本标准的相应类别规定时，可判为合格品。

7.3.2 若有一项性能指标不符合本标准要求时，则应从同一批产品中加倍取样，对不符合要求的项目进行复检，复检结果符合本标准者，判定为合格品。复检结果仍不符合本标准者，则判定为不合格品。

8 标志、储存和运输

8.1 标志

出厂产品应提供产品质量合格证，内容包括：

a) 再生粗骨料的名称、类别、规格和生产厂信息(厂名、地址和电话等)；

b) 批量编号及供货数量；

c) 检验结果、日期、执行标准；

d) 合格证编号及发放日期；

e) 检验部门及检验人员签章；

f) 注意事项等。

8.2 储存

储存时，再生粗骨料应按类别、规格分别堆放，防止人为碾压和产品污染。

8.3 运输

运输时，应认真清扫车船等运输设备，并采取措施防止混入杂物，防止粉尘飞扬。

ICS 91.140.60
Q 81

中华人民共和国国家标准

GB/T 25178—2010

减压型倒流防止器

Reduced-pressure type backflow preventer

2010-09-26 发布 2011-08-01 实施

中华人民共和国国家质量监督检验检疫总局
中国国家标准化管理委员会 发布

前　言

本标准对应于美国标准 ANSI/AWWA C511-1997《减压原理倒流防止器组件》,与 ANSI/AWWA C511-1997 的一致性程度为非等效,与其主要性能指标一致。

本标准与 ANSI/AWWA C511-97 主要技术差异为:

——将美制计量单位转换为我国法定计量单位;

——将工作压力不小于 150 PSI(1 034 kPa)修改为公称压力小于或等于 PN16;

——将介质温度 33 ℉～140 ℉(1 ℃～60 ℃)、33 ℉～180 ℉(1 ℃～82 ℃)改为介质温度不高于 65 ℃;

——增加了试验方法。

本标准的附录 A 为资料性附录。

本标准由中华人民共和国住房和城乡建设部提出。

本标准由中华人民共和国住房和城乡建设部给水排水产品标准化技术委员会归口。

本标准起草单位:广东佛山市南海永兴阀门制造有限公司、上海冠龙阀门机械有限公司、沃茨阀门(宁波)有限公司、株洲南方阀门股份有限公司、大众阀门集团有限公司、上海沪航阀门有限公司、美国泽恩集团沃尔肯斯公司珠海分公司、宁波华成阀门有限公司、奥维科雅阀门(上海)有限公司、精嘉阀门集团有限公司、浙江盾安阀门有限公司、武汉大禹阀门有限公司、杭州春江阀门有限公司、中国建筑金属结构协会给水排水设备分会。

本标准主要起草人:陈键明、华明九、虞之日、谭云湘、赵丽丽、李政宏、曹彬、曹明康、殷建国、桂新春、金志渊、廖志芳、陈思良、傅雷诺、张杰、金人龙、王朝阳、阮健明、金宗林、顾彦海、赵小虎、钱金明、李习洪、何锐、柴为民、陈永新。

减压型倒流防止器

1 范围

本标准规定了减压型倒流防止器的术语和定义、结构形式、产品型号、材料、要求、试验方法、检验规则、标志、包装和贮运。

本标准适用于输送公称压力小于或等于 PN16、公称尺寸 DN15～DN400，温度不高于 65 ℃清水的减压型倒流防止器。

公称尺寸小于 DN15 和公称尺寸大于 DN400 的减压型倒流防止器可参照执行。

2 规范性引用文件

下列文件中的条款通过本标准的引用而成为本标准的条款。凡是注日期的引用文件，其随后所有的修改单(不包括勘误的内容)或修订版均不适用于本标准，然而，鼓励根据本标准达成协议的各方研究是否可使用这些文件的最新版本。凡不注日期的引用文件，其最新版本适用于本标准。

GB/T 196　普通螺纹　基本尺寸

GB/T 1047　管道元件　DN(公称尺寸)的定义和选用

GB/T 1048　管道元件　PN(公称压力)的定义和选用

GB/T 3098.1　紧固件机械性能　螺栓、螺钉和螺柱

GB 5135.11　自动喷水灭火系统　第 11 部分：沟槽式管接件

GB/T 7306.2　55°密封管螺纹　第 2 部分：圆锥内螺纹与圆锥外螺纹

GB/T 9286　色漆和清漆　漆膜的划格试验

GB/T 12220　通用阀门　标志

GB/T 12225　通用阀门　铜合金铸件技术条件

GB/T 12227　通用阀门　球墨铸铁件技术条件

GB/T 17219　生活饮用水输配水设备及防护材料的安全性评价标准

GB/T 17241.6　整体铸铁法兰

GB/T 17241.7　铸铁管法兰　技术条件

GB/T 20878　不锈钢和耐热钢　牌号及化学成分

GB/T 21873　橡胶密封件　给、排水管及污水管道用接口密封圈　材料规范

CJ/T 156　沟槽式管接件

JB/T 7928　通用阀门　供货要求

3 术语和定义

下列术语和定义适用于本标准。

3.1

减压型倒流防止器　reduced-pressure type backflow preventer

由两个独立作用的止回阀和一个泄水阀组成，能严格限定管道中的压力水只能单向流动的水力控制装置。

3.2

进水腔　inlet chamber

进水端端面至进水止回阀阀座密封面之间的内腔。

3.3

中间腔　intermediate chamber

进水止回阀阀座密封面至出水止回阀阀座密封面之间的内腔。

3.4

出水腔　outlet chamber

出水止回阀阀座密封面至出水端端面之间的内腔。

3.5

零流量　zero flow

进水端保持正常供水压力，而出水端无水流出。

3.6

独立作用止回阀　independently operating check valve

一个独立的止回阀除了壳体外与其他部件没有任何共用零件，在正常工作过程中与其他活动部件没有接触，以任何形式运动时不影响到另一个止回阀的工作。

3.7

PN(公称压力)　PN (nominal pressure)

与管道系统元件的力学性能和尺寸特性相关、用于参考的字母和数字组合的标识。由字母 PN 和后跟无因次的数字组成。

4　结构形式

4.1　减压型倒流防止器(以下简称倒流防止器)的整体结构

4.1.1　倒流防止器的整体结构形式参见附录 A，也可采用符合本标准性能要求的其他结构形式。

4.1.2　倒流防止器应设三个测压孔，测压孔直径不应小于 4 mm。对于小于或等于 DN50 的倒流防止器测压孔螺纹宜采用 Rc1/4，对于大于 DN50 的倒流防止器测压孔螺纹宜采用 Rc1/2，并应符合 GB/T 7306.2 的要求。测压孔应安置在以下位置并考虑排除腔内气体的可能性和配置测试球阀：

a)　进水腔外侧；

b)　中间腔外侧；

c)　出水腔外侧，且 a)、c)两测试孔所对应流道横截面积应相等。

4.1.3　在安装现场无需卸下倒流防止器的阀体，应可进行内部零部件检查、维修或更换等操作。

4.2　倒流防止器的连接形式

倒流防止器可采用法兰连接、螺纹连接和卡箍连接。小于 DN50 的倒流防止器宜采用螺纹连接，连接螺纹应符合 GB/T 7306.2 的要求；大于或等于 DN50 的倒流防止器宜采用法兰连接或卡箍连接。连接法兰应符合 GB/T 17241.6 和 GB/T 17241.7 的要求，卡箍连接的管接件应符合 GB 5135.11 或 CJ/T 156 的要求。

5　产品型号

5.1　型号编制

倒流防止器型号编制由字母和数字组成，表示方法如下：

JDFQ □ □ □-□-□ □

- 阀体材质 —— 球墨铸铁 Q;不锈钢 P;铜 T
- PN—— 所允许最大工作压力兆帕数的 10 倍
- DN(公称尺寸)
- 密封副材料 —— 橡胶:X
- 结构形式 —— 直流式:L;直通式:T
- 连接形式 —— 法兰 4;卡箍 8;内螺纹 1;外螺纹 2
- 减压型倒流防止器

5.2 型号示例

型号为 JDFQ4LX-100-16Q:阀体材质为球墨铸铁、公称压力为 PN16、公称尺寸为 DN100、密封副材料为橡胶、直流式法兰连接的减压型倒流防止器。

6 材料

6.1 主要零件材料应符合表 1 的规定,当零件材料被代用时,其机械性能不应低于表 1 所列材料。在电解液存在情况下,当不同材料用于内部零件时,宜选用耐腐蚀性材料。

6.2 用于生活饮用水时,选用材料应符合 GB/T 17219 的要求。

6.3 铜合金铸件和球墨铸铁件应分别符合 GB/T 12225 和 GB/T 12227 的要求。

6.4 橡胶件宜选用并符合 GB/T 21873 的要求。

6.5 不锈钢件应符合 GB/T 20878 的要求。

6.6 控制泄水阀动作的导管材料,其机械物理性能不应低于紫铜,通径不应小于 4 mm。

表 1 主要零件材料表

主要零件	材料名称
阀体、阀盖、阀瓣	球墨铸铁、不锈钢、青铜、黄铜
阀杆、与水接触的紧固件	不锈钢
阀座	不锈钢、青铜、塑料
橡胶密封件	丁腈橡胶、三元乙丙橡胶、氯丁橡胶
弹簧	不锈钢、60Si2Mn

注 1:球墨铸铁宜选 QT450-10 或 QT500-7;不锈钢宜选奥氏体或马氏体不锈钢。

注 2:青铜宜选锡青铜或铝青铜;黄铜可选 H62 或相类似的黄铜。

7 要求

7.1 公称尺寸应符合 GB/T 1047 的要求。

7.2 公称压力应符合 GB/T 1048 的要求。

7.3 阀体表面应光洁,流道表面过渡要光滑。

7.4 球墨铸铁阀体及其他球墨铸铁件表面应热喷涂环氧树脂,涂层厚度不应小于 0.25 mm。

7.5 普通螺纹尺寸应符合 GB/T 196 的要求,紧固件机械性能应符合 GB/T 3098.1 的要求。

7.6 55°密封管螺纹应符合 GB/T 7306.2 的要求。

7.7 强度

7.7.1 阀体强度

阀体应承受 2 倍公称压力静水压的试验,持压不应少于 10 min,无渗漏、冒汗及可见性变形,对不合格的阀体不应进行修补。

7.7.2　整机强度

组装后的整机应承受 2 倍公称压力静水压的试验，持压不应少于 10 min，无渗漏、无损伤。

7.8　止回阀紧闭性能

7.8.1　进水止回阀紧闭性能

在零流量状态，进水腔压力 P_1 与中间腔压力 P_2 之差不应小于 20 kPa，此时进水止回阀应紧闭不泄水。

7.8.2　出水止回阀紧闭性能

在零流量状态，中间腔压力 P_2 与出水腔压力 P_3 之差不应小于 7 kPa，此时出水止回阀应紧闭不泄水。

7.9　水力特性

7.9.1　为防止泄水阀在零流量状态时过量排水，当上游进水端压力在 ±10 kPa 范围波动时，泄水阀不泄水。

7.9.2　进水腔处于正常压力供水状态，无论水是否从倒流防止器内流过，进水腔与中间腔的压力差应符合：$P_1 - P_2 > 14$ kPa，且泄水阀应不泄水。

7.9.3　在表 2 所确定的流速(流量)下，倒流防止器的压力损失不应大于表 2 规定的允许值，对于水平安装的倒流防止器，压力损失为进入腔压力与出水腔压力之差值，此过程泄水阀不泄水。

表 2　平均流速与允许压力损失对应表

DN	15	20	25	32	40	50	65	80	100	150	200	250	300	350	400
流量/(m^3/h)	1.9	3.4	5.3	8.7	13.6	21.2	35.8	54.3	84.8	191	339	530	763	1 039	1 357
流速/(m/s)	3														
允许压力损失/MPa	0.1														
流量/(m^3/h)	2.9	5.1	8	13	20.4	31.8	47.8	72.4	113	255	452	619	891	1 212	1 583
流速/(m/s)	4.5							4				3.5			
允许压力损失/MPa	0.15														

7.10　泄水阀及其性能

7.10.1　泄水阀设计要求

泄水阀设计要求如下：

a)　泄水阀应设计在中间腔外侧，阀座最高点应设置在中间腔最低位置以下，以排尽中间腔的积水；

b)　泄水阀出水口处应配置漏水斗装置，该装置应与大气相通，使泄水阀与任何排水管或排水沟渠之间形成空气隔断。

7.10.2　零流量状态时泄水阀的启闭

零流量状态时泄水阀的启闭：

a)　在零流量状态，因中间腔压力 P_2 上升或进水腔压力 P_1 下降，导致泄水阀始动泄水时，应满足 $P_1 - P_2 \geqslant 14$ kPa，此时中间腔应与大气相通；

b)　当泄水阀自动关闭时 $P_1 - P_2 > 14$ kPa。

7.10.3　泄水阀排水性能

7.10.3.1　当 14 kPa $< P_1 \leqslant$ PN，泄水阀按表 3 规定流量泄水时，应满足：$P_1 - P_2 \geqslant 3.5$ kPa。

7.10.3.2　当 $P_1 = 0$(进水腔通大气)，泄水阀按表 3 规定流量泄水时，应满足：$P_2 \leqslant 10.5$ kPa。

表 3　倒流防止器公称尺寸与泄水流量对应表

DN	15	20	25	32	40	50	65	80	100	150	200	250	300	350	400
泄水流量/(m^3/h)	0.68	1.2	1.2	2.3	2.3	4.5	4.5	6.8	9	9	13.5	13.5	17.1	21	21

7.11 防止虹吸倒流

7.11.1 上游处于非正常供水状态，当进水腔压力 P_1 下降到 14 kPa 或更低时，无论中间腔和出水腔压力为多大，泄水阀应连续开启泄水。当 P_1 降为零时，泄水阀应处于全开状态，大气通过漏水斗装置进入中间腔，使中间腔成为气室，形成进水腔与出水腔之间的空气隔断。

7.11.2 当进水腔处于真空度为 50 kPa(375 mmHg)时，保持 5 min，应无水倒流。

8 试验方法

8.1 阀体表面、螺纹、泄水阀外观及标志检验

8.1.1 目测或使用通用量具对 4.1.2、7.1、7.2、7.3、7.5 和 7.6 进行检查。

8.1.2 按 GB/T 9286 的方法试验，评定是否符合 7.4 的要求。

8.1.3 分别核查 7.10.1a)、b)、10.1 和 10.2 的要求。

8.2 强度试验

8.2.1 阀体强度试验

将阀体内空气排完，以每 5 秒 0.1 MPa 的增量向腔内注入 2 倍公称压力的静压水，持压不少于 10 min。评定是否符合 7.7.1 的要求。

8.2.2 整机强度试验

关闭泄水阀，将倒流防止器整机内空气排完，以每 5 秒 0.1 MPa 的增量，由进水腔向腔内注入 2 倍公称压力的静压水，持压 10 min。评定是否符合 7.7.2 的要求。

8.3 水力特性试验基本要求

试验基本要求如下：

——试验介质：清水；

——温度：常温；

——所有仪器、仪表的允许计量误差为测定值的 2%。

8.4 止回阀紧闭性能试验

8.4.1 试验装置

止回阀紧闭性能试验装置见图 1[1)]。

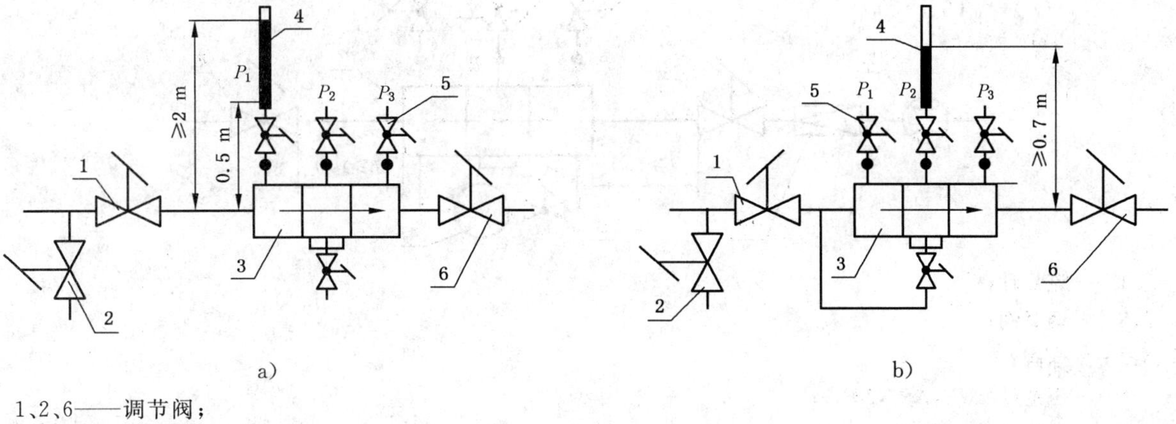

1、2、6——调节阀；

3——被测倒流防止器；

4——透明测压管；

5——球阀共 4 个。

图 1 止回阀关闭压力试验装置示意图

1) 此试验装置中的测压方法也可采用其他仪器、仪表。

8.4.2 **试验程序**

8.4.2.1 进水止回阀紧闭性能试验：

a) 进水止回阀紧闭性能试验装置见图 1a)，透明测压管 4 的通径不应小于 10 mm；

b) 调节球阀，使中间腔和出水腔通大气（即 $P_2=P_3=0$）；

c) 通过调节阀 1、2，缓慢地向进水腔内注水，至测压管内液柱高约为图示 0.5 m，将进水腔内空气排除，然后将液位升高不低于 2 m，关闭调节阀 1 和 2 保持 5 min，评定是否符合 7.8.1 的要求。

8.4.2.2 出水止回阀紧闭性能试验：

a) 出水止回阀紧闭性能试验装置见图 1b)，透明测压管 4 的通径不应小于 10 mm；

b) 调节球阀使出水腔与大气相通（$P_3=0$），并人为地关闭泄水阀；

c) 通过调节阀 1、2 及泄水阀下端试验用的球阀，将水注入中间腔排除空气，然后缓慢地将中间腔液位升高不低于 0.7 m，保持 5 min。评定是否符合 7.8.2 的要求。

8.5 **进水端压力波动试验**

8.5.1 **试验装置**

进水端压力波动试验装置见图 2。

8.5.2 **试验程序**

试验程序如下：

a) 试验的进水压力分别设定为 0.2 MPa 和最高允许工作压力两点；

b) 排除装置内空气后使倒流防止器处于零流量状态，并关闭所有球阀，通过调压阀 10，分别按设定的两个进水压力值。使试验压力在 ±10 kPa 范围内波动，波动不少于 3 次循环，评定是否符合 7.9.1 的要求。

8.6 **减压及压力损失试验**

8.6.1 **试验装置**

减压及压力损失试验装置见图 2。

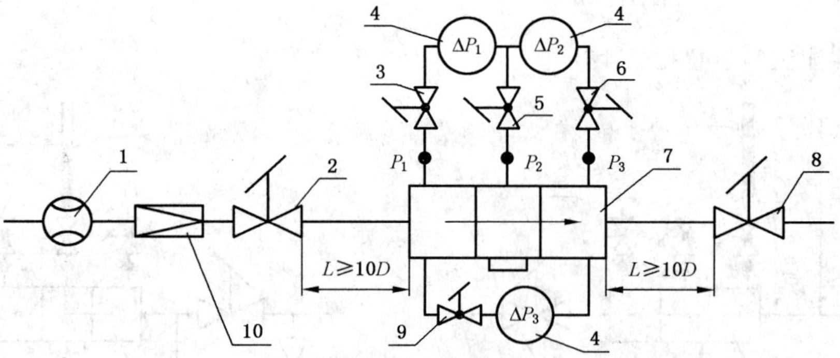

1——流量计；

2、8——调节阀；

3、5、6、9——球阀；

4——压差计（ΔP_1，ΔP_2，ΔP_3）；

7——被测倒流防止器；

10——调压阀。

图 2 进口端力波动、减压及压力损失试验装置示意图

8.6.2 **试验程序**

8.6.2.1 试验的进水压力分别设定为 0.2 MPa 和最高允许工作压力两点。

8.6.2.2 使倒流防止器处于零流量状态并排除装置中的空气，通过调压阀 10，分别对设定的两个压力值按下述程序进行试验：

a) 全开调节阀 2 和球阀 3、5、6、9，关闭其余阀门，通过调节阀 8 使流量从零逐渐增加至表 2 所规定的流量(大于或等于 DN200 的倒流防止器，最大流速允许为 3 m/s)。然后记录流量变化全过程中的 ΔP_1、ΔP_2 和 ΔP_3 的值；

b) 达到表 2 所规定的流量后，缓慢关闭调节阀 8，直至装置处于零流量状态，再记录 ΔP_1、ΔP_2 和 ΔP_3 的值。

分别评定两试验点在 a)条流动状态时的 $\Delta P_1(P_1-P_2)$和泄水阀工作是否符合 7.9.2 的要求。

分别评定两试验点在 b)零流量状态时的 $\Delta P_1(P_1-P_2)$和泄水阀工作是否符合 7.9.2 的要求。

分别评定两试验点在表 2 所规定的流量时，压力损失 $\Delta P_3(P_1-P_3)$和泄水阀工作是否符合 7.9.3 的要求。并以纵坐标为压力损失、横坐标为流量(或流速)，作出表 2 规定流量范围内流量—压力损失特性曲线。

8.7 泄水阀启闭时，进水腔与中间腔的压差试验

8.7.1 试验装置

泄水阀启闭时，进水腔与中间腔的压差试验装置见图 3。

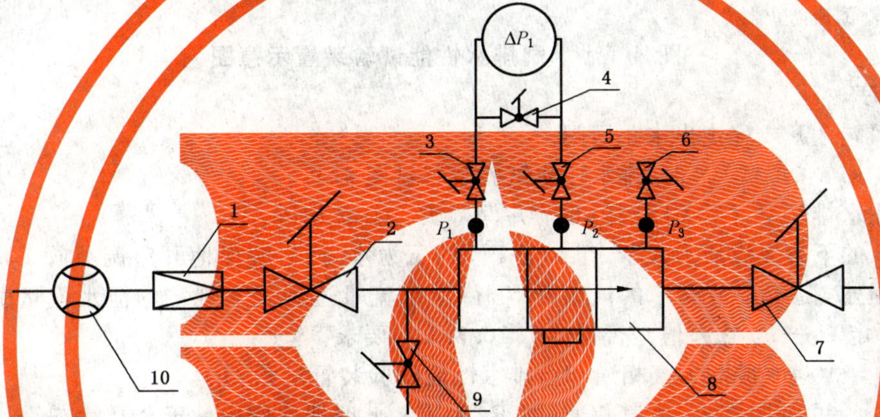

1——调压阀；
2、7——调节阀；
3、4、5、6、9——球阀；
8——被测倒流防止器；
10——流量计。

图 3 泄水阀启闭时，P_1-P_2 的压差试验装置示意图

8.7.2 试验程序

8.7.2.1 中间腔压力 P_2 上升时，泄水阀启闭试验

试验的进水压力分别设定为 0.2 MPa 和最高允许工作压力两点。

排除装置中的空气后关闭球阀 4、6、9。通过调压阀 1，分别对设定的两个压力值做如下试验：

通过调节阀 7 使流速从零逐渐增加到 3 m/s，然后缓慢关闭调节阀 7，使装置处于零流量状态。

然后很缓慢地开启球阀 4，使中间腔压力 P_2 缓慢上升，视泄水阀始动泄水 2 s 内记录此试验点的 P_1-P_2 之差(图 3 中的 ΔP_1)，评定是否符合 7.10.2a)的要求。

关闭球阀 4 恢复初始状态，泄水阀关闭，评定此时 P_1-P_2 之差是否符合 7.10.2b)的要求。

8.7.2.2 进水腔压力 P_1 下降时，泄水阀启闭试验

重复 8.7.2.1，使装置处于零流量状态后，按下述程序做试验：

很缓慢地开启球阀 9，使进水腔压力 P_1 缓慢下降，视泄水阀始动泄水 2 s 内记录此试验点的 P_1-P_2 之差(图中的 ΔP_1)，评定是否符合 7.10.2a)的要求。

关闭球阀 9 恢复初始状态，泄水阀关闭，评定此时 P_1-P_2 之差是否符合 7.10.2b)的要求。

8.8 泄水阀排水性能试验

8.8.1 试验装置

泄水阀排水性能试验装置见图 4。

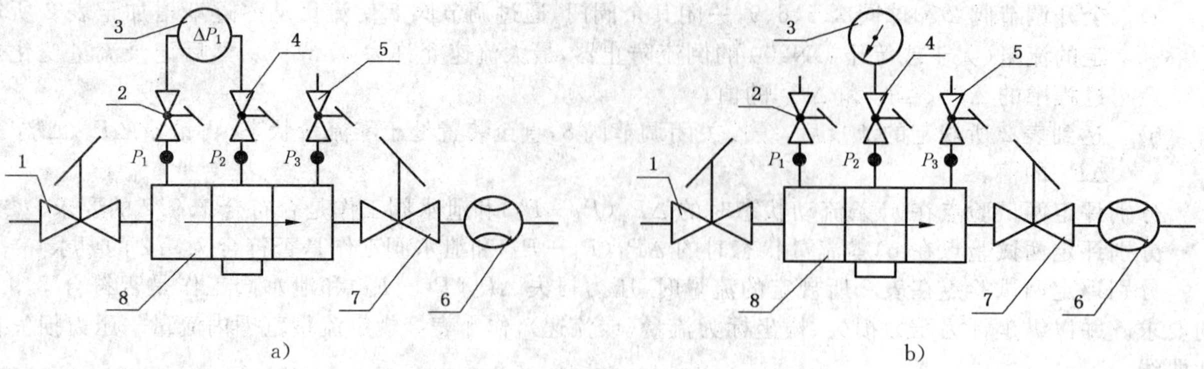

1、7——调节阀；
2、4、5——球阀；
3——a)压差计、b)测压计；
6——流量计；
8——被测件倒流防止器。

图 4　泄水阀排水性能试验装置示意图

8.8.2　试验程序

将出水止回阀全开或移走出水止回阀。

8.8.2.1　当 14 kPa＜P_1≤PN 时，排水性能试验装置见图 4a)。

向装置内注水排除空气后关闭阀门 5、7 并保持 P_1≥0.2 MPa。

在流量计 6 的下游提供压力大于 P_1 小于 PN 的压力水，然后缓慢地开启调节阀 7 向中间腔注水，泄水阀将开启泄水，随着调节阀 7 的渐渐开启，待泄水流量达到表 3 规定的泄水流量时，记录压差计 3 的压差值。评定 P_1-P_2 之差值是否符合 7.10.3.1 的要求。

8.8.2.2　当 P_1＝0(进水腔与大气相通)时，排水性能试验装置见图 4b)。

关闭阀门 5、7 并使进水腔与大气相通(即 P_1 为零)，此时泄水阀应处于全开状态。

在流量计 6 的下游提供压力大于 0.2 MPa 小于 PN 的压力水，然后缓慢地开启调节阀 7，泄水阀开始泄水，随着调节阀 7 的渐渐开启，待泄水流量达到表 3 规定的泄水流量时，记录压力计 3 所显示的压力值。评定 P_2 是否符合 7.10.3.2 的要求。

8.9　防虹吸倒流试验

8.9.1　当上游压力 P_1 下降为零时泄水阀开启试验

8.9.1.1　试验装置

上游为非连续压力工况时，泄水阀开启试验装置见图 5。

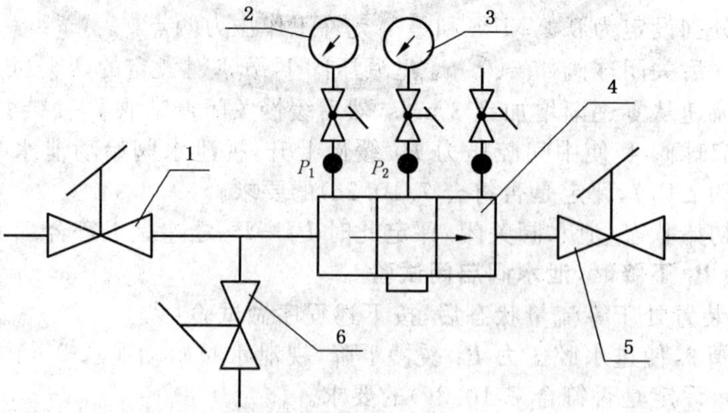

1、5、6——调节阀；
2、3——压力计；
4——被测件倒流防止器。

图 5　上游为非连续压力工况时泄水阀开启试验装置示意图

8.9.1.2　试验程序

关闭调节阀 6,使装置处于向下游正常供水状态,排除装置内空气后缓慢关闭调节阀 5,装置处于零流量状态。然后缓慢开启调节阀 6 泄水,当 P_1 缓慢下降到 14 kPa 时,继续缓慢开启阀 6,直至 P_1 下降到零,评定此过程泄水阀的启闭及泄水性能是否符合 7.11.1 的要求。

8.9.2　上游压力 P_1<0 时,防止虹吸倒流试验

8.9.2.1　试验装置

防止虹吸倒流试验装置见示意图 6。

8.9.2.2　试验程序

试验程序如下:

a)　将出水止回阀全开或移走出水止回阀,关闭阀门 5、10、12 后,启动真空泵,使真空罐内的真空度为 50 kPa(375 mmHg),此时试验装置内应处于无水状态;

注:真空罐内的真空度界定为当地大气压取 0.1 MPa 的值时与真空罐内绝对压力之差。

b)　缓慢开启调节阀 10,将压力不低于 0.2 MPa 的水从流量计 11 的下游渐渐注入被测件 9,泄水阀即向外排水,但中间腔压力 P_2 应保持不高于 14 kPa;

c)　然后快速开启阀门 5,并保持真空罐内 50 kPa(375 mmHg)真空度 5 min,脱水器 6 处有无倒流水,评定是否符合 7.11.2 的要求(真空度可用真空表或 U 形测压计测得)。

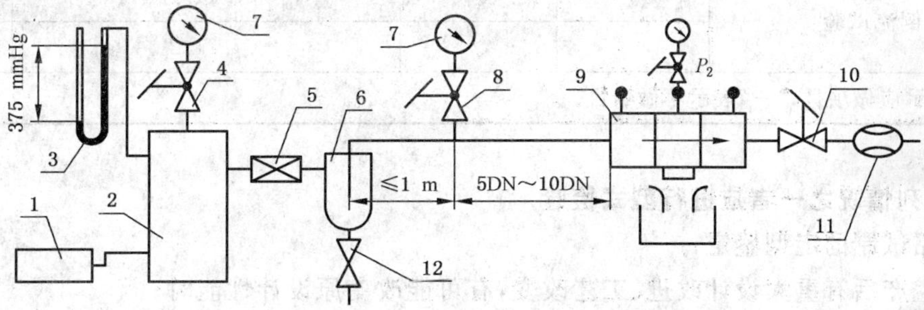

1——真空泵;
2——真空罐;
3——U 形管测压计;
4、8——球阀;
5——快速开启阀;
6——脱水器;
7——真空表;
9——被测倒流防止器;
10、12——调节阀;
11——流量计。

图 6　防止虹吸倒流试验装置示意图

9　检验规则

9.1　出厂检验

出厂检验应符合表 4 的规定。

表 4　检验项目表

分类	项目	出厂检验	型式检验	要求条款	试验方法条款
核查项目	公称尺寸和公称压力	√	√	7.1、7.2	8.1.2
	阀体表面			7.3	
	普通螺纹			7.5	
	55°密封管螺纹			7.6	
	表面喷涂			7.4	8.1.3
	泄水阀设计要求: 阀座和漏水斗装置			7.10.1a) 7.10.1b)	8.1.4
	标志			10.1、10.2	

表 4（续）

分类	项目	出厂检验	型式检验	要求条款	试验方法条款
性能试验项目	阀体强度试验	√	√	7.7.1	8.2.1
	整机强度试验	√	√	7.7.2	8.2.2
	进水止回阀紧闭性能	√	√	7.8.1	8.4.2.1
	出水止回阀紧闭性能	—	√	7.8.2	8.4.2.2
	进口腔压力波动试验	√	√	7.9.1	8.5.2
	动、静态时压差试验	√	√	7.9.2	8.6.2.2
	水头损失试验	—	√	7.9.3	
	泄水阀启闭性能试验	√	√	7.10.2（P_2 上升时试验）	8.7.2.1
		—	√	7.10.2（P_1 下降时试验）	8.7.2.2
	泄水阀排水性能试验	—	√	7.10.3.1（$P_1>14$ kPa 时试验）	8.8.2.1
		√	√	7.10.3.2（$P_1=0$ 时试验）	8.8.2.2
	防虹吸倒流试验	√	√	7.11.1	8.9.1.2
		—	√	7.11.2	8.9.2.2
注："√"表示应做项目，"—"表示不做项目。					

9.2 型式检验

9.2.1 凡属下列情况之一者应进行型式检验

a) 新产品试制的定型鉴定；

b) 批量生产后有重大设计改进、工艺改变，有可能改变原设计性能时；

c) 产品停产二年（含二年）以上，恢复生产时；

d) 产品正常生产五年时；

e) 出厂检验方法正确，而试验结果与上次试验有较大差异时；

f) 国家质量监督检测部门提出型式检验时。

9.2.2 检验项目

型式检验应符合表 4 的规定。

9.3 抽样

9.3.1 出厂检验抽样见表 5。

9.3.2 抽样数不应少于 2 台（含 2 台），当抽样数带小数时，应往上修正为整数台。

9.3.3 型式检验抽样数视 9.2.1 中不同情况由各负责部门确定。

9.3.4 技术质量监督部门若有另外规定，抽样数可按规定执行。

9.3.5 若双方有协议规定，抽样数可按协议执行。

表 5 出厂检验抽样表

公称尺寸	全检项目	抽样数占供样数百分比（%）	备注
DN15～DN400	7.7.1、7.10.2	15	供样数 11 台～20 台时抽样数不少于 3 台 供样数 2 台～10 台时抽样数不少于 2 台 供样数 1 台抽检 1 台 抽样数带小数时往上修正为整数台

9.4 判定规则

9.4.1 7.7.1 或 7.10.2 任一项不合格，则判定该产品为不合格。

9.4.2 其余各项不合格，允许一次返修并加倍抽样，经返修和加倍抽样后仍然不合格，判定该产品为不合格。

10 标志、包装和贮运

10.1 阀体标志

阀体外表面标志应符合 GB/T 12220 规定。

10.2 产品标志

在倒流防止器阀体外表面的适当位置，应牢固地置有耐锈蚀的产品标牌，并至少包括下列内容：

a) 制造厂全称；

b) 产品名称、规格及型号；

c) 制造编号和出厂日期；

d) 商标。

10.3 包装标志

包装外表面应有以下标志：

a) 制造厂全称；

b) 产品名称、规格及型号；

c) 箱体外形尺寸，长×宽×高(mm)；

d) 产品件数和质量(kg)；

e) 装箱日期；

f) 注意事项(可用符号)。

10.4 包装、贮运

10.4.1 产品包装宜用箱装，包装材料应能有效地防止在正常运输过程中产品遭受损伤、遗失附件和文件情况的发生，应符合 JB/T 7928 的要求。

10.4.2 产品出厂包装箱内至少应有下列资料，并封存在能防潮的袋内。

——出厂合格证明书；

——装箱清单；

——产品使用说明书。

10.4.3 倒流防止器应存放在干燥的室内，堆放整齐。

附　录　A
（资料性附录）
减压型倒流防止器整体结构示意图

A.1　倒流防止器的整体结构

倒流防止器一般有直流式(见图 A.1、图 A.4)和直通式(见图 A.2、图 A.3)两种，泄水阀有双流道(见图 A.1)或单流道。

其整体结构主要由两个独立工作的止回阀和一个泄水阀组成，两个独立工作止回阀的阀座密封副将其内腔分为进水腔、中间腔和出水腔，并将各腔内压力分别命名为 P_1、P_2 和 P_3。

A.2　上游阀门和下游阀门

上游阀门和下游阀门可视为倒流防止器的组成部分，当选用闸阀时应符合 CJ/T 216—2005 的要求。当采用卡箍连接时，沟槽管接件尺寸应符合 GB 5135.11 或 CJ/T 156 的要求。对于小于或等于 DN50 的倒流防止器两端可采用球阀。

当倒流防止器两端采用蝶阀、截止阀和其他截流阀门时，应符合相应产品标准的要求。

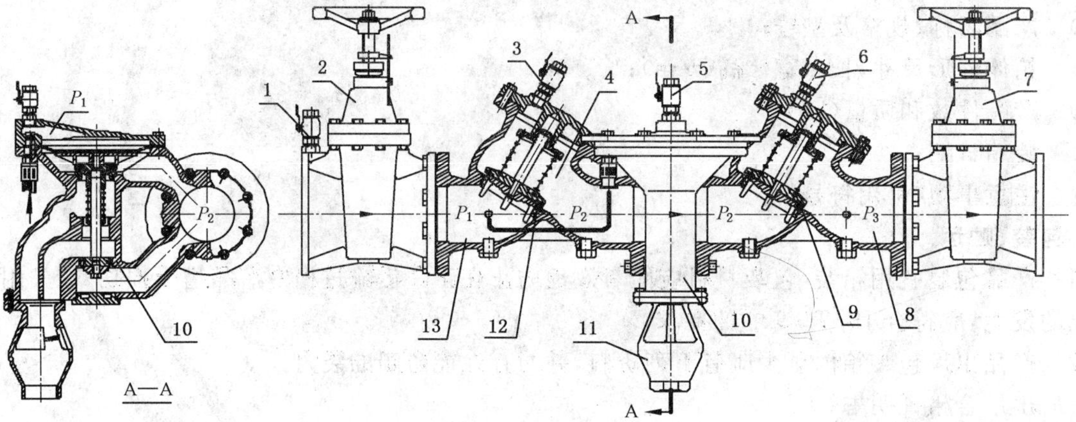

1——上游闸阀测压孔；
2——上游闸阀；
3——测压孔 1；
4——中间腔；
5——测压孔 2；
6——测压孔 3；
7——下游闸阀；
8——出水腔；
9——出水止回阀密封副；
10——泄水阀部件；
11——漏水斗；
12——进水止回阀密封副；
13——进水腔。

图 A.1　法兰连接直流式倒流防止器结构示意图

A.3　测试螺孔和取压孔

倒流防止器外侧三个测试螺孔的位置和取压孔径应符合 4.1.2a)、b)、c)的要求；上游阀门进口端的测压孔也应符合 4.1.2 的相关要求。

A.4　泄水阀位置及流道

泄水阀位置应符合 7.10.1a)要求，漏水装置应符合 7.10.1b)的要求。

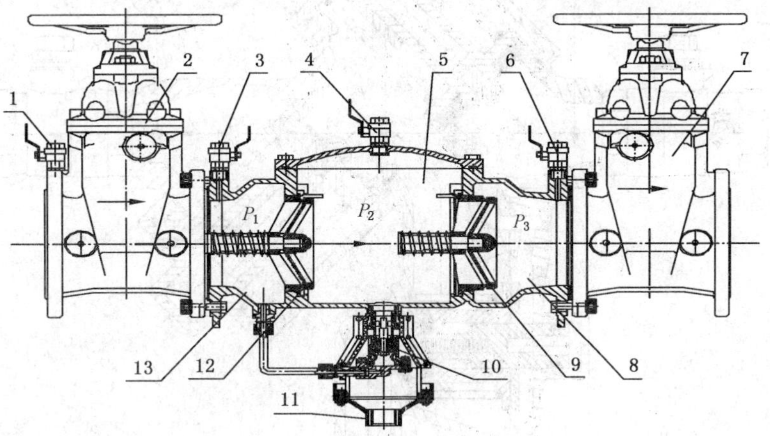

1——上游闸阀测压孔；
2——上游闸阀；
3——测压孔 1；
4——中间腔；
5——测压孔 2；
6——测压孔 3；
7——下游闸阀；
8——出水腔；
9——出水止回阀密封副；
10——泄水阀部件；
11——漏水斗；
12——进水止回阀密封副；
13——进水腔。

图 A.2　法兰连接直通式倒流防止器结构示意图

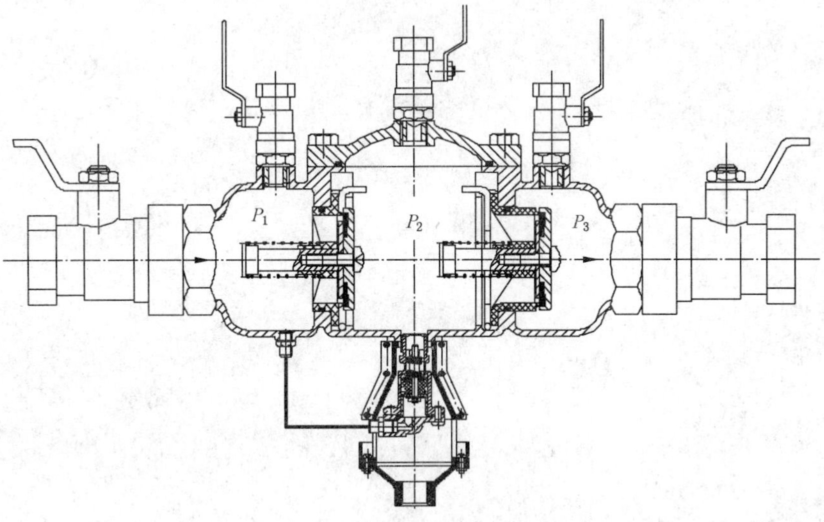

图 A.3　螺纹连接直通式倒流防止器结构示意图

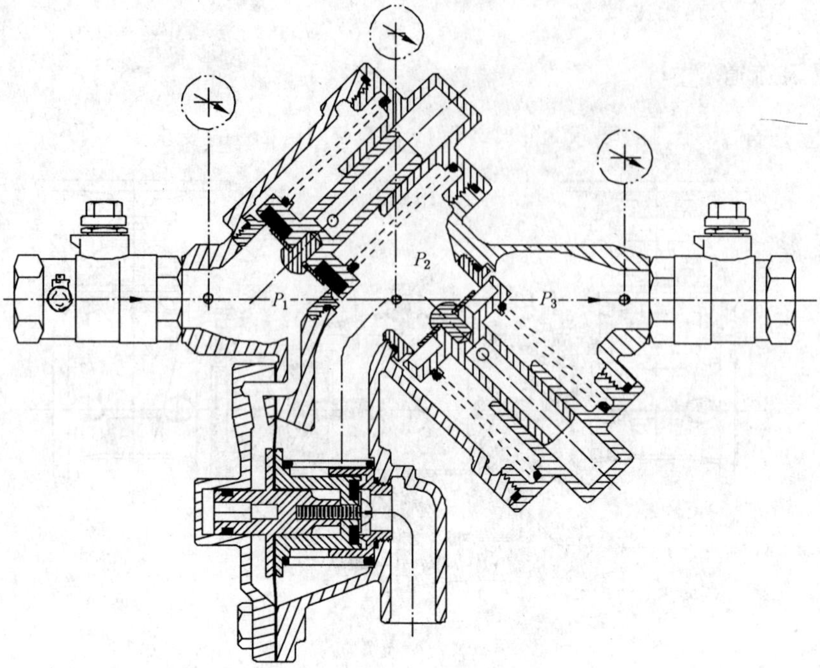

图 A.4 螺纹连接直流式
倒流防止器结构示意图

ICS 13.030.99
Z 68

中华人民共和国国家标准

GB/T 25179—2010

生活垃圾填埋场稳定化场地利用技术要求

Technical requirements for site utilization after stabilization in municipal solid waste landfill

2010-09-26 发布　　2011-08-01 实施

中华人民共和国国家质量监督检验检疫总局
中国国家标准化管理委员会　发布

前　言

本标准按照 GB/T 1.1—2009 的规定编写。

本标准由全国城镇环境卫生标准化技术委员会(SAC/TC 451)提出并归口。

本标准负责起草单位：上海市环境工程设计科学研究院有限公司。

本标准参加起草单位：同济大学、华中科技大学、武汉市环境卫生科学研究院。

本标准主要起草人：赵爱华、王声东、柴晓利、陈朱蕾、冯其林、邵军、赵由才、李北涛、梁林峰、吴晓晖、牛冬杰、解莹、田宇。

生活垃圾填埋场稳定化场地利用技术要求

1 范围

本标准规定了生活垃圾填埋场稳定化场地利用的要求和监测。

本标准适用于生活垃圾填埋场稳定化后场地再利用。

2 规范性引用文件

下列文件对于本文件的应用是必不可少的。凡是注日期的引用文件，仅注日期的版本适用于本文件。凡是不注日期的引用文件，其最新版本（包括所有的修改单）适用于本文件。

GB 3095 环境空气质量标准

GB 3838 地表水环境质量标准

GB 14554 恶臭污染物排放标准

GB/T 18772 生活垃圾填埋场环境监测技术要求

CJ/T 96 城市生活垃圾 有机质的测定 灼烧法

CJ/T 3039 城市生活垃圾采样和物理分析方法

HJ/T 91 地表水和污水监测技术规范

HJ/T 193 环境空气质量自动监测技术规范

HJ/T 194 环境空气质量手工监测技术规范

JCJ 8 建筑变形测量规程

3 术语和定义

下列术语和定义适用于本文件。

3.1

填埋场稳定化 landfill stabilization

填埋场封场后，垃圾中可生物降解成分基本降解，各项监测指标趋于稳定，垃圾层沉降符合场地稳定化利用判定要求的过程。

3.2

填埋场终场 landfill closure

填埋场填埋物达到稳定状态，土地可以重新利用的阶段。

3.3

场地利用 landfill site utilization

填埋场封场后，土地的重新开发利用的活动。

4 分类

4.1 场地利用

按利用方式，场地利用可分为低度利用、中度利用和高度利用三类：

a) 低度利用一般指人与场地非长期接触，主要方式包括草地、林地、农地等。

b) 中度利用一般指人与场地不定期接触，主要包括小公园、运动场、运动型公园、野生动物园、游乐场、高尔夫球场等。

c) 高度利用一般指人与场地长期接触，主要包括学校、办公区、工业区、住宅区等。

4.2 植被恢复

按稳定化程度，填埋场封场后植被的恢复可分为恢复初期、恢复中期、恢复后期三种：

a) 初期，生长的植物以草本植物生长为主。

b) 中期，生长的植物出现了乔灌木植物。

c) 后期，植物生长旺盛，包括各类草本、花卉、乔木、灌木等。

5 要求

5.1 一般要求

5.1.1 为确保填埋场的再利用能与周边用地规划紧密结合，终场后的利用方式应在填埋场建设之前确定。

5.1.2 填埋场稳定化程度应通过对填埋场的监测判定。

5.1.3 填埋场稳定化利用之前应进行稳定化监测并符合相关要求。

5.1.4 填埋场场地利用，按照不同利用方式应满足国家有关环保要求。

5.2 判定要求

5.2.1 填埋场稳定性特征包括封场年限，填埋物有机质含量，地表水水质，填埋堆体中气体浓度，大气环境，堆体沉降和植被恢复等。

5.2.2 填埋场稳定化场地利用应按表1的规定进行判定。

表1 填埋场场地稳定化利用的判定要求

利用方式	低度利用	中度利用	高度利用
利用范围	草地、农地、森林	公园	一般仓储或工业厂房
封场年限/a	较短，≥3	稍长，≥5	长，≥10
填埋物有机质含量	稍高，＜20%	较低，＜16%	低，＜9%
地表水水质	满足 GB 3838 相关要求		
堆体中填埋气	不影响植物生长， 甲烷浓度≤5%	甲烷浓度 5%～1%	甲烷浓度＜1% 二氧化碳浓度＜1.5%
场地区域大气质量	—	达到 GB 3095 三级标准	
恶臭指标	—	达到 GB 14554 三级标准	
堆体沉降	大，＞35 cm/a	不均匀，(10-30)cm/a	小，(1-5)cm/a
植被恢复	恢复初期	恢复中期	恢复后期

a 封场年限从填埋场完全封场后开始计算。

6 监测

6.1 气体监测

6.1.1 大气监测

环境空气监测中的采样点、采样环境、采样高度按 HJ/T 193 或 HJ/T 194 执行。各项污染物采样频率和浓度限值的要求应按 GB 3095 的规定执行。

6.1.2 填埋气监测

应按 GB/T 18772 的规定执行。

6.2 地表水监测

地表水水质监测应按 HJ/T 91 的规定执行。各项污染物的浓度限值应按 GB 3838 的规定执行。

6.3 填埋物有机质监测

6.3.1 采样

6.3.1.1 采样方法有对角线法、梅花形法、棋盘法、蛇形法。应结合地形选择方法和采样点数量。各种方法及适用条件见表 2。

表 2 采样方法及适用条件

采样方法	适用条件	采样点/个
对角线法	水泡及洼地	4～5
梅花形布点法	面积小、地势平坦、土壤较均匀	5～10
棋盘法	中等、地势平坦、地形开阔但土壤不均匀	≥10
蛇形法	面积较大，地势不平坦、土壤不够均匀	15～20

6.3.1.2 本底监测应在填埋前取表层土 1 次为本底值。

6.3.1.3 深层垃圾样应采用空筒干钻取样法。

6.3.1.4 填埋后应每年钻探 1 次取深层垃圾样品，宜按填埋深度每 2 m 深取 1 点。

6.3.1.5 采样点总数应结合填埋深度和表 2 确定。

6.3.1.6 每个点取样 1 kg，各垃圾样混合后反复按四分法弃取，直到最后留下混合垃圾样 1 kg。

6.3.1.7 填埋年份相差较大的区域，采样应按填埋年限分区混合。

6.3.2 样品制备

应按 CJ/T 3039 的规定执行。

6.3.3 有机质含量的测定

应按 CJ/T 96 的规定执行。

6.4 堆体沉降监测

应按 JCJ 8 的规定执行。

6.5 植被调查

应每 2 年进行 1 次针对植物的覆盖度、植被高度、植被多样性的调查和检测分析，提出调查报告。(对植物的覆盖度、植被高度、植被多样性每 2 年进行 1 次调查和检测分析，提出调查报告。)

ICS 13.030.99
Z 68

中华人民共和国国家标准

GB/T 25180—2010

生活垃圾综合处理与资源利用技术要求

Technical requirements for integrated treatment and resource utilization of municipal solid waste

2010-09-26 发布　　2011-08-01 实施

中华人民共和国国家质量监督检验检疫总局
中国国家标准化管理委员会　发布

前　言

本标准按照 GB/T 1.1—2009 的规定编写。

本标准由全国城镇环境卫生标准化技术委员会(SAC/TC 451)提出并归口。

本标准负责起草单位:湖北省环境卫生协会。

本标准参加起草单位:华中科技大学、上海市环境工程设计科学研究院、武汉都市环保工程技术有限公司、武汉市江环市政环境设计中心。

本标准主要起草人:冯其林、陈朱蕾、张益、李先旺、褚岩、梁林峰、熊敬超、张洁、雷慧莉、刘勇、赵爱华、谢文刚、田宇、朱化军、杨列、杨韬。

生活垃圾综合处理与资源利用技术要求

1 范围

本标准规定了生活垃圾综合处理和资源利用的术语和定义、模式分类、基本要求、预处理、分选回收、生物处理、建材生产、焚烧、卫生填埋和环境保护技术要求。

本标准适用于生活垃圾综合处理与资源利用。

2 规范性引用文件

下列文件对于本文件的应用是必不可少的。凡是注日期的引用文件，仅注日期的版本适用于本文件。凡是不注日期的引用文件，其最新版本(包括所有的修改单)适用于本文件。

GB 5085 危险废物鉴别标准

GB 7959 粪便无害化卫生标准

GB 8172 城镇垃圾农用控制标准

GB 16889 生活垃圾填埋场污染控制标准

GB 18485 生活垃圾焚烧污染控制标准

GB/T 18750 生活垃圾焚烧锅炉

GB 20811 废纸再利用技术要求

GB/T 25032 生活垃圾焚烧炉渣集料

GB/T 25179 生活垃圾填埋场稳定化场地利用技术要求

GB 50016 建筑设计防火规范

GBZ 1 工业企业设计卫生标准

CJ/T 3033 城市垃圾产生源分类及垃圾排放

CJJ 17 生活垃圾卫生填埋技术规范

CJJ/T 52 生活垃圾好氧静态堆肥处理技术规程

CJJ/T 86 城市生活垃圾堆肥处理厂运行、维护及其安全技术规程

CJJ 90 生活垃圾焚烧处理工程技术规范

HJ/T 364 废塑料回收与再生利用污染控制技术规范(试行)

JCJ 53 普通混凝土用碎石或卵石质量标准及检验方法

3 术语和定义

下列术语和定义适用于本标准。

3.1

综合处理 integrated treatment

在某一特定区域(场所)内，通过一种以上垃圾处理方式对生活垃圾进行处理和处置，实现减量化、资源化和无害化要求的生活垃圾处理方式。

3.2

资源利用　resource utilization

通过一定技术措施分拣回收垃圾中的可利用的物资或通过特定(物理、化学、生物)方法将垃圾进行转换,回收利用其产生的能源或物质的方式。

3.3

预处理　pre-treatment

使生活垃圾特性和类别满足后续的处理和处置要求,对其进行的预先加工或分类的过程。

3.4

残渣　residues

生活垃圾在处理过程中产生的不再被进一步加工利用的剩余物。

4　模式分类

4.1　生活垃圾综合处理与资源利用的模式可按处理单元工艺技术组合分为下列四种类型:

a)　预处理和卫生填埋:生活垃圾中分选出可回收物后,其他残渣进行卫生填埋;

b)　预处理、生物处理和卫生填埋:分选出可回收物和可生物降解垃圾,可生物降解垃圾进行好氧或厌氧处理,残渣进行卫生填埋;

c)　预处理、焚烧和炉渣利用:分选出可回收物并将垃圾分类,其余垃圾焚烧,焚烧后的残渣进行利用;

d)　预处理、生物处理、焚烧和卫生填埋:分选出可回收物并将垃圾分类,可生物降解垃圾进行好氧或厌氧处理,可燃垃圾焚烧,残渣进行利用,未进入以上处理环节的垃圾进行卫生填埋处理。

4.2　对生活垃圾分类收集的地区,其综合处理与资源利用模式可参考4.1中的模式进行相应的简化。

5　基本要求

5.1　生活垃圾来源应符合CJ/T 3033的规定。

5.2　生活垃圾中不应混入下列物质:

a)　按GB 5085界定为危险废物的物质;

b)　工业固体废弃物;

c)　来源不清的垃圾;

d)　建筑渣土。

5.3　生活垃圾应进行预处理,改善理化条件,建立有利于后续处理的工况条件,提高处理效果。

5.4　工艺设计应按垃圾的产生源、垃圾成分、处理量和后续处理处置要求,选择技术先进,经济适用,安全可靠,操作方便的技术。

5.5　生活垃圾的预处理、回收、再生利用和最终处置系统,应采用机械化、自动化程度高、运行稳定的设备。

5.6　经过预处理、回收利用和各种工艺处理、利用后的剩余生活垃圾,应进行最终的填埋处置。

6　预处理

6.1　基本要求

a)　分拣可回收利用组分、分离有毒有害组分;

b)　均混物料;

c) 分选或破碎大块物料。

6.2 物理预处理：

a) 干法预处理：在热力作用下降低垃圾的水分，使其含水率不高于15%；

b) 湿法预处理：利用水的浮力进行的预处理分选，分离无机物和塑料薄膜片等比重差异较大的物料。

6.3 生物预处理：

利用专门设施，在微生物和机械作用下，降低生活垃圾含水率，提高热值，为生活垃圾的后续处理或利用创造良好的物理条件。

6.4 机械预处理：

a) 筛分与破碎：采取筛分与破碎机械结合的办法，分离原生垃圾中的不同组分，为生活垃圾回收利用、后续预处理和最终处置创造良好的物理条件；

b) 预制：分离出的部分物料经加工形成有利于后续处理的中间料；

c) 磁选：分离出黑色金属。

7 分选回收

7.1 基本要求

7.1.1 宜以机械分选为主，人工分选为辅。

7.1.2 根据后续处理的要求，选择经济实用的分选工艺。

7.1.3 回收生活垃圾中的部分可利用物质。

7.1.4 生活垃圾经分选回收后剩余的垃圾应进一步处理或处置，并应达到无害化要求。

7.2 废塑料回收

7.2.1 回收的塑料宜按其主要特性进行细分。

7.2.2 废塑料的分选宜采用风力分选和浮选技术。

7.2.3 塑料与其他材料复合的废物应进行破碎，分离其他复合附着物。宜采用干法破碎技术。

7.2.4 废塑料应进行清洗，去除表面渣土杂物，经干燥处理后造粒。

7.2.5 废塑料的清洗宜使用机械清洗技术，并配备废水处理设施。

7.2.6 经分选得到的废塑料可按需要加以利用，也可深加工，生产建筑材料，如涂料、胶黏剂、板材、塑料砖等。其材料质量应符合有关标准的规定。

7.2.7 废塑料的回收与再生利用过程的污染控制按 HJ/T 364 的相关规定执行。

7.3 废玻璃回收

7.3.1 垃圾破碎前，垃圾中的玻璃器皿宜先经人工分拣选出。

7.3.2 硬层玻璃、油漆玻璃、铁丝玻璃及火烧玻璃对后续产品质量影响较大，宜作填埋处置。

7.3.3 废玻璃利用前应经过水洗、破碎、筛选、除杂。宜按颜色分选回收。

7.4 废纸回收

废纸的回收利用按 GB 20811 的相关规定执行。

7.5 废纺织纤维物回收

7.5.1 废纺织纤维物宜分选出不同性质的纤维物质并分别存放，包括植物纤维、毛纺纤维、化学纤维和混合纤维。

7.5.2 清理废纺织纤维物应清除附着在废纺织纤维物上的灰土杂质。
7.5.3 旧块布加工时宜按用户要求的规格及可用途径，进行整理和包装。
7.5.4 碎布可按下游用途要求分选出大、小布块和新布条，宜按颜色分别存放，按需供应。

7.6 废金属回收

7.6.1 废金属包括黑色金属和有色金属。
7.6.2 应清除废金属上的附着物和包裹物。
7.6.3 黑色金属宜采用磁性分选技术分离。
7.6.4 有色金属宜采用涡流分选技术分离，也可破碎后再分离。

7.7 废皮革、废橡胶回收

7.7.1 机械或人工分选出的废皮革宜单独收集和包装。
7.7.2 机械或人工分选出的废橡胶宜单独收集和包装。
7.7.3 应清除废皮革、废橡胶上的附着的污物。
7.7.4 废皮革、废橡胶中的金属物宜采用人工或机械方式剥离。

8 生物处理

8.1 基本要求

8.1.1 进行生物处理的生活垃圾应进行预处理。预处理后的物料尺寸不宜大于 80 mm。有机物的转化率不应低于 60％。
8.1.2 生物处理过程中产生的残余物应及时、妥善处理。

8.2 好氧

8.2.1 进行好氧堆肥的生活垃圾的理化特性应满足下列要求：
  a) 含水率宜为 40％～60％；
  b) 有机物含量不宜低于 60％(以湿基计)。
8.2.2 生活垃圾好氧堆肥工艺技术应符合 CJJ/T 52 和 CJJ/T 86 的要求。
8.2.3 好氧堆肥处理的无害化要求及堆肥制品应符合 GB 7959、GB 8172 等相关标准的要求。
8.2.4 除去杂质后的散装堆肥产品可用于绿化或作为土壤改良剂。
8.2.5 按土壤性质和用户需要，将散装产品加入 N、P、K 添加剂制成有机、无机复混肥。添加剂应与原物料混合均匀，并符合相关标准要求。

8.3 厌氧

8.3.1 进行厌氧发酵处理的生活垃圾的理化特性应满足下列要求：
  a) 含水率宜大于 60％；
  b) 有机物含量不宜低于 75％(以湿基计)。
8.3.2 厌氧发酵产生的沼气应经过脱水、脱硫处理后进入沼气储存和输配系统。沼气的输送、储存应符合国家有关规定。沼气储存装置与周围建、构筑物的防火距离，应符合 GB 50016 的要求。
8.3.3 经过净化处理后的沼气质量指标，应符合下列要求：
  a) 沼气低位发热值应大于 18 MJ/m^3；
  b) 沼气中的硫化氢含量应小于 20 mg/m^3；
  c) 沼气温度应低于 35 ℃。
8.3.4 净化处理后的沼气宜作为燃料、原料使用。

8.3.5 厌氧发酵产生的沼液通过安全性评价后可优先考虑作为液体肥料利用。

8.3.6 厌氧发酵后分离出的固相残余物(沼渣)作为农用肥料时应符合 GB 8172 的要求。

8.4 经生物处理的生活垃圾用作肥料时应满足下列要求：

a) 有机物的纤维形态消失；

b) 无臭味、异味；

c) 颗粒均匀。

9 建材生产

9.1 分选出的无机物及垃圾焚烧炉渣可作为建材生产原料。

9.2 分选出的无机物及垃圾焚烧炉渣可作为路基材料和回填土，其质量应符合道路设计要求。

9.3 分选出的垃圾焚烧炉渣可生产集料，其质量应符合 GB/T 25032 的要求。

9.4 分选出的碎砖及石块等无机物符合 JCJ 53 规定的，可作为混凝土骨料。

10 焚烧

10.1 垃圾焚烧锅炉应符合 GB/T 18750 的要求。焚烧工艺技术应符合 CJJ 90 的要求。

10.2 生活垃圾焚烧产生的热能应回收利用。利用方式应按处理规模、垃圾焚烧特点、周边用热条件等，通过经济综合比较确定。

10.3 焚烧飞灰及烟气处理应符合 GB 18485 的要求。

11 卫生填埋

11.1 填埋场填埋处置的生活垃圾应满足下列要求：

a) 无机成分应大于 40%；

b) 生活垃圾经预处理后的固态残余物含水率应小于 60%；

c) 生活垃圾焚烧炉渣应经预处理，其含水率应小于 30%。

11.2 生活垃圾卫生填埋工艺技术应符合 CJJ 17 的要求。

11.3 填埋场沼气可用作燃气轮机动力的来源、机动车燃料、供应居民或单位的生活燃料，并入天然气管网等。

11.4 沼气质量应符合本标准第 8.3.3 条的要求。沼气的排放应符合 GB 16889 的要求。

11.5 填埋堆体达到稳定及其场地利用应符合 GB/T 25179 的要求。

11.6 按垃圾稳定化程度不同，可考虑对填埋场进行阶段性利用。

12 环境保护要求

12.1 生活垃圾的预处理、回收利用和最终处置过程应符合 GBZ 1 标准的要求，防止对作业人员身体健康产生危害。

12.2 生活垃圾的综合处理与资源利用过程中产生的污水、臭气、粉尘和噪声及其他污染物的防治与排放，应符合国家有关的环境保护法规和标准的要求。

ICS 91.100.10
P 20

中华人民共和国国家标准

GB/T 25181—2010

预 拌 砂 浆

Ready-mixed mortar

2010-09-26 发布

2011-08-01 实施

中华人民共和国国家质量监督检验检疫总局
中国国家标准化管理委员会 发布

前　言

本标准的附录 A、附录 B 为规范性附录。

本标准由中华人民共和国住房和城乡建设部提出。

本标准由住房和城乡建设部建筑工程标准技术归口单位归口。

本标准负责起草单位：中国建筑科学研究院。

本标准参加起草单位：上海市建筑科学研究院（集团）有限公司、广州市建筑科学研究院有限公司、陕西省建筑科学研究院、北京东方建宇混凝土科学技术研究院、厦门市建筑科学研究院集团股份有限公司、上海城建物资有限公司、上海浩赛干粉建材制品有限公司、浙江省建筑科学设计研究院有限公司、北京敬业达新型建材有限公司、无锡江加建设机械有限公司、浙江方远建材科技有限公司、厦门兴华岳新型建材有限公司、南京航空航天大学、阿克苏诺贝尔特种化学（上海）有限公司、龙口永强建筑节能材料有限公司、徐州市超力建筑材料有限公司。

本标准主要起草人：张秀芳、赵霄龙、赵立群、任俊、李荣、路来军、彭军芝、魏民、刘承英、徐国孝、章银祥、薛国龙、杨晓华、陈义青、高学江、余红发、史淑兰、徐海军、刘殿强、吴建华、林元贵。

预 拌 砂 浆

1 范围

本标准规定了预拌砂浆的术语和定义、分类和标记、材料、要求、制备、试验方法、检验规则、订货和交货。

本标准适用于专业生产厂生产的，用于建筑及市政工程的砌筑、抹灰、地面等工程及其他用途的水泥基预拌砂浆。

2 规范性引用文件

下列文件中的条款通过本标准的引用而成为本标准的条款。凡是注日期的引用文件，其随后所有的修改单(不包括勘误的内容)或修订版均不适用于本标准，然而，鼓励根据本标准达成协议的各方研究是否可使用这些文件的最新版本。凡是不注日期的引用文件，其最新版本适用于本标准。

GB 175 通用硅酸盐水泥

GB/T 1596 用于水泥和混凝土中的粉煤灰

GB 8076 混凝土外加剂

GB/T 9142 混凝土搅拌机

GB 9774 水泥包装袋

GB/T 10801.2 绝热用挤塑聚苯乙烯泡沫塑料(XPS)

GB/T 14684 建筑用砂

GB/T 18046 用于水泥和混凝土中的粒化高炉矿渣粉

GB/T 18736 高强高性能混凝土用矿物外加剂

GB 50003 砌体结构设计规范

GBJ 129 砌体基本力学性能试验方法标准

JC 474 砂浆、混凝土防水剂

JC/T 547—2005 陶瓷墙地砖胶粘剂

JC/T 681 行星式水泥胶砂搅拌机

JC/T 906 混凝土地面用水泥基耐磨材料

JC/T 907—2002 混凝土界面处理剂

JC/T 984 聚合物水泥防水砂浆

JC/T 985 地面用水泥基自流平砂浆

JC/T 1024 墙体饰面砂浆

JG 149—2003 膨胀聚苯板薄抹灰外墙外保温系统

JG/T 164 砌筑砂浆增塑剂

JGJ 63 混凝土用水标准

JGJ/T 70 建筑砂浆基本性能试验方法标准

JGJ/T 112 天然沸石粉在混凝土与砂浆中应用技术规程

3 术语和定义

下列术语和定义适用于本标准。

3.1

预拌砂浆　ready-mixed mortar

专业生产厂生产的湿拌砂浆或干混砂浆。

3.2

湿拌砂浆　wet-mixed mortar

水泥、细骨料、矿物掺合料、外加剂、添加剂和水，按一定比例，在搅拌站经计量、拌制后，运至使用地点，并在规定时间内使用的拌合物。

3.3

干混砂浆　dry-mixed mortar

水泥、干燥骨料或粉料、添加剂以及根据性能确定的其他组分，按一定比例，在专业生产厂经计量、混合而成的混合物，在使用地点按规定比例加水或配套组分拌和使用。

3.4

砌筑砂浆　masonry mortar

将砖、石、砌块等块材砌筑成为砌体的预拌砂浆。

3.4.1

普通砌筑砂浆　ordinary masonry mortar

灰缝厚度大于 5 mm 的砌筑砂浆。

3.4.2

薄层砌筑砂浆　thin-layer masonry mortar

灰缝厚度不大于 5 mm 的砌筑砂浆。

3.5

抹灰砂浆　plastering mortar

涂抹在建(构)筑物表面的预拌砂浆。

3.5.1

普通抹灰砂浆　ordinary plastering mortar

砂浆层厚度大于 5 mm 的抹灰砂浆。

3.5.2

薄层抹灰砂浆　thin-layer plastering mortar

砂浆层厚度不大于 5 mm 的抹灰砂浆。

3.6

地面砂浆　flooring mortar

用于建筑地面及屋面找平层的预拌砂浆。

3.7

防水砂浆　waterproof mortar

用于有抗渗要求部位的预拌砂浆。

3.8

添加剂　additive

改善砂浆性能的材料。

3.9

保水增稠材料　water-retentive and plastic material

改善砂浆可操作性及保水性能的添加剂。

3.10

填料　filling

起填充作用的矿物材料。

4 分类和标记

4.1 分类

4.1.1 湿拌砂浆分类

4.1.1.1 按用途分为湿拌砌筑砂浆、湿拌抹灰砂浆、湿拌地面砂浆和湿拌防水砂浆，并采用表1的代号。

表1 湿拌砂浆代号

品 种	湿拌砌筑砂浆	湿拌抹灰砂浆	湿拌地面砂浆	湿拌防水砂浆
代号	WM	WP	WS	WW

4.1.1.2 按强度等级、抗渗等级、稠度和凝结时间的分类应符合表2的规定。

表2 湿拌砂浆分类

项 目	湿拌砌筑砂浆	湿拌抹灰砂浆	湿拌地面砂浆	湿拌防水砂浆
强度等级	M5、M7.5、M10、M15、M20、M25、M30	M5、M10、M15、M20	M15、M20、M25	M10、M15、M20
抗渗等级	—	—	—	P6、P8、P10
稠度/mm	50、70、90	70、90、110	50	50、70、90
凝结时间/h	≥8、≥12、≥24	≥8、≥12、≥24	≥4、≥8	≥8、≥12、≥24

4.1.2 干混砂浆分类

4.1.2.1 按用途分为干混砌筑砂浆、干混抹灰砂浆、干混地面砂浆、干混普通防水砂浆、干混陶瓷砖粘结砂浆、干混界面砂浆、干混保温板粘结砂浆、干混保温板抹面砂浆、干混聚合物水泥防水砂浆、干混自流平砂浆、干混耐磨地坪砂浆和干混饰面砂浆，并采用表3的代号。

表3 干混砂浆代号

品种	干混砌筑砂浆	干混抹灰砂浆	干混地面砂浆	干混普通防水砂浆	干混陶瓷砖粘结砂浆	干混界面砂浆
代号	DM	DP	DS	DW	DTA	DIT
品种	干混保温板粘结砂浆	干混保温板抹面砂浆	干混聚合物水泥防水砂浆	干混自流平砂浆	干混耐磨地坪砂浆	干混饰面砂浆
代号	DEA	DBI	DWS	DSL	DFH	DDR

4.1.2.2 干混砌筑砂浆、干混抹灰砂浆、干混地面砂浆和干混普通防水砂浆按强度等级、抗渗等级的分类应符合表4的规定。

表4 干混砂浆分类

项 目	干混砌筑砂浆		干混抹灰砂浆		干混地面砂浆	干混普通防水砂浆
	普通砌筑砂浆	薄层砌筑砂浆	普通抹灰砂浆	薄层抹灰砂浆		
强度等级	M5、M7.5、M10、M15、M20、M25、M30	M5、M10	M5、M10、M15、M20	M5、M10	M15、M20、M25	M10、M15、M20
抗渗等级	—	—	—	—	—	P6、P8、P10

4.2 标记

4.2.1 湿拌砂浆

4.2.1.1 标记

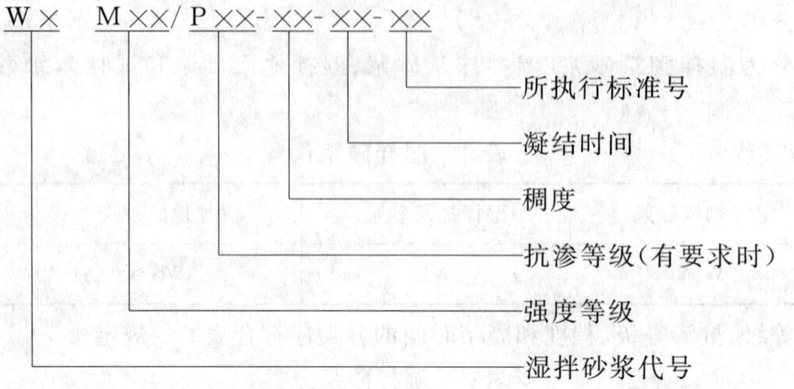

4.2.1.2 标记示例

示例 1:湿拌砌筑砂浆的强度等级为 M10,稠度为 70 mm,凝结时间为 12 h,其标记为:

WM M10-70-12-GB/T 25181—2010。

示例 2:湿拌防水砂浆的强度等级为 M15,抗渗等级为 P8,稠度为 70 mm,凝结时间为 12 h,其标记为:

WW M15/P8-70-12-GB/T 25181—2010。

4.2.2 干混砂浆

4.2.2.1 标记

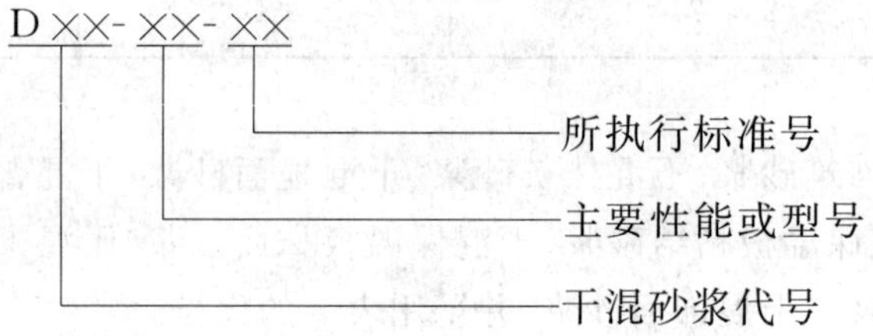

4.2.2.2 标记示例

示例 1:干混砌筑砂浆的强度等级为 M10,其标记为:

DM M10-GB/T 25181—2010。

示例 2:用于混凝土界面处理的干混界面砂浆的标记为:

DIT-C-GB/T 25181—2010。

5 材料

5.1 预拌砂浆所用原材料不应对人体、生物及环境造成有害的影响,并应符合国家有关安全和环保相关标准的规定。

5.2 水泥

5.2.1 宜采用通用硅酸盐水泥,且应符合 GB 175 的规定。采用其他水泥时,应符合相应标准的规定。

5.2.2 宜采用散装水泥。

5.2.3 水泥进厂时应具有质量证明文件。对进厂水泥应按国家现行标准的规定按批进行复验,复验合格后方可使用。

5.3 骨料

5.3.1 细骨料应符合 GB/T 14684 的规定,且不应含有粒径大于 4.75 mm 的颗粒。天然砂的含泥量应小于 5.0%,泥块含量应小于 2.0%。细骨料最大粒径应符合相应砂浆品种的要求。

5.3.2 轻骨料应符合相关标准的规定。

5.3.3 骨料进厂时应具有质量证明文件。对进厂骨料应按国家现行相关标准的规定按批进行复验,复验合格后方可使用。

5.4 矿物掺合料

5.4.1 粉煤灰、粒化高炉矿渣粉、天然沸石粉、硅灰应分别符合 GB/T 1596、GB/T 18046、JGJ/T 112、GB/T 18736 的规定。采用其他品种矿物掺合料时，应经过试验验证。

5.4.2 矿物掺合料的掺量应符合相关标准的规定，并应通过试验确定。

5.4.3 矿物掺合料进厂时应具有质量证明文件。对进厂矿物掺合料应按国家现行相关标准的规定按批进行复验，复验合格后方可使用。

5.5 外加剂

5.5.1 外加剂应符合 GB 8076、JC 474 以及国家现行标准的规定。

5.5.2 外加剂进厂时应具有质量证明文件。对进厂外加剂应按国家现行相关标准的规定按批进行复验，复验合格后方可使用。

5.6 添加剂

5.6.1 保水增稠材料、可再分散乳胶粉、颜料、纤维等应符合相关标准的规定或经过试验验证。

5.6.2 保水增稠材料用于砌筑砂浆时应符合 JG/T 164 的规定。

5.6.3 添加剂进厂时应具有质量证明文件。对进厂添加剂应按国家现行相关标准的规定按批进行复验，复验合格后方可使用。

5.7 填料

重质碳酸钙、轻质碳酸钙、石英粉、滑石粉等应符合相关标准的规定或经过试验验证。

5.8 拌合水

拌制砂浆用水应符合 JGJ 63 的规定。

6 要求

6.1 湿拌砂浆

6.1.1 湿拌砌筑砂浆的砌体力学性能应符合 GB 50003 的规定，湿拌砌筑砂浆拌合物的表观密度不应小于 1 800 kg/m³。

6.1.2 湿拌砂浆性能应符合表 5 的规定。

表 5 湿拌砂浆性能指标

项目		湿拌砌筑砂浆	湿拌抹灰砂浆	湿拌地面砂浆	湿拌防水砂浆
保水率/%		≥88	≥88	≥88	≥88
14 d 拉伸粘结强度/MPa		—	M5：≥0.15 >M5：≥0.20	—	≥0.20
28 d 收缩率/%		—	≤0.20	—	≤0.15
抗冻性[a]	强度损失率/%	≤25			
	质量损失率/%	≤5			

[a] 有抗冻性要求时，应进行抗冻性试验。

6.1.3 湿拌砂浆抗压强度应符合表 6 的规定。

表 6 预拌砂浆抗压强度

单位为兆帕

强度等级	M5	M7.5	M10	M15	M20	M25	M30
28 d 抗压强度	≥5.0	≥7.5	≥10.0	≥15.0	≥20.0	≥25.0	≥30.0

6.1.4 湿拌防水砂浆抗渗压力应符合表 7 的规定。

表 7　预拌砂浆抗渗压力

单位为兆帕

抗渗等级	P6	P8	P10
28 d 抗渗压力	≥0.6	≥0.8	≥1.0

6.1.5　湿拌砂浆稠度实测值与合同规定的稠度值之差应符合表 8 的规定。

表 8　湿拌砂浆稠度允许偏差

单位为毫米

规定稠度	允许偏差
50、70、90	±10
110	−10～+5

6.2　干混砂浆

6.2.1　外观

粉状产品应均匀、无结块。

双组分产品液料组分经搅拌后应呈均匀状态、无沉淀；粉料组分应均匀、无结块。

6.2.2　干混砌筑砂浆的砌体力学性能应符合 GB 50003 的规定，干混普通砌筑砂浆拌合物的表观密度不应小于 1 800 kg/m^3。

6.2.3　干混砌筑砂浆、干混抹灰砂浆、干混地面砂浆、干混普通防水砂浆的性能应符合表 9 的规定。

表 9　干混砂浆性能指标

项　　目		干混砌筑砂浆		干混抹灰砂浆		干混地面砂浆	干混普通防水砂浆
		普通砌筑砂浆	薄层砌筑砂浆[a]	普通抹灰砂浆	薄层抹灰砂浆[a]		
保水率/%		≥88	≥99	≥88	≥99	≥88	≥88
凝结时间/h		3～9	—	3～9	—	3～9	3～9
2 h 稠度损失率/%		≤30	—	≤30	—	≤30	≤30
14 d 拉伸粘结强度/MPa		—	—	M5：≥0.15 >M5：≥0.20	≥0.30	—	≥0.20
28 d 收缩率/%		—	—	≤0.20	≤0.20	—	≤0.15
抗冻性[b]	强度损失率/%	≤25					
	质量损失率/%	≤5					

a 干混薄层砌筑砂浆宜用于灰缝厚度不大于 5 mm 的砌筑；干混薄层抹灰砂浆宜用于砂浆层厚度不大于 5 mm 的抹灰。

b 有抗冻性要求时，应进行抗冻性试验。

6.2.4　干混砌筑砂浆、干混抹灰砂浆、干混地面砂浆、干混普通防水砂浆的抗压强度应符合表 6 的规定；干混普通防水砂浆的抗渗压力应符合表 7 的规定。

6.2.5　干混陶瓷砖粘结砂浆的性能应符合表 10 的规定。

表 10　干混陶瓷砖粘结砂浆性能指标

项　　目		性能指标	
		I(室内)	E(室外)
拉伸粘结强度/MPa	常温常态	≥0.5	≥0.5
	晾置时间，20 min	≥0.5	≥0.5
	耐水	≥0.5	≥0.5
	耐冻融	—	≥0.5
	耐热	—	≥0.5
压折比		—	≤3.0

6.2.6　干混界面砂浆的性能应符合表 11 的规定。

表 11　干混界面砂浆性能指标

<table>
<tr><td rowspan="2" colspan="2">项　　目</td><td colspan="4">性能指标</td></tr>
<tr><td>C
（混凝土界面）</td><td>AC
（加气混凝土界面）</td><td>EPS
（模塑聚苯板界面）</td><td>XPS
（挤塑聚苯板界面）</td></tr>
<tr><td rowspan="4">拉伸粘结强度/MPa</td><td>常温常态，14 d</td><td rowspan="4">≥0.5</td><td rowspan="4">≥0.3</td><td rowspan="4">≥0.10</td><td rowspan="4">≥0.20</td></tr>
<tr><td>耐水</td></tr>
<tr><td>耐热</td></tr>
<tr><td>耐冻融</td></tr>
<tr><td colspan="2">晾置时间/min</td><td>—</td><td>≥10</td><td>—</td><td>—</td></tr>
</table>

6.2.7　干混保温板粘结砂浆的性能应符合表 12 的规定。

表 12　干混保温板粘结砂浆性能指标

<table>
<tr><td colspan="2">项　　目</td><td>EPS（模塑聚苯板）</td><td>XPS（挤塑聚苯板）</td></tr>
<tr><td rowspan="2">拉伸粘结强度/MPa
（与水泥砂浆）</td><td>常温常态</td><td>≥0.60</td><td>≥0.60</td></tr>
<tr><td>耐水</td><td>≥0.40</td><td>≥0.40</td></tr>
<tr><td rowspan="2">拉伸粘结强度/MPa
（与保温板）</td><td>常温常态</td><td rowspan="2">≥0.10</td><td rowspan="2">≥0.20</td></tr>
<tr><td>耐水</td></tr>
<tr><td colspan="2">可操作时间/h</td><td colspan="2">1.5～4.0</td></tr>
</table>

6.2.8　干混保温板抹面砂浆的性能应符合表 13 的规定。

表 13　干混保温板抹面砂浆性能指标

<table>
<tr><td colspan="2">项　　目</td><td>EPS（模塑聚苯板）</td><td>XPS（挤塑聚苯板）</td></tr>
<tr><td rowspan="3">拉伸粘结强度/MPa
（与保温板）</td><td>常温常态</td><td rowspan="3">≥0.10</td><td rowspan="3">≥0.20</td></tr>
<tr><td>耐水</td></tr>
<tr><td>耐冻融</td></tr>
<tr><td rowspan="2">柔韧性[a]</td><td>抗冲击/J</td><td colspan="2">≥3.0</td></tr>
<tr><td>压折比</td><td colspan="2">≤3.0</td></tr>
<tr><td colspan="2">可操作时间/h</td><td colspan="2">1.5～4.0</td></tr>
<tr><td colspan="2">24 h 吸水量/（g/m²）</td><td colspan="2">≤500</td></tr>
<tr><td colspan="4">[a] 对于外墙外保温采用钢丝网做法时，柔韧性可只检测压折比。</td></tr>
</table>

6.2.9　干混聚合物水泥防水砂浆的性能应符合 JC/T 984 的规定。

6.2.10　干混自流平砂浆的性能应符合 JC/T 985 的规定。

6.2.11　干混耐磨地坪砂浆的性能应符合 JC/T 906 的规定。

6.2.12　干混饰面砂浆的性能应符合 JC/T 1024 的规定。

7　制备

7.1　湿拌砂浆

7.1.1　材料贮存

7.1.1.1　各种材料应分仓贮存，并应有明显的标识。

7.1.1.2 水泥应按生产厂家、水泥品种及强度等级分别贮存，并应有防潮、防污染措施。

7.1.1.3 细骨料应按品种、规格分别贮存，贮存过程中应保证其均匀性，不应混入杂物。细骨料的贮存地面应为能排水的硬质地面。

7.1.1.4 矿物掺合料应按生产厂家、品种、级别分别贮存，不应与水泥等其他粉状材料混杂。

7.1.1.5 外加剂、添加剂等应按生产厂家、品种分别贮存，并应具有防止质量发生变化的措施。

7.1.2 计量

7.1.2.1 计量设备应按有关规定由法定计量部门进行检定，使用期间应定期进行校准。

7.1.2.2 计量设备应能连续计量不同配合比砂浆的各种材料，并应具有实际计量结果逐盘记录和存储功能。

7.1.2.3 各种固体材料的计量均应按质量计，水和液体外加剂的计量可按体积计。

7.1.2.4 材料的计量允许偏差应符合表14的规定。

表14 湿拌砂浆材料计量允许偏差 单位为百分比

材料品种	水泥	细骨料	矿物掺合料	外加剂	添加剂	水
每盘计量允许偏差	±2	±3	±2	±2	±2	±2
累计计量允许偏差	±1	±2	±1	±1	±1	±1
注：累计计量允许偏差是指每一运输车中各盘砂浆的每种材料计量和的偏差。						

7.1.3 生产

7.1.3.1 湿拌砂浆应采用符合GB/T 9142要求的固定式搅拌机进行搅拌。

7.1.3.2 湿拌砂浆的搅拌时间(从全部材料投完算起)不应少于90 s。

7.1.3.3 生产中应测定细骨料的含水率，每一工作班不应少于1次。

7.1.3.4 湿拌砂浆在生产过程中应避免对周围环境的污染，所有粉料的输送及计量工序均应在密闭状态下进行，并应有收尘装置。砂料场应有防扬尘措施。

7.1.3.5 应严格控制生产用水的排放。

7.2 干混砂浆

7.2.1 材料贮存与处理

7.2.1.1 各种材料的贮存应符合7.1.1的规定。

7.2.1.2 添加剂、填料等应按生产厂家、品种分别贮存，并应有防止质量发生变化的措施。

7.2.1.3 骨料应进行干燥处理；必要时，宜进行筛分处理。砂含水率应小于0.5%，轻骨料含水率应小于1.0%。

7.2.2 计量

7.2.2.1 计量设备应按有关规定由法定计量部门进行检定，使用期间应定期进行校准。

7.2.2.2 计量设备应满足计量精度要求。计量设备应能连续计量不同配合比砂浆的各种材料，并应具有实际计量结果逐盘记录和存储功能。

7.2.2.3 各种材料的计量均应按质量计。

7.2.2.4 材料的计量允许偏差应符合表15的规定。

表15 干混砂浆材料计量允许偏差 单位为百分比

材料品种	水泥	骨料	添加剂	外加剂	矿物掺合料	其他材料
计量允许偏差	±2	±2	±2	±2	±2	±2

7.2.3 生产

7.2.3.1 干混砂浆宜采用电脑控制的干粉混合机进行混合。

7.2.3.2 混合时间应根据砂浆品种及混合机型号合理确定，并应保证砂浆混合均匀。

7.2.3.3 生产中应测定干燥骨料或轻骨料的含水率，每一工作班不应少于1次。

7.2.3.4 应定期检查混合机的混合效果以及进/出料口的封闭情况。

7.2.3.5 砂浆品种更换时，混合及输送设备等应清理干净。

7.2.3.6 干混砂浆在生产过程中应避免对周围环境的污染，所有材料的输送及计量工序均应在密闭状态下进行，并应有收尘装置。砂料场应有防扬尘措施。

8 试验方法

8.1 湿拌砂浆

湿拌砂浆按实际稠度进行试验。

8.1.1 抗压强度

抗压强度试验应按 JGJ/T 70 的有关规定进行。

8.1.2 抗渗压力

抗渗压力试验应按 JGJ/T 70 的有关规定进行。

8.1.3 稠度

稠度试验应按 JGJ/T 70 的有关规定进行。

8.1.4 凝结时间

凝结时间试验应按 JGJ/T 70 的有关规定进行。

8.1.5 砌体力学性能

砌筑砂浆的砌体抗压强度、抗剪强度试验应按 GBJ 129 的规定进行。

8.1.6 表观密度

表观密度试验应按 JGJ/T 70 的有关规定进行。

8.1.7 保水率

保水率试验应按 JGJ/T 70 的有关规定进行，其中滤纸数量可为8片。

8.1.8 拉伸粘结强度

拉伸粘结强度试验应按 JGJ/T 70 的有关规定进行。

8.1.9 收缩

收缩试验应按 JGJ/T 70 的有关规定进行。

8.1.10 抗冻性

抗冻性试验应按 JGJ/T 70 的有关规定进行。冻融循环次数按夏热冬暖地区15次、夏热冬冷地区25次、寒冷地区35次、严寒地区50次确定。

8.2 干混砂浆

干混砂浆试验时的稠度为：砌筑砂浆 70 mm～80 mm；普通抹灰砂浆 90 mm～100 mm，薄层抹灰砂浆 70 mm～80 mm；地面砂浆 45 mm～55 mm；普通防水砂浆 70 mm～80 mm，其他干混砂浆试验时的稠度应符合产品说明书或相关标准的要求。

8.2.1 抗压强度

除规定外，抗压强度试验应按 JGJ/T 70 的有关规定进行。

8.2.2 抗渗压力

抗渗压力试验应按 JGJ/T 70 的有关规定进行。

8.2.3 稠度

稠度试验应按 JGJ/T 70 的有关规定进行。

8.2.4 砌体力学性能

砌筑砂浆的砌体抗压强度、抗剪强度试验应按 GBJ 129 的规定进行。

8.2.5 表观密度

表观密度试验应按 JGJ/T 70 的有关规定进行。

8.2.6 保水率

保水率试验应按 JGJ/T 70 的有关规定进行,其中滤纸数量可为 8 片。

8.2.7 凝结时间

除规定外,凝结时间试验应按 JGJ/T 70 的有关规定进行。

8.2.8 稠度损失率

稠度损失率试验应按附录 A 的规定进行。

8.2.9 拉伸粘结强度

除规定外,拉伸粘结强度试验应按 JGJ/T 70 的有关规定进行。

8.2.10 收缩

收缩试验应按 JGJ/T 70 的有关规定进行。

8.2.11 抗冻性

抗冻性试验应按 JGJ/T 70 的有关规定进行。冻融循环次数按夏热冬暖地区 15 次、夏热冬冷地区 25 次、寒冷地区 35 次、严寒地区 50 次确定。

8.2.12 干混陶瓷砖粘结砂浆性能

干混陶瓷砖粘结砂浆的性能试验应按 JC/T 547—2005 中 7.5 的规定进行,其中试验用瓷质砖的吸水率应为 0.1%～0.2%。压折比试验应按 JG 149—2003 中 6.5.2 的规定进行,试件养护条件同常温常态拉伸粘结强度。

8.2.13 干混界面砂浆性能

混凝土、加气混凝土界面砂浆的性能试验应按 JC/T 907—2002 中 5.4、5.5 的规定进行;模塑聚苯板、挤塑聚苯板界面砂浆的性能试验应按附录 B 的规定进行。

8.2.14 干混保温板粘结砂浆性能

干混保温板粘结砂浆的性能试验应按 JG 149—2003 中 6.3 的规定进行,检验挤塑聚苯板粘结砂浆与保温板的拉伸粘结强度的基底宜采用符合附录 B 要求的挤塑聚苯板,并应在检验报告中注明挤塑聚苯板的表面状态及性能指标。试验前 24 h 宜涂抹一层 1 mm 厚的挤塑聚苯板界面砂浆。

8.2.15 干混保温板抹面砂浆性能

干混保温板抹面砂浆的性能试验应按 JG 149—2003 中 6.5、6.2.1、6.2.2 的规定进行,检验挤塑聚苯板抹面砂浆与保温板的拉伸粘结强度的基底宜采用符合附录 B 要求的挤塑聚苯板,并应在检验报告中注明挤塑聚苯板的表面状态及性能指标。试验前 24 h 宜涂抹一层 1 mm 厚的挤塑聚苯板界面砂浆。

8.2.16 干混聚合物水泥防水砂浆性能

干混聚合物水泥防水砂浆的性能试验应按 JC/T 984 的规定进行。

8.2.17 干混自流平砂浆性能

干混自流平砂浆的性能试验应按 JC/T 985 的规定进行。

8.2.18 干混耐磨地坪砂浆性能

干混耐磨地坪砂浆的性能试验应按 JC/T 906 的规定进行。

8.2.19 干混饰面砂浆性能

干混饰面砂浆的性能试验应按 JC/T 1024 的规定进行。

9 检验规则

9.1 一般规定

9.1.1 预拌砂浆产品检验分型式检验、出厂检验和交货检验。

9.1.2 在下列情况下应进行型式检验:

a) 新产品投产或产品定型鉴定时；

b) 正常生产时，每一年至少进行一次；

c) 主要材料、配合比或生产工艺有较大改变时；

d) 出厂检验结果与上次型式检验结果有较大差异时；

e) 停产六个月以上恢复生产时；

f) 国家质量监督检验机构提出型式检验要求时。

9.1.3 预拌砂浆出厂前应进行出厂检验。出厂检验的取样试验工作应由供方承担。

9.1.4 交货检验应按下列规定进行：

a) 供需双方应在合同规定的交货地点对湿拌砂浆质量进行检验。湿拌砂浆交货检验的取样试验工作应由需方承担。当需方不具备试验条件时，供需双方可协商确定承担单位，其中包括委托供需双方认可的有检验资质的检验单位，并应在合同中予以明确。

b) 干混砂浆交货时的质量验收可抽取实物试样，以其检验结果为依据，或以同批号干混砂浆的检验报告为依据。采取的验收方法由供需双方商定并应符合国家相关标准的要求，同时在合同中注明。

9.1.5 当判定预拌砂浆质量是否符合要求时，交货检验项目以交货检验结果为依据；其他检验项目按合同规定执行。

9.1.6 交货检验的结果应在试验结束后 7 d 内通知供方。

9.2 检验项目

9.2.1 型式检验项目为第 6 章规定的全部项目。

9.2.2 湿拌砂浆出厂检验项目应符合表 16 的规定。

表 16 湿拌砂浆出厂检验项目

品 种	出厂检验项目
湿拌砌筑砂浆	稠度、保水率、凝结时间、抗压强度
湿拌抹灰砂浆	稠度、保水率、凝结时间、抗压强度、拉伸粘结强度
湿拌地面砂浆	稠度、保水率、凝结时间、抗压强度
湿拌防水砂浆	稠度、保水率、凝结时间、抗压强度、拉伸粘结强度、抗渗压力

9.2.3 干混砂浆出厂检验项目应符合表 17 的规定。

表 17 干混砂浆出厂检验项目

品 种		出厂检验项目
干混砌筑砂浆	普通砌筑砂浆	保水率、2 h 稠度损失率、抗压强度
	薄层砌筑砂浆	保水率、抗压强度
干混抹灰砂浆	普通抹灰砂浆	保水率、2 h 稠度损失率、抗压强度、拉伸粘结强度
	薄层抹灰砂浆	保水率、抗压强度、拉伸粘结强度
干混地面砂浆		保水率、2 h 稠度损失率、抗压强度
干混普通防水砂浆		保水率、2 h 稠度损失率、抗压强度、拉伸粘结强度、抗渗压力
干混陶瓷砖粘结砂浆		常温常态拉伸粘结强度、晾置时间
干混界面砂浆		14 d 常温常态拉伸粘结强度
干混保温板粘结砂浆		常温常态拉伸粘结强度(与保温板)、可操作时间
干混保温板抹面砂浆		常温常态拉伸粘结强度(与保温板)、可操作时间

表 17（续）

品　　种	出厂检验项目
干混聚合物水泥防水砂浆	符合 JC/T 984 的规定
干混自流平砂浆	符合 JC/T 985 的规定
干混耐磨地坪砂浆	符合 JC/T 906 的规定
干混饰面砂浆	符合 JC/T 1024 的规定

9.2.4　湿拌砂浆、干混砂浆交货检验项目由需方确定，并经双方确认。

9.3　取样与组批

9.3.1　湿拌砂浆

9.3.1.1　出厂检验的湿拌砂浆试样应在搅拌地点随机采取，取样频率和组批应符合下列规定：

a)　稠度、保水率、凝结时间、抗压强度和拉伸粘结强度检验的试样，每 50 m^3 相同配合比的湿拌砂浆取样不应少于一次；每一工作班相同配合比的湿拌砂浆不足 50 m^3 时，取样不应少于一次。

b)　抗渗压力检验的试样，每 100 m^3 相同配合比的砂浆取样不应少于一次；每一工作班相同配合比的湿拌砂浆不足 100 m^3 时，取样不应少于一次。

9.3.1.2　交货检验的湿拌砂浆试样应在交货地点随机采取。当从运输车中取样时，砂浆试样应在卸料过程中卸料量的 1/4 至 3/4 之间采取，且应从同一运输车中采取。

9.3.1.3　交货检验湿拌砂浆试样的采取及稠度、保水率试验应在砂浆运到交货地点时开始算起 20 min 内完成，试件的制作应在 30 min 内完成。

9.3.1.4　每个试验取样量不应少于试验用量的 4 倍。

9.3.2　干混砂浆

9.3.2.1　根据生产厂产量和生产设备条件，按同品种、同规格型号分批：

年产量 10×10^4 t 以上，不超过 800 t 或 1 d 产量为一批；

年产量 4×10^4～10×10^4 t，不超过 600 t 或 1 d 产量为一批；

年产量 4×10^4～1×10^4 t，不超过 400 t 或 1 d 产量为一批；

年产量 1×10^4 t 以下，不超过 200 t 或 1 d 产量为一批。

每批为一取样单位，取样应随机进行。

9.3.2.2　出厂检验试样应在出料口随机采取，试样应混合均匀。试样总量不应少于试验用量的 4 倍。

9.3.2.3　交货检验以抽取实物试样的检验结果为验收依据时，供需双方应在交货地点共同取样和签封。每批取样应随机进行，试样不应少于试验用量的 8 倍。将试样分为两等份，一份由供方封存 40 d，另一份由需方按本标准规定进行检验。

在 40 d 内，需方经检验认为产品质量有问题而供方又有异议时，双方应将供方保存的试样送省级或省级以上国家认可的质量监督检验机构进行仲裁检验。

9.3.2.4　交货检验以生产厂同批干混砂浆的检验报告为验收依据时，交货时需方应在同批干混砂浆中随机抽取试样，试样不应少于试验用量的 4 倍。双方共同签封后，由需方保存 3 个月。

在 3 个月内，需方对干混砂浆质量有疑问时，供需双方应将签封的试样送省级或省级以上国家认可的质量监督检验机构进行仲裁检验。

9.4　判定规则

9.4.1　湿拌砂浆判定

检验项目符合本标准相关要求时，可判定该批产品合格；当有一项指标不符合要求时，则判定该批产品不合格。

9.4.2　干混砂浆判定

检验项目符合本标准相关要求时，可判定该批产品合格；当有一项指标不符合要求时，则判定该批产品不合格。

10 包装、贮存和运输

10.1 包装

10.1.1 干混砂浆可采用散装或袋装。

10.1.2 袋装干混砂浆每袋净含量不应少于其标志质量的 99%。随机抽取 20 袋，总质量不应少于标志质量的总和。包装袋应符合 GB 9774 的规定。

10.1.3 袋装干混砂浆包装袋上应有标志标明产品名称、标记、商标、加水量范围、净含量、使用说明、贮存条件及保质期、生产日期或批号、生产单位、地址和电话等。

10.2 贮存

10.2.1 干混砂浆在贮存过程中不应受潮和混入杂物。不同品种和规格型号的干混砂浆应分别贮存，不应混杂。

10.2.2 散装干混砂浆应贮存在散装移动筒仓中，筒仓应密闭，且防雨、防潮。砂浆保质期自生产日起为 3 个月。

10.2.3 袋装干混砂浆应贮存在干燥环境中，应有防雨、防潮、防扬尘措施。贮存过程中，包装袋不应破损。

10.2.4 袋装干混砌筑砂浆、抹灰砂浆、地面砂浆、普通防水砂浆、自流平砂浆的保质期自生产日起为三个月，其他袋装干混砂浆的保质期自生产日起为 6 个月。

10.3 运输

10.3.1 湿拌砂浆

10.3.1.1 湿拌砂浆应采用搅拌运输车运送。

10.3.1.2 运输车在装料前，装料口应保持清洁，筒体内不应有积水、积浆及杂物。

10.3.1.3 运输车在装料、运送过程中应能保证砂浆拌合物的均匀性，不应产生分层、离析现象。

10.3.1.4 不应向运输车内的砂浆加水。

10.3.1.5 运输车在运送过程中应避免遗洒。

10.3.1.6 湿拌砂浆供货量以立方米(m^3)为计算单位。

10.3.2 干混砂浆

10.3.2.1 干混砂浆运输时，应有防扬尘措施，不应污染环境。

10.3.2.2 散装干混砂浆宜采用散装干混砂浆运输车运送，并提交与袋装标志相同内容的卡片，并附有产品使用说明书。散装干混砂浆运输车应密封、防水、防潮，并宜有除尘装置。砂浆品种更换时，运输车应清空并清理干净。

10.3.2.3 袋装干混砂浆可采用交通工具运输。运输过程中，不得混入杂物，并应有防雨、防潮和防扬尘措施。砂浆搬运时，不应摔包，不应自行倾卸。

11 订货和交货

11.1 订货

11.1.1 购买预拌砂浆时，供需双方应签订订货合同。

11.1.2 订货合同签订后，供方应按订货单组织生产和供应。订货单应包括以下内容：

a) 订货单位及联系人；

b) 施工单位及联系人；

c) 工程名称；

d) 交货地点；

e) 砂浆标记；

f） 要求；

g） 供货时间；

h） 供货量；

i） 其他。

11.2 交货

11.2.1 供需双方应在合同规定的地点交货。

11.2.2 交货时，供方应随每一运输车向需方提供所运送预拌砂浆的发货单。发货单应包括以下内容：

a） 合同编号；

b） 发货单编号；

c） 需方；

d） 供方；

e） 工程名称；

f） 砂浆标记；

g） 供货日期；

h） 供货量；

i） 供需双方确认手续；

j） 其他。

需方应指定专人及时对所供预拌砂浆的质量、数量进行确认。

11.2.3 供方提供发货单时应附上产品质量证明文件。

附 录 A
（规范性附录）
稠度损失率试验方法

A.1 试验条件

标准试验条件为空气温度(23±2)℃，相对湿度(50±5)%。

A.2 试验仪器

A.2.1 砂浆稠度测定仪：应符合 JGJ/T 70 的规定；
A.2.2 秤：称量 20 kg，感量 20 g；
A.2.3 容量筒：金属制成的圆筒，内径为 208 mm，净高为 294 mm，筒壁厚为 2 mm，容积为 10 L；
A.2.4 钢制捣棒：直径 10 mm，长 350 mm，端部磨圆。

A.3 试验步骤

A.3.1 称取不少于 10 kg 的干混砂浆，按 8.2 规定的稠度确定用水量，按 JGJ/T 70 规定的方法进行搅拌。
A.3.2 砂浆搅拌完毕，立即按 JGJ/T 70 规定的方法测定砂浆的初始稠度。测完稠度的砂浆应废弃。
A.3.3 将剩余砂浆拌合物装入用湿布擦过的 10 L 容量筒内，容器表面不覆盖，然后置于标准试验条件下。
A.3.4 从砂浆加水开始计时，2 h 时测试砂浆的稠度。测试稠度前应将容量筒内的砂浆拌合物人工拌和均匀，砂浆表面泌水不清除。

A.4 试验结果

A.4.1 砂浆稠度损失率按式(A.1)计算：

$$S=\frac{S_0-S_{2\,\mathrm{h}}}{S_0}\times 100 \qquad \cdots\cdots(\text{A.1})$$

式中：
S——2 h 砂浆稠度损失率，%，精确到 0.1%；
S_0——砂浆初始稠度，单位为毫米(mm)；
$S_{2\,\mathrm{h}}$——2 h 时测试的砂浆稠度，单位为毫米(mm)。

附 录 B
（规范性附录）
界面砂浆试验方法

B.1 适用范围

本方法适用于模塑聚苯板、挤塑聚苯板界面砂浆的性能检验。

B.2 试验条件

标准试验条件为空气温度(23±2)℃，相对湿度(50±5)%。

B.3 试验仪器

B.3.1 拉伸试验机：精度为1%，破坏荷载应处于仪器量程的20%～80%范围内。

B.3.2 水泥胶砂搅拌机：应符合JC/T 681的规定。

B.3.3 烘箱：温度控制范围为(70±2)℃。

B.4 试验步骤

B.4.1 界面砂浆的拌和

B.4.1.1 界面砂浆检验时，水和各组分的用量应按规定的比例。如规定的比例为一个数值范围，应取这一范围的平均值。

B.4.1.2 用拧干的湿布润湿搅拌锅及搅拌叶。分别称量粉料和液料。先将水或液料倒入搅拌锅中，再倒入粉料，低速搅拌3 min，按生产厂家的说明使砂浆熟化，然后再搅拌30 s。

B.4.2 模塑聚苯板界面砂浆

B.4.2.1 基材选用表观密度为(18±0.5)kg/m^{3}的模塑聚苯板，尺寸为70 mm×70 mm×20 mm。

B.4.2.2 在模塑聚苯板上均匀涂抹一层界面砂浆，厚度约为1 mm。24 h后在其上成型40 mm×40 mm×3 mm的符合本标准要求的模塑聚苯板抹面砂浆。

每组制备10个试件。

B.4.2.3 常温常态拉伸粘结强度

按JC/T 907—2002中5.4.3的规定进行，试验龄期为14 d。

B.4.2.4 耐水拉伸粘结强度

按JC/T 907—2002中5.4.4的规定进行，试件浸水时将抹面砂浆的一面向下平稳地放入水中。

B.4.2.5 耐热拉伸粘结强度

按JC/T 907—2002中5.4.5的规定进行，其中烘箱温度为(70±2)℃。

B.4.2.6 耐冻融拉伸粘结强度

按JC/T 907—2002中5.4.6的规定进行，试件浸水时将抹面砂浆的一面向下平稳地放入水中。

B.4.2.7 结果计算

按JC/T 907—2002中5.4.8的规定进行。

B.4.3 挤塑聚苯板界面砂浆

B.4.3.1 试验用挤塑聚苯板应符合GB/T 10801.2的要求，其中性能指标应符合表B.1的要求，尺寸为70 mm×70 mm×原厚。应在检验报告中注明挤塑聚苯板的表面状态及性能指标。

表 B.1　挤塑聚苯板性能指标

项　　目	性能指标
导热系数/(W/(m·K))	≤0.032
表观密度/(kg/m^3)	28～35
垂直于板面方向的抗拉强度/MPa	≥0.20
尺寸稳定性/%	≤1.5
吸水率(体积分数)/%	≤2
燃烧性能级别	不低于 E 级或 B_2 级

B.4.3.2　在挤塑聚苯板上均匀涂抹一层界面砂浆，厚度约为 1 mm。24 h 后在其上成型 40 mm×40 mm×3 mm 的符合本标准要求的挤塑聚苯板抹面砂浆。

每组制备 10 个试件。

B.4.3.3　常温常态、耐水、耐热、耐冻融拉伸粘结强度试验以及结果计算应分别按 B.4.2.3～B.4.2.7 规定的方法进行。

ICS 91.100.10
Q 12

中华人民共和国国家标准

GB/T 25182—2010

预应力孔道灌浆剂

Grouting admixture for prestressed structure

2010-09-26 发布　　2011-08-01 实施

中华人民共和国国家质量监督检验检疫总局
中国国家标准化管理委员会　发布

前 言

本标准由中华人民共和国住房和城乡建设部提出。

本标准由住房和城乡建设部建筑工程标准技术归口单位归口。

本标准负责起草单位:中国建筑科学研究院。

本标准参加起草单位:铁道部产品质量监督检验中心、江苏博特新材料有限公司、诺欧建材(北京)有限公司、浙江五龙化工股份有限公司、建研科技股份有限公司、国家建筑工程质量监督检验中心、建研建材有限公司。

本标准主要起草人:薛庆、郭京育、孙璐、刘加平、李良、韩红良、宋玉锁、王景贤、左彦峰。

预应力孔道灌浆剂

1 范围

本标准规定了预应力孔道灌浆剂的术语和定义、要求、试验方法、检验规则以及包装、出厂、贮存等。

本标准适用于预应力孔道灌浆剂。

2 规范性引用文件

下列文件中的条款通过本标准的引用而成为本标准的条款。凡是注日期的引用文件，其随后所有的修改单(不包括勘误的内容)或修订版均不适用于本标准，然而，鼓励根据本标准达成协议的各方研究是否可使用这些文件的最新版本。凡是不注日期的引用文件，其最新版本适用于本标准。

GB/T 176 水泥化学分析方法

GB/T 1346 水泥标准稠度用水量、凝结时间、安定性试验方法

GB/T 1596 用于水泥和混凝土中的粉煤灰

GB 8076 混凝土外加剂

GB/T 8077 混凝土外加剂匀质性试验方法

GB/T 17671 水泥胶砂强度检验方法(ISO 法)

GB/T 18046 用于水泥和混凝土中的粒化高炉矿渣粉

GB/T 18736 高强高性能混凝土用矿物外加剂

GB 23439 混凝土膨胀剂

3 术语和定义

下列术语和定义适用于本标准。

3.1

预应力孔道灌浆剂 grouting admixture for prestressed structure

由减水组分、膨胀组分、矿物掺合料及其他功能性材料等干拌而成，用于后张法预应力结构孔道灌浆施工的外加剂。

4 要求

4.1 材料要求

用于预应力孔道灌浆剂中的组成材料性能应符合 GB 8076、GB 23439、GB/T 1596、GB/T 18046 和 GB/T 18736 等标准的相关技术要求。

4.2 匀质性指标要求

预应力孔道灌浆剂匀质性指标应满足表 1 的要求。

表 1 预应力孔道灌浆剂匀质性指标

试验项目	性能指标
含水率/%	≤3.0
细度/%	≤8.0
氯离子含量/%	≤0.06
注：配制灌浆材料时，预应力孔道灌浆剂引入到浆体中的氯离子总量不应超过 0.1 kg/m³。	

4.3 掺预应力孔道灌浆剂浆体性能要求

掺预应力孔道灌浆剂的浆体的性能指标应满足表2的要求。

表2 掺预应力孔道灌浆剂浆体性能要求

序号	试验项目		性能指标
1	凝结时间/h	初凝	≥4
		终凝	≤24
2	水泥浆稠度/s	初始	18±4
		30 min	≤28
3	常压泌水率/%	3 h	≤2
		24 h	0
4	压力泌水率/%		≤3.5
5	24 h自由膨胀率/%		0～1
6	7 d限制膨胀率/%		0～0.1
7	抗压强度/MPa	7 d	≥28
		28 d	≥40
8	抗折强度/MPa	7 d	≥6.0
		28 d	≥8.0
9	充盈度		合格

5 试验方法

5.1 匀质性

5.1.1 含水率

含水率的测定按GB/T 8077中固体含量试验步骤规定的程序进行，含水率按式(1)计算：

$$X_w = \frac{m_1 - m_2}{m_1 - m_0} \times 100\% \quad \cdots\cdots(1)$$

式中：

X_w——含水率；

m_0——称量瓶的质量，单位为克(g)；

m_1——称量瓶加试样的总质量，单位为克(g)；

m_2——称量瓶加烘干后试样的总质量，单位为克(g)。

5.1.2 细度

按GB/T 8077规定的方法执行。

5.1.3 氯离子含量

按GB/T 176规定的方法执行。

5.2 掺预应力孔道灌浆剂浆体性能指标测试方法

5.2.1 试验条件

试验温度和湿度应符合GB/T 17671的要求。

5.2.2 材料和配比

5.2.2.1 应采用符合GB 8076中规定的基准水泥。

5.2.2.2 预应力孔道灌浆剂掺量应采用生产厂家的推荐掺量。

5.2.2.3 浆体水胶比不应大于0.4。

5.2.3 **搅拌方法**

搅拌方法如下：

a) 搅拌设备应采用行星式水泥胶砂搅拌机；

b) 按预应力孔道灌浆剂的配比掺量，水泥和预应力孔道灌浆剂共称取 3 kg，放入搅拌锅中干拌 1 min，倒入 80% 的拌和水，慢速搅拌 2 min，搅拌均匀后，快速搅拌 1 min，将剩余的拌和水完全倒入，慢速搅拌 1 min。

5.2.4 **凝结时间**

浆体的初凝时间和终凝时间的测定应按照 GB/T 1346 规定方法执行。

5.2.5 **水泥浆稠度**

5.2.5.1 试验仪器如下：

a) 测试用水泥浆稠度试验漏斗见图 1，以流锥时间来确定水泥浆稠度；

b) 水泥浆稠度试验漏斗的校准：1 725 mL±5 mL 水流出的时间应为 8.0 s±0.2 s。

5.2.5.2 试验步骤如下：

测定时，先对水泥浆稠度试验漏斗进行校准，将漏斗调整放平，关上底口活门，将搅拌均匀的水泥浆倾入漏斗内，直至表面触及点测规下端（1 725 mL±5 mL）。打开活门，让水泥浆自由流出，记录水泥浆全部流完（出现第一个流动断点）的时间（s），即流锥时间，连续测定两次，求其平均值作为水泥浆稠度，测试初始及 30 min 后的浆体稠度。

单位为毫米

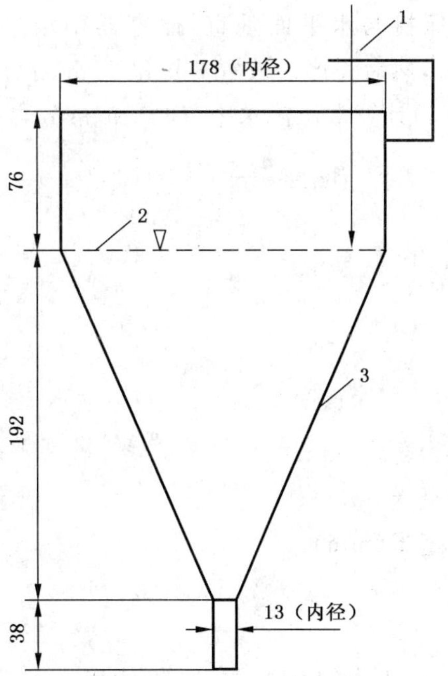

1——点测规；

2——水泥浆表面；

3——不锈钢制 3 mm 厚。

图 1 水泥浆稠度试验漏斗

5.2.6 **常压泌水率和 24 h 自由膨胀率**

5.2.6.1 **试验仪器**

常压泌水率与 24 h 自由膨胀率两部分测试结合进行，试验装置简图见图 2。采用 1 000 mL 量筒，或采用直径为 60 mm，高为 500 mm 的底部密封的透明有机玻璃管，并配带密封盖。

单位为毫米

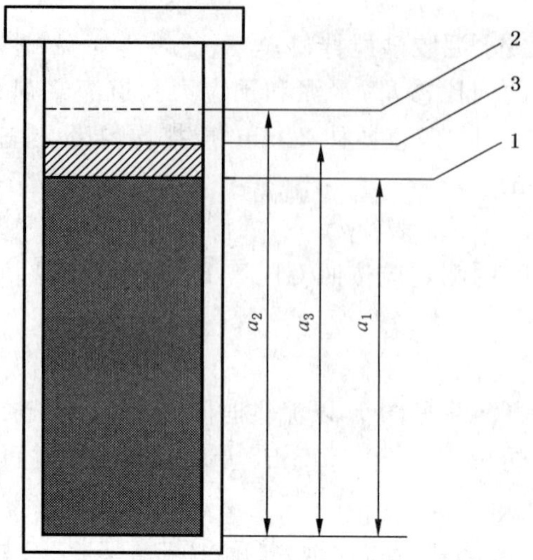

1——最初灌满的水泥浆面；

2——水面；

3——膨胀后的水泥浆面。

图 2 水泥浆常压泌水率和 24 h 自由膨胀率试验装置

5.2.6.2 试验步骤

将容器放置在水平面上，并保持与水平面垂直，往容器中填灌水泥浆约 800 mL±10 mL，静置 1 min 后，测量并记录初始高度 a_1，然后盖严。放置 3 h 和 24 h 后分别测其离析水面高度 a_2 和水泥浆膨胀面高度 a_3，然后按式(2)、式(3)计算常压泌水率($B_{f,i}$)和 24 h 自由膨胀率($\varepsilon_{f,24}$)：

$$B_{f,i}=\frac{a_2-a_3}{a_1}\times 100\% \qquad \cdots\cdots(2)$$

$$\varepsilon_{f,24}=\frac{a_3-a_1}{a_1}\times 100\% \qquad \cdots\cdots(3)$$

式中：

$B_{f,i}$——i 小时常压泌水率；

$\varepsilon_{f,24}$——24 h 自由膨胀率；

a_1——初始浆体高度，单位为毫米(mm)；

a_2——泌水面高度，单位为毫米(mm)；

a_3——膨胀面高度，单位为毫米(mm)。

5.2.7 压力泌水率

5.2.7.1 试验仪器

试验仪器包括：一个包含 2 块压力表的 CO_2 气瓶，外侧压力表最小分度值不应大于 0.02 MPa，级别为 1.6 级；10 mL 的量筒；压力泌水容器为圆柱形不锈钢压力容器，需要进行压力实验，在 0.8 MPa 压力下不会破裂，其尺寸如图 3 所示。

5.2.7.2 试验步骤

根据 5.2.2 和 5.2.3 的要求搅拌制备浆体，将搅拌好的浆体在自加水开始的 7 min 内倒入容积为 400 mL 的圆形过滤漏斗中，倒入的浆体体积为 200 mL。按要求加压至 0.22 MPa，恒压 2 min，用 10 mL 量筒测量泌水量 V_1，压力泌水率(B_p)按式(4)计算：

$$B_p=\frac{V_1}{200}\times 100\% \qquad \cdots\cdots(4)$$

式中：

B_p——压力泌水率；

V_1——泌水量，单位为毫升(mL)。

单位为毫米

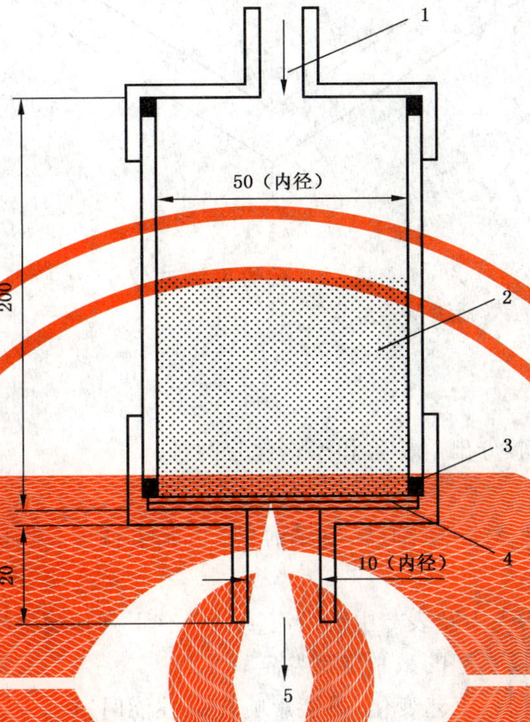

1——压缩空气；

2——试验浆体；

3——橡胶密封圈；

4——0.08 mm 铜网(3层)；

5——泌水。

图 3 压力泌水率容器

5.2.8 7 d 限制膨胀率

根据 5.2.2 和 5.2.3 的要求搅拌制备浆体，按照 GB 23439 中限制膨胀率试验方法进行试验和计算，测定 7 d 龄期的限制膨胀率。

5.2.9 抗压强度及抗折强度

根据 5.2.2 和 5.2.3 的要求搅拌制备浆体，倒入 40 mm×40 mm×160 mm 的试模内，静置至浆体初凝后，将其表面多余的浆体刮掉，24 h 拆模后放入标准养护室于水中养护 7 d、28 d。按照 GB/T 17671 进行试验和计算。

5.2.10 充盈度

5.2.10.1 试验仪器如下：

如图 4 所示，内径为 40 mm 的透明有机玻璃管，两端的直管夹角为 120°，每部分长度为 0.5 m，两部分通过粘结剂密封粘结，将有机玻璃管固定在支架上。

5.2.10.2 试验步骤如下：

a) 根据 5.2.2 和 5.2.3 的要求搅拌制备浆体，静置 1 min，通过漏斗将浆体灌入固定的充盈度测试仪中，充完浆体后，用塑料薄膜密封圆管的两端，在 20 ℃±3 ℃条件下放置 7 d，观察管内部是否有直径大于 3 mm 的气囊，或者是否存在水囊或水蒸气，在管道的两端是否有泡沫层；

b) 充盈度判定：如果存在厚度超过 1 mm 的泡沫层，或者存在直径大于 3 mm 的气囊，或者存在体积大于 1 mL 的水，则判定充盈度指标不合格。

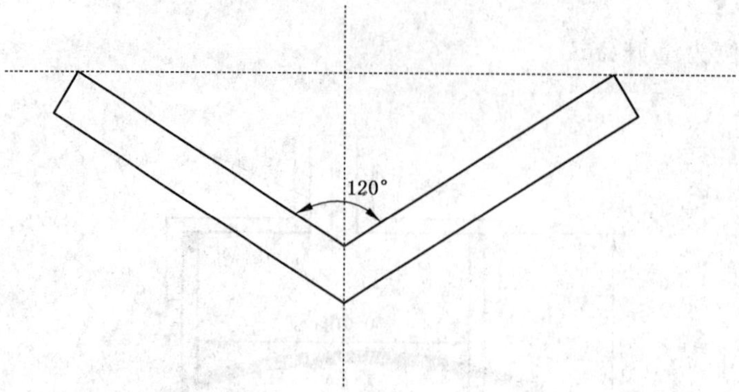

图 4 充盈度测试仪

6 检验规则

6.1 检验分类

预应力孔道灌浆剂的检验分出厂检验和型式检验两种。

6.2 检验项目

6.2.1 出厂检验项目应包括含水率、细度、凝结时间、水泥浆稠度、常压泌水率、24 h 自由膨胀率、7 d 抗压及抗折强度。

6.2.2 型式检验项目应包括表 1 及表 2 中的所有项目。有下列情况之一时，应进行型式检验：

a) 新产品或老产品转场生产的试制定型鉴定；

b) 正式生产后，当原材料、工艺变化，可能影响产品性能时；

c) 正常生产时，一年至少进行一次检验；

d) 产品连续停产 3 个月以上(含 3 个月)，恢复生产时；

e) 出厂检验结果与上次型式检验结果有较大差异时；

f) 国家质量监督机构提出进行型式检验的要求时。

6.3 批量、取样及留样

6.3.1 组批

日产量超过 50 t 时，以不超过 50 t 为一批；不足 50 t 时，以日产量作为一批。

6.3.2 取样及留样

按下列要求取样及留样：

a) 取样应具有代表性；

b) 每一批取样量不少于 0.1 t 水泥所需的预应力孔道灌浆剂量；

c) 取得的试样应充分混合均匀，分为两等份，一份按本标准规定方法和项目进行试验，另一份密封保存 6 个月，以备有疑问时交国家指定的检验机构进行复验和仲裁。

6.4 判定

型式检验和出厂检验所有项目都满足要求，该产品合格；否则该产品不合格。

6.5 复验

复验采用封存样。如果使用单位要求现场取样，应事先在供货合同中规定，并在生产和使用单位及第三方人员在场的情况下于现场取具有代表性的样品。复验按照型式检验项目进行。

7 包装、出厂和贮存

7.1 预应力孔道灌浆剂应采用有塑料袋衬里的编织袋或纸袋包装。所有包装的容器上均应在明显位置注明产品名称、型号、净重、生产厂家、生产日期、出厂编号、标准代号。

7.2 产品出厂时,生产厂应提供出厂检验报告、产品说明书及合格证。

7.3 搬运时应轻拿轻放,防止破损,运输时避免雨雪、暴晒,应保持包装完好无损。

7.4 预应力孔道灌浆剂在包装无破损的条件下,储存于干燥通风库房中,距地面 100 mm 以上。储存期从产品包装起,储存有效期 6 个月,逾期应经检验合格后使用。

ICS 91.100.10
Q 15

GB

中华人民共和国国家标准

GB/T 25183—2010

砌墙砖抗压强度试验用净浆材料

Paste for compressive strength test of wall brick

2010-09-26 发布　　2011-08-01 实施

中华人民共和国国家质量监督检验检疫总局
中国国家标准化管理委员会　发布

前　言

本标准按照 GB/T 1.1—2009 给出的规则起草。

本标准由中国建筑材料联合会提出。

本标准由全国墙体屋面及道路用建筑材料标准化技术委员会(SAC/TC 285)归口。

本标准负责起草单位:中国建材西安墙体材料研究设计院、宁夏建筑材料研究院。

本标准参加起草单位:中国建筑砌块协会、广州市建筑材料工业研究所有限公司、浙江省建筑材料产品质量监督检验站、甘肃省建筑材料产品监督检验站、南京市质量监督检验院、大连市建材产品质量监督检验站、贵州省建材行业产品质量监督检验站、上海苏科建筑技术发展有限公司、郴州市建筑材料产品质量检验站、宁夏建材产品质量监督检验站、吉林省建材产商品质量监督检验站、辽宁省建材产品质量监督检验院。

本标准主要起草人:常豪、段庆奎、周炫。

砌墙砖抗压强度试验用净浆材料

1 范围

本标准规定了砌墙砖抗压强度试验用净浆材料的定义、原料要求、一般要求、技术要求、试验方法、验收规则及包装、标志、运输、有效期、使用说明与贮存。

本标准适用于砌墙砖抗压强度试验用净浆材料。

2 规范性引用文件

下列文件对于本文件的应用是必不可少的。凡是注日期的引用文件，仅注日期的版本适用于本文件。凡是不注日期的引用文件，其最新版本(包括所有的修改单)适用于本文件。

GB 178 水泥强度试验用标准砂

GB/T 6003.1 金属丝编织网试验筛

GB/T 17669.4 建筑石膏 净浆物理性能的测定

GB/T 17671 水泥胶砂强度检验方法(ISO 法)

JC/T 1021.2 非金属矿物和岩石化学分析方法 第 2 部分 硅酸盐岩石、矿物及硅质原料化学分析方法

JG/T 3033 试验用砂浆搅拌机

JY/T 016 波长色散型 X 射线荧光光谱方法通则

3 术语和定义

下列术语和定义适用于本文件。

3.1

砌墙砖抗压强度试验用净浆材料 paste for compressive strength test of wall brick

以石膏和细集料为原料，掺入外加剂，再加入适量的水，经砂浆搅拌机搅拌均匀制成，在砌墙砖抗压强度试验中，用于找平受压平面的浆体材料。

4 原料要求

4.1 石膏

4.1.1 主要成分

氧含量(质量分数)在 45.0%～53.0%，钙含量(质量分数)在 25.0%～33.0%，硫含量(质量分数)在 19.0%～27.0%。

4.1.2 抗压强度

石膏(加 24%～26%水)2 h 抗压强度大于 22.0 MPa。

4.1.3 细度

0.1 mm 方孔筛筛余量小于 5%。

4.2 细集料

4.2.1 主要成分

二氧化硅含量(质量分数)在 61.0%～67.0%,烧失量不应超过 1%。

4.2.2 其他要求

粒径小于 1 mm,含泥量不应超过 0.50%。

5 一般要求

5.1 外观

均匀、无明显色差、不含其他杂质。

5.2 有害反应

不应对试样表面及试样的强度性能造成有害影响。

5.3 稳定性

在温度 10 ℃～30 ℃,湿度 55%～75%的规定环境和有效期内,不得出现凝结现象。

6 技术要求

砌墙砖抗压强度试验用净浆材料的各项指标应符合表 1 的要求。

表 1 物理指标

项 目	指 标
抗压强度(4 h)/MPa	19.0～21.0
流动度(提桶法)/mm	饼径 160～164
初凝时间/min	15～19
终凝时间/min	<30

7 试验方法

7.1 氧含量、钙含量、硫含量

石膏中氧含量、钙含量、硫含量按照 JY/T 016 的规定进行。

7.2 石膏抗压强度

石膏(加 24%～26%的水)抗压强度按照 GB/T 17671 的规定进行。

7.3 细度

7.3.1 试验设备

7.3.1.1 试验筛

试验筛由圆形筛帮和方孔筛网组成，筛帮直径 ϕ200 mm，试验筛其他技术指标应符合 GB/T 6003.1 的要求。网孔尺寸为 0.1 mm，并在筛顶用筛盖封闭，在筛底用接收盘封闭。

7.3.1.2 天平或电子秤

精度为 0.1 g。

7.3.1.3 干燥器

7.3.2 试验步骤

7.3.2.1 在原料石膏中取出约 210 g，在 40 ℃±4 ℃下干燥至恒重（干燥时间相隔 1 h 的二次称量之差不超过 0.2 g 时，即为恒重），并在干燥器中冷却至室温。

7.3.2.2 将试样按下述步骤连续测定两次。

7.3.2.3 在 0.1 mm 试验筛下部安装上接收盘，称取试样 100 g 后，倒入其中，盖上筛盖。一只手拿住筛子，略微倾斜地摆动筛子，使其撞击另一只手。撞击的速度为 125 次/min。每撞击一次都应将筛子摆动一下，以便使试样始终均匀地撒开。每摆动 25 次后，把试验筛旋转 90°，并对着筛帮重重拍几下，继续进行筛分。当 1 min 的过筛试样质量不超过 0.4 g 时，则认为筛分完成。称量 0.1 mm 试验筛的筛上物，作为筛余量。细度以筛余量与试样原始质量（100 g）之比的百分数形式表示（细度＝筛余量/100×100%），精确至 1%。

7.3.3 结果的表示方法

采用两次测定结果的算术平均值作为试样的细度值，对于两次测定值之差不应大于平均值的 5%，并且当筛余量小于 2 g 时，两次测定值之差不应大于 0.1 g，否则，应再次测定。

7.4 二氧化硅含量

细集料中二氧化硅含量按 JC/T 1021.2 的规定进行。

7.5 烧失量及含泥量

细集料中烧失量及含泥量按照 GB 178 的规定进行。

7.6 净浆材料抗压强度

按照 8.6 条规定配成的净浆材料的抗压强度按照 GB/T 17671 规定进行。

7.7 净浆材料流动度、凝结时间

流动度、凝结时间按照 GB/T 17669.4 的规定进行。

8 验收规则、包装、标志、运输、有效期、使用说明与贮存

8.1 验收规则

净浆出厂为干料，两种原料分别包装，1 t 为一批号，每一批号应取三个有代表性的样品，按照第 8.6 条的规定配成砌墙砖抗压强度试验用净浆材料分别测定抗压强度、流动度，测定结果均应符合表 1 的要

求。石膏和细集料不符合第4章、第5章、第6章要求中规定的，均不得出厂。

8.2 包装

包装袋应结实牢固，具有防潮性，石膏每袋净重6 kg，细集料每袋净重4 kg，袋中须附有合格证，注名生产日期及编号。

8.3 标志

产品出厂时，应提供产品质量合格证及防潮标识。合格证主要内容包括：生产厂名、产品标记、批量及编号、证书编号、本批产品实测技术性能、生产日期和有效期，并由检验员和承检单位签章。

8.4 运输

产品运输和装卸时要轻拿轻放，避免碰撞摔打。

8.5 有效期

石膏有效期为三个月。

8.6 使用说明

将掺入外加剂(占总组分0.1%～0.2%)的石膏(占总组分60%)和细集料(占总组分40%)均匀混合后，加入24%～26%的水，用符合JG/T 3033规定的砂浆搅拌机搅拌均匀制成砌墙砖抗压强度试验用净浆材料。

8.7 贮存

贮存环境要求温度10 ℃～30 ℃，湿度55%～75%，堆放在防潮隔板上，防止受潮与散漏。